应用型高校产教融合系列教材

大电类专业系列

机器学习应用案例与设计

罗光圣 ◎ 主编

方志军 ◎ 副主编

清華大學出版社

北 京

内容简介

本书在全面介绍人工智能中机器学习、数据降维与特征工程以及文本分析等基本知识的基础上,先后着重介绍人工智能的决策树与分类算法、聚类分析、神经网络、贝叶斯网络、支持向量机及联邦机器学习,以及机器学习和深度学习的实现细节,并通过实际的应用来运用和实践各种算法模型。

全书共分11章:第1章为机器学习绪论,主要介绍机器学习简史、人工智能与机器学习的关系以及各种经典的机器学习算法等;第2章为数据部分内容,着重讨论高维数据降维、特征工程、模型训练等;第3~10章为机器学习的具体模型算法内容,重点介绍决策树、聚类分析、文本分析、神经网络等实现细节;第11章为高级深度学习内容,着重为读者提供高阶的人工智能知识。全书提供了大量应用实例,每章后均附有习题。

本书适合作为高等院校计算机类相关专业和人工智能专业高年级本科生、研究生的教材,同时可供对机器学习比较熟悉并且对人工智能建模有所了解的开发人员、广大科技工作者和研究人员参考。

图书在版编目(CIP)数据

机器学习应用案例与设计 / 罗光圣主编. -- 北京:清华大学出版社,2024. 9. --(应用型高校产教融合系列教材). -- ISBN 978-7-302-67293-7

Ⅰ. TP181

中国国家版本馆 CIP 数据核字第 202472N2V0 号

责任编辑:王　欣
封面设计:何凤霞
责任校对:薄军霞
责任印制:丛怀宇

出版发行:清华大学出版社

网　　　址:https://www.tup.com.cn,https://www.wqxuetang.com
地　　　址:北京清华大学学研大厦 A 座　　邮　　编:100084
社　总　机:010-83470000　　　　　　　邮　　购:010-62786544
投稿与读者服务:010-62776969,c-service@tup.tsinghua.edu.cn
质量反馈:010-62772015,zhiliang@tup.tsinghua.edu.cn

印　装　者:小森印刷霸州有限公司
经　　　销:全国新华书店
开　　　本:185mm×260mm　　印　　张:16.75　　　　字　　数:403 千字
版　　　次:2024 年 9 月第 1 版　　　　　　　　　　印　　次:2024 年 9 月第 1 次印刷
定　　　价:65.00 元

产品编号:105874-01

　　教材是知识传播的主要载体、教学的根本依据、人才培养的重要基石。《国务院办公厅关于深化产教融合的若干意见》明确提出,要深化"引企入教"改革,支持引导企业深度参与职业学校、高等学校教育教学改革,多种方式参与学校专业规划、教材开发、教学设计、课程设置、实习实训,促进企业需求融入人才培养环节。随着科技的飞速发展和产业结构的不断升级,高等教育与产业界的紧密结合已成为培养创新型人才、推动社会进步的重要途径。产教融合不仅是教育与产业协同发展的必然趋势,更是提高教育质量、促进学生就业、服务经济社会发展的有效手段。

　　上海工程技术大学是教育部"卓越工程师教育培养计划"首批试点高校、全国地方高校新工科建设牵头单位、上海市"高水平地方应用型高校"试点建设单位,具有 40 多年的产学合作教育经验。学校坚持依托现代产业办学、服务经济社会发展的办学宗旨,以现代产业发展需求为导向,学科群、专业群对接产业链和技术链,以产学研战略联盟为平台,与行业、企业共同构建了协同办学、协同育人、协同创新的"三协同"模式。

　　在实施"卓越工程师教育培养计划"期间,学校自 2010 年开始陆续出版了一系列卓越工程师教育培养计划配套教材,为培养出具备卓越能力的工程师作出了贡献。时隔 10 多年,为贯彻国家有关战略要求,落实《国务院办公厅关于深化产教融合的若干意见》,结合《现代产业学院建设指南(试行)》《上海工程技术大学合作教育新方案实施意见》文件精神,进一步编写了这套强调科学性、先进性、原创性、适用性的高质量应用型高校产教融合系列教材,深入推动产教融合实践与探索,加强校企合作,引导行业企业深度参与教材编写,提升人才培养的适应性,旨在培养学生的创新思维和实践能力,为学生提供更加贴近实际、更具前瞻性的学习材料,使他们在学习过程中能够更好地适应未来职业发展的需要。

　　在教材编写过程中,始终坚持以习近平新时代中国特色社会主义思想为指导,全面贯彻党的教育方针,落实立德树人根本任务,质量为先,立足于合作教育的传承与创新,突出产教融合、校企合作特色,校企双元开发,注重理论与实践、案例等相结合,以真实生产项目、典型工作任务、案例等为载体,构建项目化、任务式、模块化、基于实际生产工作过程的教材体系,力求通过与企业的紧密合作,紧跟产业发展趋势和行业人才需求,将行业、产业、企业发展的新技术、新工艺、新规范纳入教材,使教材既具有理论深度,能够反映未来技术发展,又具有实践指导意义,使学生能够在学习过程中与行业需求保持同步。

　　系列教材注重培养学生的创新能力和实践能力。通过设置丰富的实践案例和实验项目,引导学生将所学知识应用于实际问题的解决中。相信通过这样的学习方式,学生将更加具备竞争力,成为推动经济社会发展的有生力量.

    本套应用型高校产教融合系列教材的出版,既是学校教育教学改革成果的集中展示,也是对未来产教融合教育发展的积极探索.教材的特色和价值不仅体现在内容的全面性和前沿性上,更体现在其对于产教融合教育模式的深入探索和实践上.期待系列教材能够为高等教育改革和创新人才培养贡献力量,为广大学生和教育工作者提供一个全新的教学平台,共同推动产教融合教育的发展和创新,更好地赋能新质生产力发展.

中国工程院院士、中国工程院原常务副院长

2024 年 5 月

前言

PREFACE

机器学习（machine learning，ML）是一门多领域交叉学科，涉及概率论、统计学、逼近论、凸分析、算法复杂度理论等多门学科。机器学习专门研究计算机怎样模拟或实现人类的学习行为，以获取新的知识或技能，重新组织已有的知识结构使之不断改善自身的性能。它是人工智能的核心，主要使用归纳、综合而不是演绎，是使计算机具有智能的根本途径，已经遍及人工智能的各个领域。目前机器学习已经有了十分广泛的应用，如数据挖掘、计算机视觉、自然语言处理、生物特征识别、搜索引擎、医学诊断、检测信用卡欺诈、证券市场分析、DNA 序列测序、语音和手写识别、战略游戏和机器人运用等。

本书是"应用型高校产教融合系列教材·大电类专业系列"的其中一本。根据应用型高校培养应用技术型人才的需要，本书注重循序渐进、理论联系实际的原则，内容以适量、实用为度，重视理论知识的运用，着重培养学生应用理论知识分析和解决人工智能实际问题的能力。作为教材，本书力求叙述简练，概念清晰，通俗易懂，便于自学。对于机器学习的算法分析，做到步骤清楚，结果正确，在例题的选择上更接近实际应用并具有典型性，是一本体系创新、深浅适度、重在应用、着重能力培养的应用型本科教材。

本书共 11 章，主要内容有：机器学习绪论；数据降维与特征工程；决策树与分类算法；聚类分析；文本分析；神经网络；贝叶斯网络；支持向量机；联邦机器学习；深度学习基础；高级深度学习。

本书可作为高等学校计算机类相关专业和人工智能专业的本科生教材，也可作为研究生、成人教育及自学考试用教材，或作为人工智能工程技术人员的参考用书。

本书第 1 章、第 10 章插图由陈开锦绘制，第 2～4 章插图由代昱丞绘制，第 5～9 章插图及第 11 章由常正佳绘制及编写。全书由罗光圣博士担任主编，负责全书的统稿、校核和定稿，由方志军教授担任副主编。本书在编写过程中得到上海工程技术大学电子电气工程学院、东华大学计算机学院方秀教授和她的硕士生卓海燕、上海理想信息产业（集团）有限公司技术经理范利成先生的大力支持，在此表示衷心的感谢。

由于编者水平有限，书中内容较多，不当之处在所难免，欢迎广大同行和读者批评指正。

编 者

2024 年 4 月

目 录

CONTENTS

第6章　神经网络 / 116

第10章　深度学习基础 / 187

第11章　高级深度学习 / 212

参考文献 /

第1章 机器学习绪论

1.1 机器学习简介

1.1.1 机器学习简史

机器学习(ML)是人工智能(artificial intelligence,AI)的一个分支领域,它使得计算机系统能够通过学习数据模式,自动改善其性能。ML算法使用大量的数据(输入数据)来训练模型,使得计算机能够预测、分类或者作出决策,而无须明确的编程规则。ML在各个领域中得到了广泛的应用,包括自然语言处理、图像识别、语音识别、推荐系统、医疗诊断等领域。ML的发展和AI的发展是分不开的,ML是AI研究发展到一定阶段的必然产物。ML是一门多领域交叉学科,涉及概率论、统计学等多门学科。它研究的是计算机怎样模拟或实现人类的学习行为,以获取新的知识或技能,重新组织已有的知识结构使之不断改善自身的性能。ML的发展简史如下:

- 1943年McCulloch和Pitts提出了神经网络(neural network,NN)层次结构模型,确立了神经网络的计算模型理论,从而为机器学习的发展奠定了基础。
- 1950年Turing提出了著名的"图灵测试",使人工智能成为科学领域的一个重要研究课题。
- 1957年NN第一次崛起,Rosenblatt提出了感知器(perceptron)概念,用Rosenblatt算法对perceptron进行训练。并且首次用算法精确定义了自组织自学习的神经网络数学模型,设计出了第一个计算机NN算法,开启了NN研究活动的第一次兴起。
- 1958年Cox给逻辑回归(logistic regression,LR)方法正式命名,用于解决美国人口普查任务。
- 1959年Samuel设计了一个具有学习能力的跳棋程序,曾经战胜了美国保持8年不败的冠军。这个程序向人们初步展示了机器学习的能力,Samuel将机器学习定义为无须明确编程即可为计算机提供能力的研究领域。
- 1960年Widrow用delta学习法则来对perceptron进行训练,可以比Rosenblatt算法更有效地训练出良好的线性分类器(最小二乘法问题)。

- 1962 年 Hubel 和 Wiesel 发现了猫脑皮层中独特的神经网络结构可以有效降低学习的复杂性,从而提出著名的 Hubel-Wiese 生物视觉模型,该模型是卷积神经网络(CNN)的雏形,这之后提出的神经网络模型也均受此启迪。
- 1963 年 Vapnik 和 Chervonenkis 发明原始支持向量方法,即起决定性作用的样本为支持向量算法(support vector machine,SVM)。
- 1969 年 Minsky 和 Papert 出版了对机器学习研究有深远影响的著作 *Perceptron*,其中对于机器学习基本思想的论断——解决问题的算法能力和计算复杂性,影响深远且延续至今。文章中提出了著名的线性感知机无法解决异或问题,打击了 NN 社区,从此以后 NN 研究活动直到 20 世纪 80 年代都萎靡不振。
- 1980 年在美国卡内基梅隆大学举行了第一届机器学习国际研讨会,标志着机器学习研究在世界范围内兴起,该研讨会也是著名会议国际机器学习大会(ICML)的前身。
- 1981 年 Werbos 提出多层感知机,解决了线性模型无法解决的异或问题,第二次兴起了 NN 研究。
- 1984 年 Breiman 发表分类回归树(CART,一种决策树)算法。
- 1986 年 Quinlan 提出 ID3 算法(一种决策树)。
- 1986 年 Rumelhart、Hinton 和 Williams 联合在 *Nature* 杂志发表了著名的反向传播算法(BP 算法)。
- 1989 年 Yann 和 LeCun 提出了目前最为流行的卷积神经网络(CNN)计算模型,推导出基于 BP 算法的高效训练方法,并成功地应用于英文手写体识别。
- 1995 年 Vapnik 和 Cortes 发表软间隔支持向量机算法(SVM),开启了随后的机器学习领域 NN 和 SVM 两大社区的竞争。
- 1995 年到随后的 10 年,NN 研究发展缓慢,SVM 在大多数任务的表现上一直压制着 NN,并且 Hochreiter 的工作证明了 NN 存在一个严重缺陷——梯度爆炸和梯度消失问题。
- 1997 年 Freund 和 Schapire 提出了另一种可靠的机器学习方法——adaboost。
- 2001 年 Breiman 发表随机森林(random forest)方法,adaboost 在对过拟合问题和奇异数据容忍上存在缺陷,而随机森林在这两个问题上更具有鲁棒性。
- 2005 年,经过多年的发展,NN 众多研究发现被现代 NN"大牛"Hinton、LeCun、Bengio、Andrew Ng 和其他老一辈研究者整合,NN 随后开始被称为深度学习(deep learning),迎来了第三次崛起。

1.1.2 机器学习主要流派

1. 行为主义派

行为主义派又称为进化主义或控制论学派,是一种基于"感知—行动"的行为智能模拟方法,行为主义最早起源于 20 世纪的一个心理学流派,行为主义认为行为是有机体用以适应环境变化的各种身体反应的组合,它的理论目标在于预见和控制行为。其核心在于控制论,认为人工智能源于控制论。控制论思想早在 20 世纪四五十年代就成为时代思潮的重要部分,影响了早期的 AI 工作者。维纳(Wiener)[1]和麦卡洛克(McCulloch)[2]等提出的控制论和自组织系统以及钱学森等提出的工程控制论和生物控制论,影响了许多领域。控制论

把神经系统的工作原理与信息理论、控制理论、逻辑以及计算机联系起来。早期的研究工作重点是模拟人在控制过程中的智能行为和作用,如对自寻优、自适应、自镇定、自组织和自学习等控制论系统的研究,并进行"控制论动物"的研制。到 20 世纪六七十年代,上述这些控制论系统的研究取得一定进展,播下智能控制和智能机器人的种子,并在 20 世纪 80 年代诞生了智能控制和智能机器人系统。行为主义是 20 世纪末才以 AI 新学派的面孔出现的,引起许多人的兴趣。这一学派的代表作首推布鲁克斯(Brooks)的六足行走机器人,它被看作是新一代的"控制论动物",是一个基于感知—动作模式模拟昆虫行为的控制系统。

2. 连接主义派

连接主义派又称仿生学派或生理学派,是一种基于神经网络及网络间的连接机制与学习算法的智能模拟方法的学派,其原理主要为神经网络和神经网络间的连接机制及学习算法,该学派认为人工智能源于仿生学,特别是对人脑模型的研究。它的代表性成果是 1943 年由生理学家麦卡洛克和数理逻辑学家皮茨(Pitts)创立的脑模型[2],即 MP 模型,开创了用电子装置模仿人脑结构和功能的新途径。它从神经元开始进而研究神经网络模型和脑模型,开辟了人工智能的又一发展道路。20 世纪六七十年代,连接主义,尤其是对以感知机(perceptron)为代表的脑模型的研究出现过热潮,由于受到当时的理论模型、生物原型和技术条件的限制,脑模型研究在 20 世纪 70 年代后期至 80 年代初期落入低潮。直到 Hopfield 教授在 1982 年和 1984 年发表两篇重要论文,提出用硬件模拟神经网络[3-4]以后,连接主义才又重新抬头。1986 年,鲁梅尔哈特(Rumelhart)等[5]提出多层网络中的反向传播(BP)算法。此后,连接主义势头大振,从模型到算法,从理论分析到工程实现,为神经网络计算机走向市场打下基础。现在,对人工神经网络(ANN)的研究热情仍然较高,但研究成果没有像预想得那样好。

3. 符号主义派

符号主义派是一种基于数理逻辑推理的智能模拟方法,又称为逻辑主义、心理学派或计算机学派,其原理主要为物理符号系统假设和有限合理性原理,长期以来在人工智能中处于主导地位。其核心侧重于数理逻辑。数理逻辑从 19 世纪末起得以迅速发展,到 20 世纪 30 年代开始用于描述智能行为。计算机出现后,又在计算机上实现了逻辑演绎系统。其有代表性的成果为启发式程序"逻辑理论家"(logic thorist,LT),它证明了 38 条数学定理,表明了可以应用计算机研究人的思维过程,模拟人类智能活动。正是这些符号主义者,早在 1956 年就首先采用了"人工智能"这个术语。后来又发展了启发式算法、专家系统、知识工程理论与技术,并在 20 世纪 80 年代取得很大发展。符号主义曾长期一枝独秀,为人工智能的发展作出重要贡献,尤其是符号主义专家系统的成功开发与应用,为人工智能走向工程应用和实现理论与实践相结合提供了特别重要的意义。符号主义学派在人工智能领域的代表人物有纽厄尔(Newell)、西蒙(Simon)和尼尔逊(Nilsson)等。

1.2 人工智能与机器学习的关系

1.2.1 什么是人工智能

AI 的概念是在 1956 年提出的。ML 包含于 AI。AI 是一个更广泛的概念,即让机器能够以我们认为"智能"的方式执行任务。AI 是一种具体的结果,而 ML 是我们达到 AI 的一个途径。ML 是 AI 的一个子集,它可以被定义为 AI 的一个分支,或者也可以认为是 AI 的一些具体应用,它的目的是让计算机能够更好地访问和利用数据,并且在没有人工干预的情况下从中检索出事件发展的内在规律。AI 是指计算机系统能够模拟、理解、学习和执行人类智能任务的能力。这包括了通过计算机程序实现的语音识别、图像识别、自然语言处理、推理、决策制定等一系列智能行为。AI 的目标是使计算机系统能够以与人类智能相似的方式作出思考、学习、解决问题,并且在某些任务上甚至能够超过人类的智能水平。

AI 可以分为弱人工智能和强人工智能两种类型。

(1) 弱人工智能(narrow AI):是指在特定任务或领域内表现出色的人工智能系统。这些系统可以处理特定的任务,但在其他领域或任务上的表现不如人类。例如,语音助手(如 Siri、Alexa)和自动驾驶汽车属于弱人工智能,它们在特定任务上具有智能,但没有人类的智能水平。

(2) 强人工智能,也称通用人工智能(artificial general intelligence,AGI):是指能够理解、学习、适应各种任务,并且在各个领域都能够像人类一样灵活运用智能的人工智能系统。强人工智能具有类似人类的智能水平,能够在多个领域进行通用性智能表现。目前,强人工智能尚未实现,是 AI 领域的一个追求目标。

1.2.2　机器学习、人工智能的关系

ML:从算法的角度出发,在数据挖掘中提供详细的学习模型,从数据中发掘知识。机器学习更加强调的是算法,即从数据中获取有用知识的算法,需要一定的训练数据集,构建过往经验的"知识",在进行数据挖掘过程中提供详细的学习模型。机器学习还可以解决其他问题,并不仅限于数据挖掘,其应用范围更加广泛。

AI 的主要目的是使机器拥有像人一样的推理分析和解决问题的能力,为了达到这一目的,必须要有足够的数据和先进的算法,并且还要对仿生学和认知心理学有一定的了解,能够让机器模仿人的行动。

数据挖掘、ML 和 AI 之间相互联系紧密,却又不可区分,一步一步随着技术的不断演进而发展。但是各自有不同的目的,因此从目的出发,能够对这三者进行更好的区分,如图 1.1 所示。

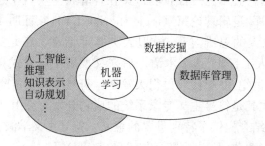

图 1.1　机器学习、人工智能、数据挖掘的关系

1.3　典型机器学习应用领域

ML 被广泛应用于餐饮业、农业、金融、医学等各个领域。在餐饮业,可以根据用户评论改进食谱、利用神经网络预测食品设施的需求、利用 Keras 进行食品分类、使用深度学习将

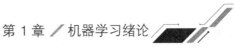

图片翻译成食谱、按餐厅人数作回归分析等;在农业领域,可以进行农产品价格预测,利用卫星图像进行农业地块分割,利用图像的深度学习框架对农作物病虫害进行识别、分析灌溉数据和预测病虫害发生的可能性等;在金融领域,可以利用自动化功能工程来预测贷款偿还方式,帮助银行建立检查客户是否有资格获得给定贷款的系统、信用卡审批系统,深度学习模型预测交易金额和未来交易天数、预测信用卡客户流失率、信用评分等;在计算机视觉领域,可以进行面部识别、运动追踪、物体检测等;在计算机生物学领域,可以进行 DNA 测序、脑肿瘤检测、药物发现等;在自然语言处理领域,可以进行语音识别、文本分析、机器翻译、问答系统、情感分析等;在汽车、航空航天和制造中,进行预测性维护。ML 的应用领域如图 1.2 所示。

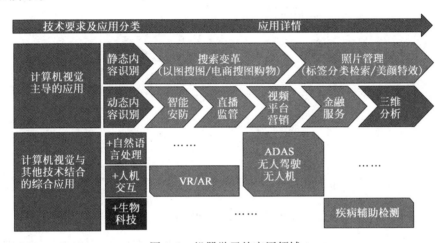

图 1.2　机器学习的应用领域

1.4　机器学习算法

ML 算法是用于从数据中学习规律和模式,以便作出预测、分类、决策等任务的数学模型和方法。这些算法可以根据学习方式和目标任务的不同进行分类。基本的 ML 算法或模型包含线性回归、支持向量机(SVM)、K 近邻(KNN)、逻辑回归、决策树、k-均值、随机森林、朴素贝叶斯、降维、梯度增强。ML 算法大致可以分为三类。

监督学习算法(supervised algorithms):在监督学习训练过程中,可以由训练数据集学到或建立一个模式(函数/learning model),并以此模式推测新的实例。该算法要求特定的输入输出,首先需要决定使用哪种数据作为范例。例如,我们可以选择使用一个包含猫和狗图像的数据集作为我们的范例数据。数据集中的每个图像都有一个对应的类别标签,指示该图像是猫还是狗。主要算法包括神经网络、支持向量机、K 近邻算法、朴素贝叶斯法、决策树等。

无监督学习算法(unsupervised algorithms):这类算法没有特定的目标输出,算法将数据集分为不同的组。

强化学习算法(reinforcement algorithms):强化学习普适性强,主要基于决策进行训练,算法根据输出结果(决策)的成功或错误来训练自己,大量经验训练优化后的算法将能够给出较好的预测。类似有机体在环境给予的奖励或惩罚的刺激下,逐步形成对刺激的预期,产生能获得最大利益的习惯性行为。在运筹学和控制论的语境下,强化学习被称作"近似动态规划"(approximate dynamic programming,ADP)。

1.4.1　线性回归

线性回归是一种回归分析方法,它将某一现象或类归纳为线性模型。通过连续的输入变量,预测出一个值;通过拟合最佳直线来建立线性模型拟合自变量和因变量之间的关系,而这条最佳直线就叫作回归线,并且可以用 $Y = aX + b$ 表示,如图 1.3 所示。

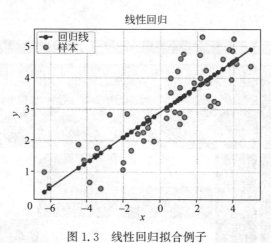

图 1.3　线性回归拟合例子

用线性等式来表示一元线性回归(Y 为因变量,X 为自变量,a 为斜率,b 为截距),一元线性回归的特点是只有一个自变量。对于多元线性回归存在多个自变量,找最佳拟合直线时,可以拟合到多项或者曲线回归,其表达式如下:

$$Y = a_1 X_1 + a_2 X_2 + a_3 X_3 + \cdots + a_n X_n + b$$

线性回归不像逻辑回归是用于分类,其基本思想是用梯度下降法对最小二乘法形式的误差函数进行优化,当然也可以用正规方程(normal equation)直接求得参数的解,结果为

$$\hat{w} = (X^{\mathrm{T}} X)^{-1} X^{\mathrm{T}} Y$$

而在局部加权线性回归(LWLR)中,参数的计算表达式为

$$\hat{w} = (X^{\mathrm{T}} W X)^{-1} X^{\mathrm{T}} W Y$$

由此可见,LWLR 与 LR 不同,LWLR 是一个非参数模型,因为每次进行回归计算都要遍历训练样本至少一次。

1.4.2　逻辑回归

逻辑回归是一种分类算法,通过将数据拟合到一个逻辑函数中来预测事件发生的概率。对于 0~1 的概率值,当概率大于 0.5,预测为 1,概率小于 0.5,则预测为 0。它属于判别式模型,有很多正则化模型的方法(L0、L1、L2 等)。如果需要一个概率架构(比如,简单地调节分类阈值,指明不确定性,或者是要获得置信区间),或者希望以后将更多的训练数据快速整合到模型中去,可以使用逻辑回归。逻辑回归中使用的 Sigmoid 函数为

$$f(x) = \frac{1}{1 + e^{-x}}$$

逻辑回归的优点：实现简单，广泛应用于工业问题上；分类时计算量非常小，速度很快，占用存储资源低；便利的观测样本概率分数。对逻辑回归而言，多重共线性并不是问题，它可以结合 L2 正则化来解决该问题。

逻辑回归的缺点：当特征空间很大时，逻辑回归的性能不是很好；容易出现欠拟合，准确度一般不太高；只能处理两分类问题（在此基础上衍生出来的归一化指数函数 Softmax 可以用于多分类），且必须线性可分。对于非线性特征，还需要进行转换。

1.4.3　决策树

决策树算法通常用于分类问题。它同时适用于分类变量和连续因变量，在这个算法中，将总体分成两个或更多的同类群。根据属性或者自变量分成尽可能不同的组别，再根据一些特征（feature）进行分类，每个节点提一个问题，通过判断，将数据分为两类，再继续提问。这些问题是根据已有数据学习出来的，再投入新数据时，就可以根据这棵树上的问题，将数据划分到合适的叶子上。经典的决策树是 ID3，其中有两个重要的概念：熵和信息增益。

熵：是描述系统混乱的程度（在模型中，熵越小，混乱程度越小，模型越好）。

信息增益：是描述属性（非叶子节点）对模型的贡献。信息增益越大，它对模型的贡献越大。

决策树算法优点：计算复杂度不高，输出结果易于理解，对中间值的缺失不敏感，可以处理不相关特征数据。缺点：可能会产生过度匹配问题。决策树的基本结构如图 1.4 所示。

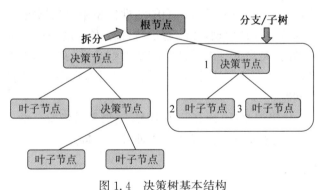

图 1.4　决策树基本结构

1.4.4　支持向量机

支持向量机（SVM）是一种分类方法。在这个算法中，将每个数据在 N 维空间中用点标出（N 是所有的特征总数），每个特征的值是一个坐标的值。SVM 算法的实质是找出一个能够将某个值最大化的超平面，这个值就是超平面离所有训练样本的最小距离。这个最小距离用 SVM 术语来说，叫作间隔（margin）。假设给定一些分属于两类的 2 维点，这些点可以通过直线分割，找到一条最优的分割线。支持向量机将向量映射到一个更高维的空间里，在这个空间里建立一个最大间隔超平面。在分开数据的超平面的两边建有两个互相平行的超平面,分隔超平面使两个平行超平面的距离最大化。假定平行超平面间的距离或差距越大,分类器的总误差就越小。SVM由训练算法、测试算法、使用算法三个部分组成。

训练算法:SVM的大部分时间都源自训练,该过程主要实现两个参数的调优。

测试算法:十分简单的计算过程就可以实现。

使用算法:几乎所有分类问题都可以使用SVM,值得一提的是,SVM本身是一个二类分类器,对多类问题应用SVM需要对代码做一些修改。

1.4.5　线性支持向量机

求解线性支持向量机的过程是凸二次规划问题。所谓凸二次规划问题,就是目标函数是凸的二次可微函数。而求解凸二次规划问题可以利用对偶算法,即引入拉格朗日算子,利用拉格朗日对偶性将原始问题的最优解问题转化为拉格朗日对偶问题,这样就将求 w^*、bw^*、b 的原始问题的极小问题转化为求:

$$\alpha \geqslant 0, \quad \sum_{i=1}^{m} \alpha_i \, \mathrm{lable}^{(i)} = 0$$

对偶问题的极大问题,即求出 α^*,再通过卡罗需-库恩-塔克(KKT)条件求出对应的参数 w^*、bw^*、b,从而找到这样的间隔最大化超平面,进而利用该平面完成样本分类。目标函数如下:

$$\max_{\alpha} \left[\sum_{i=1}^{m} \alpha - \frac{1}{2} \sum_{ij=1}^{m} \mathrm{lable}^{(i)} \mathrm{lable}^{(j)} \alpha_i \alpha_j < x^{(i)}, x^{(j)} > \right]$$

1.4.6　非线性支持向量机

当数据集不是线性可分时,不能通过前面的线性模型来对数据集进行分类。此时,必须想办法使这些样本特征符合线性模型,才能通过线性模型对这些样本进行分类。这就要用到核函数,核函数的功能就是将低维的特征空间映射到高维的特征空间,而在高维的特征空间中,这些样本经过转化后,变成了线性可分的情况,这样,在高维空间中,能够利用线性模型来解决数据集分类问题。

核函数的优点:泛化错误率低,计算开销不大,结果易被解释。缺点:对参数调节和核函数的选择敏感,原始分类器不加修改仅适用于处理二类问题。

1.4.7　随机森林

随机森林是一种利用多棵树对样本进行训练和预测的分类器[6]。它由多棵分类回归树(classification and regression tree,CART)组成。对于每棵树,训练集是从总的训练集中进行有放回采样的,这意味着总训练集中的一些样本可能会在某棵树的训练集中出现多次,也可能从未出现在其他树的训练集中。在训练每棵树的节点时,使用的特征是按照一定比例从所有特征中进行无放回随机抽取的。

随机森林的优点:在数据集上表现良好,在许多数据集上相对其他算法具有显著优势;能够处理高维度(特征较多)的数据,无须进行特征选择;可以评估特征的重要性;在创建随机森林时,使用的是无偏估计来评估泛化误差;训练速度快,易于并行化;在训练过程中,可以检测特征之间的相互影响;实现相对简单;对于不平衡的数据集,可以平衡误差;

可以应用于具有特征缺失的数据集,并且仍然具有良好的性能。缺点:随机森林已经被证明在某些具有较大噪声的分类或回归问题上容易出现过拟合;对于具有不同取值的属性,取值划分较多的属性会对随机森林产生较大影响,因此在这种数据上生成的属性权重不可靠。

1.4.8　k-均值算法

k-均值算法是一种常用的无监督学习算法,用于将数据集划分成 k 个不同的类别[7]。k-均值算法的基本思想是:将数据集中的每个样本分配到距离其最近的 k 个质心所代表的类别中,然后重新计算每个类别的质心,不断重复以上过程,直到类别不再发生变化或达到预定的迭代次数。k-均值算法的实现过程包括以下几个步骤。

(1) 随机选取 k 个样本作为初始质心。

(2) 计算每个样本与 k 个质心之间的距离,将每个样本分配到距离其最近的质心所代表的类别中。

(3) 重新计算每个类别的质心,将其设置为该类别中所有样本的平均值。

(4) 不断重复以上过程,直到类别不再发生变化或达到预定的迭代次数。

k-均值算法的优点包括实现简单和计算速度快等,同时也存在对初始质心的敏感性和需要事先确定类别数量 k 的缺点。在实际应用中,k-均值算法经常用于图像分割、用户行为分析、市场细分等领域。

1.4.9　PCA 算法

主成分分析(principal component analysis,PCA)算法是一种常见的数据降维算法,主要用于高维数据的分析和可视化[8]。其核心思想是将高维数据转化为低维数据,同时尽可能地保留原始数据的信息。具体而言,PCA 算法通过线性变换将原始数据映射到一个新的坐标系中,使得数据在新坐标系下具有最大的方差,即尽可能分散在新坐标系的各个方向上。这些新坐标轴被称为主成分,其数量通常少于原始数据的维度。PCA 算法的步骤包括计算数据的协方差矩阵、求解协方差矩阵的特征值和特征向量、选取前 k 个最大特征值对应的特征向量作为主成分,最后将数据映射到主成分上。PCA 算法可以应用于数据压缩、数据可视化、降噪、特征提取等领域。在机器学习中,PCA 算法可以作为预处理步骤,用于减少特征数量和相关性,从而提高模型的精度和泛化能力。

1.4.10　关联规则学习算法

关联规则学习(Apriori)算法是一种用于挖掘频繁项集的算法,它可以从一个事务数据库中发现频繁出现的项集[9]。该算法的基本思想是利用频繁项集的性质,即如果一个项集是频繁出现的,则它的所有子集也必须是频繁出现的。Apriori 算法采用了一种迭代的方法,每次迭代都产生一些候选项集,并计算它们的支持度,然后根据最小支持度过滤掉不满足要求的候选项集,最终得到频繁项集。Apriori 算法的实现过程通常包括以下几个步骤。

(1) 扫描整个事务数据库,统计每个项集的支持度,得到 1-项集的集合 L1。

(2) 根据 L1 生成 2-项集的候选集 C2,计算其支持度,筛选出满足最小支持度要求的项集,得到 2-项集的集合 L2。

(3) 根据 L2 生成 3-项集的候选集 C3,计算其支持度,筛选出满足最小支持度要求的项集,得到 3-项集的集合 L3。

(4)重复上述步骤,直到不能再生成满足最小支持度要求的项集为止。

Apriori 算法的优点是简单易实现,并且可以处理大规模数据集。然而,该算法也存在一些缺点,包括计算频繁项集的代价较高,以及可能会产生大量的候选项集。近年来,一些改进算法,如 FP-growth 算法[10]、Eclat 算法[11]等也被提出来,用于提高频繁项集挖掘的效率。

1.5　机器学习的一般流程

机器学习的一般流程通常包括以下步骤。

(1)确定目标。机器学习的第一步是确定要解决的问题,这包括对问题进行理解和定义,例如,确定问题是分类、回归还是聚类等。

(2)数据收集。收集与问题相关的数据是机器学习的第一步。数据可以有各种来源,如数据库、文件、传感器等。机器学习对于数据质量有着高要求,因为它对机器学习模型的性能至关重要。因此,确保数据的准确性和完整性非常重要。

(3)数据预处理。在将数据用于机器学习之前,通常需要对数据进行预处理。这包括数据清洗、处理缺失值、特征选择和转换等步骤。预处理的目的是准备适用于机器学习算法的数据集。

(4)特征工程。特征工程是一个重要环节,它涉及选择哪些特征用于训练模型,并对这些特征进行适当的变换。特征工程的目标是提取出最具信息量的特征,以改善模型的性能。

(5)数据划分。通常将数据集分为训练集、验证集和测试集。训练集用于训练模型的参数,验证集用于调整模型的超参量,测试集用于评估模型的性能。

(6)选择模型。选择适合问题的机器学习模型。常见的模型包括线性回归、决策树、随机森林、神经网络等。选择合适的模型取决于问题类型和数据特性。

(7)模型训练。使用训练集来训练所选模型。在训练过程中,模型会根据输入数据不断调整其参数,以拟合数据并学习关系。

(8)模型评估。使用验证集来评估模型的性能。常见的性能指标包括准确度、精确度、召回率、F1 值等,具体指标取决于问题类型。

(9)超参量调优。调整模型的超参量,以改善模型的性能。这可以通过交叉验证等技术来实现。

(10)模型部署。模型一旦满足性能要求,可以将训练好的模型部署到生产环境中,以用于实际应用。部署可以在云端、移动设备或嵌入式系统中进行。

(11)模型监测和维护。模型部署后,需要定期监测模型的性能,并根据需要进行维护和更新。这可能涉及重新训练模型,使之适应新数据。

这些步骤构成了机器学习的一般流程,但实际应用中,根据问题的复杂性和特性,可能需要进行一些调整和变化。机器学习是一个迭代的过程,需要不断改进和优化模型,以获得更好的结果。机器学习的一般流程如图 1.5 所示。

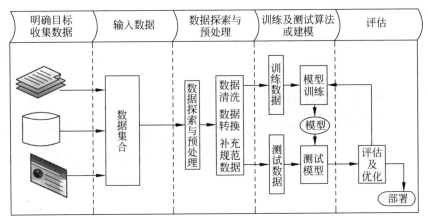

图 1.5　机器学习的一般流程

习题

1. 请简述机器学习的发展历程。
2. 机器学习有哪些流派？
3. 机器学习的典型应用领域有哪些？
4. 机器学习的常用算法有哪些？
5. 请概述机器学习的一般流程。

第 2 章　数据降维与特征工程

2.1　数据降维的基本概念

数据降维(dimensionality reduction)通俗来说,是通过一些算法将高维度的数据"有意义"地映射到低维度空间上。这里的"有意义"是指,比如把数据归类成一个个的群即一个算法的种类——clustering,并且能够发现这些数据的特点而不是类似随机地去掉一些点这样的操作。

2.1.1　数据降维的目的

当特征选择完成后,可以直接训练模型,但是可能由于特征矩阵过大,导致计算量大,出现训练时间长的问题,因此,降低特征矩阵维度是必不可少的。常见的降维方法除了基于L1惩罚项的模型以外,还有主成分分析(PCA)和线性判别分析(linear discriminant analysis,LDA),线性判别分析本身也是一个分类模型。PCA和LDA有很多的相似点,其本质都是将原始的样本映射到低维样本空间中,但是二者的映射目标不一样:PCA是为了让映射后的样本具有最大的发散性;而LDA是为了使映射后的样本具有最好的分类性能。因此,PCA是一种无监督的降维方法,而LDA是一种有监督的降维方法。

数据降维的主要目的是减少数据集中的变量数量,同时保留数据的重要特征。数据降维具有以下4个重要目的。

(1)降低计算复杂度。高维度数据的处理通常需要更多的计算资源和时间。降低数据维度可以减少计算复杂度,提高算法的执行效率。

(2)去除冗余和噪声。高维度数据中可能存在冗余特征和噪声,它们对模型的训练和推理过程可能产生负面影响。降维可以去除这些不必要的信息,提高模型的鲁棒性和准确性。

(3)防止过拟合。高维度数据往往会增加模型的复杂度,使得模型过度拟合训练数据而泛化能力较差。降低维度可以减小模型复杂度,降低过拟合的风险,增强模型的泛化能力。

（4）提高可解释性。降维后的数据更容易理解和解释。降低维度可以将数据集转化为更为简洁和易于理解的形式，有助于对数据及模型的解释和理解。

综上，数据降维的主要目的是提高计算效率，去除冗余和噪声，防止过拟合，并提高可解释性。降低数据维度可以更好地处理数据，并为进一步的模型训练和预测提供更好的输入。但需要注意的是，降维可能会损失一部分信息，因此需要权衡降维对模型性能的影响，并选择合适的降维方法。

在机器学习和数据分析中，数据降维是指将高维度数据转化为低维度数据的过程。高维度数据指的是具有大量特征（维度）的数据集，而低维度数据则是指特征较少的数据集。其目的是减少数据的维数而尽量保留数据的内在结构。通俗地说，数据降维就是从高维度空间压缩数据到低维度空间，以便于数据处理、分析和可视化。具体可分为以下 4 个部分。

（1）可视化。高维度数据难以在图形上直观表示，降维可以将数据映射到二维或三维空间，便于可视化观察。

（2）减少计算成本。在高维度空间中处理数据需要更多的计算资源和时间，降维可以减少计算的复杂性。

（3）避免维度灾难。随着维度的增加，样本间的距离变得越来越大，这可能会导致一些算法的性能下降。

（4）去除冗余特征。一些特征可能对问题的解决没有太大帮助，降维可以去除这些冗余特征，提升模型的性能。

数据降维图如图 2.1 所示。

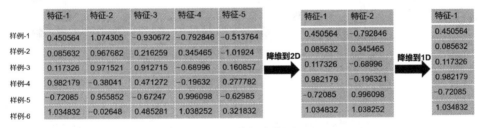

图 2.1　数据降维图

2.1.2　数据降维的一般原理

数据降维的一般原理是找到一组最能代表原始数据的新特征，将原始数据映射到低维度空间，同时尽量保留原始数据的重要信息。具体来说，数据降维的一般处理过程包括以下 5 个步骤。

（1）数据预处理。对原始数据进行预处理，包括去除缺失值、处理异常值、标准化或归一化等。这有助于提高降维的准确性和稳定性。

（2）特征选择或提取。选择合适的特征选择或提取方法，以减少特征的数量或将高维度数据映射到低维度空间。特征选择方法通过评估特征与目标变量之间的关系来选择最相关的特征；特征提取方法通过线性或非线性变换将原始特征映射到低维度空间。

（3）信息保留与损失权衡。在降维过程中，需要权衡保留的信息量和降低维度对模型性能的影响。目标是在尽量保留原始数据重要信息的前提下，降低数据维度。

（4）降维结果评估。对降维后的数据进行评估，判断降维结果是否达到预期的效果。可以使用各种度量指标，如方差解释比例、信息熵、分类准确率等评估降维结果。

（5）后续数据分析或建模。根据降维后的数据进行进一步的数据分析或建模，如聚类、分类、回归等。

常见的降维技术包括主成分分析（PCA）、线性判别分析（LDA）[12]、奇异值分解（singular value decomposition，SVD）[13] 等。每种技术都有其特定的应用场景和优缺点。

PCA 是一种基于从高维度空间映射到低维度空间的映射方法，也是最基础的无监督降维算法之一。其目标是找到数据变化最大的方向进行投影，或者说找到最小化重构误差的方向进行投影。PCA 由 Karl Pearson 在 1901 年提出，属于线性降维方法。

为了更好地理解 PCA 的原理，使用 2D 数据来说明。首先，对数据进行归一化处理，将平均值移动到原点，使所有数据都位于一个单位正方形中。其次，尝试使用一条线来拟合数据。为此，选择一条随机的线。再次，旋转这条直线，直到它最适合数据为止。最后，得到了一个最佳拟合（高度拟合），它能够解释特征的最大方差。具体的处理方法如图 2.2、图 2.3 所示。

	样例-1	样例-2	样例-3	样例-4	样例-5	样例-6
特征-1	10	11	8	3	2	1
特征-2	6	4	5	3	2.8	1

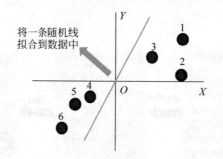

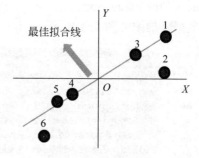

图 2.2　2D 数据及其归一化　　　　图 2.3　最佳拟合线

2.1.3　数据降维的本质

数据降维的本质是通过减少数据的维度来寻找一个更紧凑、更抽象的表示，同时尽量保留或捕捉原始数据中的关键信息和结构。映射函数通常表示为

$$f : x \rightarrow y$$

其中，x 是原始数据点的表达，一般为向量形式；y 是数据点映射后的低维向量表达，y 的维度通常小于 x 的维度；f 可能是显式的或隐式的、线性的或非线性的，如图 2.4 所示。

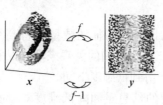

图 2.4　降维的本质

通过降维，希望能够用更少的特征或维度来表示数据，同时尽量减少数据的冗余和噪声。

数据降维的本质可以理解为以下 3 个方面。

（1）特征提取。数据降维可以通过特征提取的方式，将

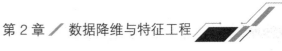

原始数据映射到一个新的低维度特征空间。特征提取的过程中,寻找能够最好地代表原始数据变异性的特征。选择重要的特征,可以用更少的特征来表示数据,同时尽量保留关键信息。

(2)维度削减。另一种数据降维的方法是维度削减,即减少特征的数量或数据的维度。这通常通过选择最具有较高预测能力和相关性的特征子集来实现。削减维度可以减少计算复杂度,并去除那些可能是冗余或无关的特征。

(3)噪声和冗余去除。数据降维还有助于去除数据中的噪声和冗余。在降维过程中,可以选择那些最相关和最具有预测能力的特征,抑制对变异性贡献较小的特征。这样可以有效地减少噪声的影响,并去除冗余特征。

2.1.4 特征工程的基本概念

特征工程(feature engineering)是从原始数据提取特征的过程,这个过程将数据转换为能更好地表示业务逻辑的特征,并将这些特征应用于预测模型中,以提高对不可见数据的模型预测精度,从而提高机器学习的性能。如图 2.5 所示,特征工程在机器学习流程中扮演着重要角色,其主要工作是对特征进行处理。

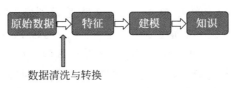

图 2.5 特征工程在机器学习流程中的位置

特征工程是机器学习工作流程中重要的组成部分,它将原始数据"翻译"成模型可理解的形式。特征工程是一个过程,这个过程将数据转换为能更好地表示业务逻辑的特征,从而提高机器学习的性能。特征工程又包含特征选择(feature selection)、特征提取(feature extraction)和特征构造(feature construction)等子问题。特征工程的质量往往直接影响模型的性能,因此在实际应用中,特征工程是一个至关重要的环节。合适的特征工程可以使模型更好地理解数据,提高模型的泛化能力。

2.1.5 特征工程的目标

特征工程的主要目标是通过处理原始数据,提取、选择或转换特征,以便机器学习模型能够更好地理解和学习数据的规律,从而提升模型的性能和泛化能力。以下是特征工程的主要目标。

(1)提高模型性能。精心设计的特征工程,可以使模型在给定数据集上的性能得到显著提升,提高模型的准确性和效率。

(2)降低过拟合风险。选择和提取有意义的特征工程,可以降低模型对噪声和不重要特征的敏感性,减少过拟合的风险。

(3)提升模型的泛化能力。优秀的特征工程可以使模型在新的、未知数据上表现良好,从而提高模型的泛化能力。

(4)减少模型的训练时间。精心设计的特征工程可以使模型在相同的训练时间内取得更好的效果,提高训练效率。

(5)改善模型的解释性。合适的特征工程可以使模型的输出更容易理解和解释,有助于深入理解数据的含义。

(6)提高模型的稳定性。通过处理异常值、缺失值等,特征工程可以使模型对于不完整或噪声数据的容忍性增强。

(7)加强模型对领域知识的应用。利用领域专业知识进行特征工程设计可以使模型更贴近实际问题,提高模型对特定领域的适应能力。

(8)提高模型的竞争力。在数据科学竞赛和实际应用中,优秀的特征工程往往是脱颖而出的关键,可以提高模型在比赛中的排名或在实际场景中的效果。

总的来说,特征工程在机器学习中扮演着至关重要的角色,它直接影响着模型的性能和实际应用效果。因此,在实际应用中,特征工程往往是数据科学家们花费大量时间和精力的一个重要环节。

2.1.6 特征工程的本质

特征工程的本质是通过对原始数据的处理和转化,使模型能够更好地理解和学习数据的规律,从而提升模型的性能和泛化能力。特征工程是机器学习中不可或缺的一环,也是机器学习和数据挖掘中的一个关键步骤。特征工程的本质可以总结为以下 4 个方面。

(1)提取有意义的特征。对原始数据进行分析和理解,从中提取出具有区分性和预测能力的特征。这包括数值特征、类别特征、文本特征、时间序列特征等。

(2)数据预处理。对原始数据进行清洗、归一化、缺失值处理等操作,以确保数据的质量和一致性。这包括去除异常值、处理缺失数据、标准化数据等。

(3)特征变换和组合。将原始特征进行变换或组合,生成新的特征以增强模型的表达能力。例如,使用多项式特征或交互特征来捕捉特征之间的非线性关系。

(4)特征选择。从所有可用特征中选择最相关或最有代表性的特征,以减少冗余和噪声,并提高模型的泛化能力。这包括基于统计方法、正则化方法或基于模型的方法进行特征选择。

进行适当的特征工程,可以使机器学习模型更好地理解数据,并提取出最重要的信息,从而提高模型的预测准确性、降低过拟合风险,并提升模型的训练效果。

2.1.7 特征工程的特征选取方法

特征选取可分为三种方法。过滤法是一种在特征选择之前独立于任何机器学习算法的方法。它基于特征的统计属性,如方差、相关性或信息增益,来评估特征的重要性。基于这些统计属性,选择保留最相关或具有最高得分的特征,而忽略其他特征。包装法是一种使用特定的机器学习算法来评估特征重要性的方法。它通过反复训练模型并根据性能评分来选择不同的特征子集。这个方法的代表性算法是递归特征消除(RFE)[14],以及正向选择和反向消除等策略。嵌入法将特征选择与机器学习模型的训练过程相结合。在模型训练过程中,它会考虑特征的权重或系数,并将对模型性能有贡献的特征保留下来。例如,L1 正则化的线性回归模型可以用于自动选择重要的特征。

在选择特征选取方法时,需要考虑数据集的大小、特征的数量、机器学习模型的选择以

及计算资源等因素。不同的问题可能需要不同的特征选择方法。特征工程涉及多种方法和技术，用于从原始数据中创建、选择和转换特征，以提高机器学习模型的性能。特征构建是指从原始数据中构建新的特征，在实际应用中通常需要手工构建。首先要研究真实数据样本，思考问题的形式、数据结构以及如何更好地应用到预测模型中。特征构建考验了分析人员的特征洞察能力和分析能力，以及是否能够从原始数据中提取出一些有意义的显著特征。其次，针对不同种类的输入数据，如时间型、数值型、文本型等，特征构建会结合数据的特点，通过分解或切分的方法基于原来的特征创建新特征，从而提高数据的预测能力。特征生成前的原始数据可以分单列变量、多列变量、多行样本(时间序列)三种情况，对这三类数据进行特征生成时可以遵循以下方法。

1. 单列变量

单列变量指基于单列变量生成，即对单个变量进行转换、衍生，单列变量按照类型可以分为字符型、数值型、时间(日期)型，按照变量的样本内容格式可以分为离散型和连续型，其中字符型一般是离散的，而数值型和日期型变量则是连续的。

(1) 针对离散型变量可以再细分，不同类型的变量在进行特征构建时的常规方法如下。

① 类别型：如产品型号、所在地区等。当类别较少时，可以变换为哑变量(dummy variable)；当种类较多时，可以对变量的值进行归类，向上钻取，例如，将省份划为区域，再进行哑变量转换。

② 顺序型：如用户等级。离散型变量可以将其转化为连续变量，例如，将用户等级中的初级、中级、高级分别转化为 0、1、2，就可以构建成连续变量。

③ 等距型/等比型：如温度。有一定的顺序且间隔相等，也可以将其转化为连续变量。

(2) 针对连续型变量，可以将其转化为离散变量，也可转为另外形式的连续变量，转化方法如下。

① 分布变换，常见的有对数(log)或指数(exp)变换、平方根和平方变换、立方根和立方变换等。

② 量纲统一，常用标准化，如 Z 分数(一个数与平均数的差再除以标准差)，转化到[0, 1]区间或[-1, 1]区间。

向离散变量转化时，按得到的值的个数可以分为以下两类。

① 二值化(binary)，即最终得到的值是 0 或者 1。例如，考试成绩阈值为 60 分，大于 60 分为"及格"，记为 1；小于 60 分为"不及格"，记为 0。

② 分箱(binning)，分箱操作可以分为等距离分箱、等数量分箱、按分布分箱。

2. 多列变量

多列变量组合成一列变量，包括组合运算和降维，即由多列变量衍生出一列变量，可以分为"显式"运算和"隐式"运算。前者指的是变换过程是可解释的，例如，变量 A 表示设备 30 天工作时间，变量 B 表示设备在 30 天内的报警次数，衍生变量 C 表示平均每周的报警次数。"隐式"运算指的是得到的新变量和原来变量的关系难以用一个函数表达出来，例如，特征降维中常用的主成分分析(PCA)或线性判别分析(LDA)等。

3. 多行样本

多行样本是将一个样本的多行时间序列数据统计后得到一行数据，即在时间尺度上压缩,时间序列的数据可以提取三类特征。

（1）整体特征，整体的统计情况。例如，单个设备近一个月的耗电量等。

（2）局部特征，即在整体的时间区间内按其他分类变量或者按不同时间颗粒度计算得到的数据。例如，该用户近一年内购买不同品类的交易金额，或者该用户按季度下单情况。

（3）趋势特征，衡量事物发展趋势的特征。例如，设备本季度和上季度的环比故障情况。

特征选择的主要目的是降维，从特征集合中挑选一组最具统计意义的特征子集来代表整体样本的特点。特征选择的方法是用一些评价指标单独地计算出各个特征与目标变量之间的关系。常见的有 Pearson 相关系数、基尼指标（gini-index）、信息增益（information gain）等。下面以 Pearson 相关系数为例，说明其计算方式。相关系数为

$$r = \left(\frac{\sum\limits_{i=1}^{n}(x_i - \bar{x})(y_i - \bar{y})}{\sqrt{\sum\limits_{i=1}^{n}(x_i - \bar{x})^2} \cdot \sqrt{\sum\limits_{i=1}^{n}(y_i - \bar{y})^2}} \right)$$

其中，x 属于 X，X 表示一个特征的多个观测值，Y 表示这个特征观测值对应的类别列表，$\bar{x}$、$\bar{y}$ 分别是 X、Y 的平均值。Pearson 相关系数的取值在 $0 \sim 1$，如果使用这个评价指标来计算所有特征和类别标号的相关性，得到这些相关性之后，将它们从高到低进行排列，然后选择其中一个子集作为特征子集，接着用这些特征进行训练，并对效果进行验证。

特征选择的过程是通过搜索候选特征子集，对其进行评价，最简单的办法是穷举所有特征子集，找到错误率最低的子集，但是此方法在特征数较多时效率非常低。按照评价标准的不同，特征选择可分为过滤方法（filter method）、封装器方法（wrapper method）和嵌入方法（embedded method）。

过滤方法主要以特征间的相关性为标准实现特征选择，即特征与目标类别相关性要尽可能大，因为一般来说相关性越大，分类的准确率越高。这一算法的优点在于它是从数据集本身学习的，与具体的算法无关，因此，它更高效且具有较高的稳健性。常用的相关性度量方法包括距离、信息增益、关联性和一致性等。封装方法尝试用不同的特征子集对样本集进行分类，将分类精度作为衡量特征子集好坏的标准，通过比较选择最佳的特征子集。常见的封装方法有逐步回归、向前选择和向后选择等。封装器方法的复杂度较高，因为每次验证都需要重新训练和验证模型，当特征数量较多时，算法的计算时间会较长。嵌入方法是模型在运行过程中自主选择或忽略某些特征，即特征的选择是嵌入在算法中的。其中最典型的是决策树分类算法，例如，在使用决策树进行分类时，可以应用随机森林来进行特征筛选和过滤。

特征提取是将原始数据转换为具有统计意义和机器可识别的特征的过程。例如，机器学习无法直接处理自然语言中的文本，这时就需要将文字转换为数值特征（如向量化）。或者在图像处理领域，将像素特征提取为轮廓信息也属于特征提取的应用。因此，特征提取关注的是特征的转换方式，即尽可能符合机器学习算法的要求。除此之外，还可以通过对现有特征进行加工的方法实现特征的创建，即特征提取可能是原特征的某种混合。特征提取和特征选择都有可能使特征数量减少，但是，特征选择是原特征的子集，而特征提取则不一

定。另外,特征提取技术往往与具体领域相关性比较大,一旦跨领域,很多技术需要重新开发。

2.1.8 特征工程的基本原理

特征工程的基本原理是通过对原始数据进行处理和转换,提取出最能够表达数据的相关信息的特征,以改善机器学习算法的性能。其流程如图 2.6 所示。

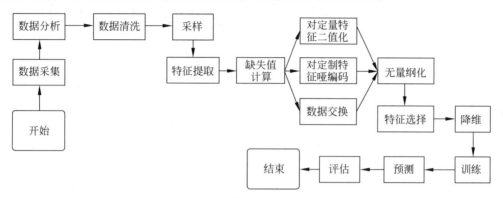

图 2.6 特征工程基本流程

以下是特征工程的基本原理。

(1) 理解数据:首先,需要对数据有一定的理解。了解数据的来源、含义、特点和限制,探索数据的分布、缺失值、异常值等,这有助于选择适当的特征工程方法和技术。

(2) 数据清洗和预处理:对原始数据进行清洗,包括处理缺失值、去除异常值、处理噪声等。此外,还需要对数据进行归一化、标准化等预处理操作,以确保不同特征具有相似的数值范围,避免某些特征对模型产生过大的影响。数据特征预处理如图 2.7 所示。

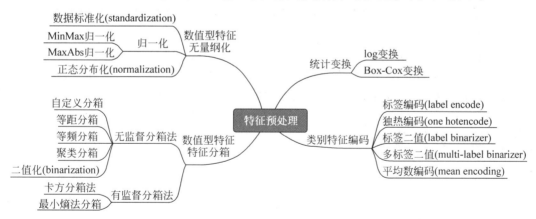

图 2.7 特征预处理

(3) 特征提取和构造:根据数据的特点和问题的需求,从原始数据中提取出有意义的特征。这包括将文本数据转换为词袋模型、TF-IDF 向量等,对时间序列数据提取统计指标和时序特征,对图像数据进行卷积神经网络特征提取等。特征构造可分为简单构造和机器学习两种,简单构造有四则运算、特征交叉(组合分类特征)、分解类别特征等方法,而机器学习则分为监督式和非监督式学习。在特征提取中,对于列表数据,可使用的方法包括一些投影方法,如主成分分析和无监督聚类算法。对于图形数据,包括一些直线检测和边缘检测方法,对于不同领域有各自的方法。特征提取的关键点在于这些方法是自动的(只需要从简单方法中设计和构建得到),还可以解决不受控制的高维数据的问题。大部分情况下,是将这些不同类型数据(如图、语言、视频等)存成数字格式来进行模拟观察。不同的数据降维方法除了实现降维目标的目的,同时具有各自的特点,比如:主成分分析,降维后的各个特征在坐标上是正交;非负矩阵分解,非负矩阵分解在降维的同时保证降维后的数据均非负,因为在一些文本、图像领域数据要求非负性;字典学习,可以基于任意基向量表示,特征之间不再是独立,或者非负的;局部线性嵌入,是一种典型的流型学习方法,具有在一定邻域保证样本之间的距离不变性。特征提取的一些方法如图2.8所示。

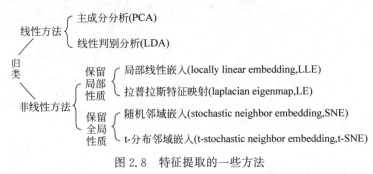

图 2.8　特征提取的一些方法

(4) 特征选择:从所有可用特征中选择最相关或最有代表性的特征,以减少冗余和噪声,并提高模型的泛化能力。特征选择方法可以基于统计指标(如方差、相关系数),互信息[15]、L1正则化[16]等。选择合适的特征可以降低模型的复杂度,提高训练效率,并避免过拟合。

(5) 反馈与迭代:特征工程是一个迭代的过程。在构建初始模型后,观察模型的表现和分析特征的重要性,同时反馈给特征工程环节,进一步调整特征的选择和处理方式,以优化模型的性能。

总体而言,特征工程的基本原理是将原始数据转换为更好地适应机器学习算法的特征表示形式。对数据的理解、清洗、预处理、抽取、构造和选择等步骤,可以帮助人们准确地表达数据并提取出最相关的信息,从而改善模型的训练效果和预测准确性。

2.2　高维数据降维

高维度数据降维是指采用某种映射方法,降低随机变量的数量,例如,将数据点从高维度空间映射到低维度空间中,从而实现维度减少。降维分为特征选择和特征提取两类,前者是从含有冗余信息及噪声信息的数据中找出主要变量,后者是去掉原来数据,生成新的变量,可以寻找数据内部的本质结构特征。降维的过程是通过对输入的原始数据特征进行学习,得到一个映射函数,实现将输入样本映射到低维度空间中,原始数据的特征并没有明显损失,通常情况下新空间的维度要小于原空间的维度。目前大部分降维算法是处理向量形式的数据。

2.2.1　主成分分析

主成分分析(PCA)是最常用的线性降维方法,它的目标是通过某种线性投影,将高维度的数据映射到低维度的空间中,并期望在所投影的维度上数据的方差最大,以此使用较少的维度,同时保留较多原数据。PCA 的降维是指经过正交变换后,形成新的特征集合,然后从中选择比较重要的子特征集合,从而实现降维。这种方式并非在原始特征中选择,所以 PCA 这种线性降维方式最大限度保留了原有的样本特征。

设有 m 条 n 维数据,PCA 的一般步骤如下。

(1) 将原始数据按列组成 n 行 m 列矩阵 X。

(2) 计算矩阵 X 中每个特征属性(n 维)的平均向量 M(平均值)。

(3) 将 X 的每一行(代表一个属性字段)进行零均值化,即减去 M。

(4) 按照公式 $C=\dfrac{1}{m}XX^{\mathrm{T}}$ 求出协方差矩阵。

(5) 求出协方差矩阵的特征值及对应的特征向量。

(6) 将特征向量按对应特征值从大到小按行排列成矩阵,取前 $k(k<n)$ 行组成基向量 P。

(7) 通过 $Y=PX$ 计算降维到 k 维后的样本特征。

PCA 算法目标是求出样本数据的协方差矩阵的特征值和特征向量,而协方差矩阵的特征向量的方向就是 PCA 需要投影的方向。使样本数据向低维度空间投影后,能尽可能表征原始的数据。协方差矩阵可以用散度矩阵代替,协方差矩阵乘以 $(n-1)$ 就是散度矩阵,n 为样本的数量。协方差矩阵和散度矩阵都是对称矩阵,主对角线是各个随机变量(各个维度)的方差。

【例 2.1】　基于 sklearn(Python 语言下的机器学习库)和 numpy 随机生成 2 个类别共 40 个三维空间的样本点,生成的代码如下:

```
mu_vec1 = np.array([0,0,0])
cov_mat1 = np.array([[1,0,0],[0,1,0],[0,0,1]])
class1_sample = np.random.multivariate_normal(mu_vec1,cov_mat1)
mu_vec2 = np.array([1,1,1])
cov_mat2 = np.array([[1,0,0],[0,1,0],[0,0,1]])
class2_sample = np.random.multivariate_normal(mu_vec2, cov_mat2)
```

其中 multivariate_normal()方法生成多元正态分布样本,参数 mu_vec1 是设定的样本均值向量,cov_mat1 是指定的协方差矩阵,每个类别数量为 20 个。生成的两个类别 class1_sample 和 class2_sample 的样本数据维度为三维,即样本数据的特征数量为 3 个,将其置于三维空间中展示,可视化结果如图 2.9 所示。

其中每 20 个点作为一个类别,平均分成 class1 和 class2 两个类别,可以看到三角形和圆点在空间中的分布并没有明显分离。用 PCA 技术将其投射到二维的空间中,查看其分布情况。计算 40 个点在 3 个维度上的平均向量,首先将两个类别的数据合并到 all_samples 变量中,然后计算平均向量,代码如下:

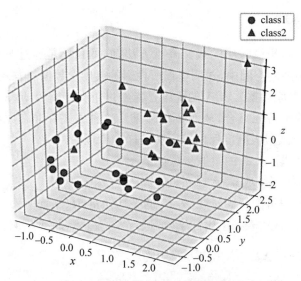

图 2.9　PCA 中两种类别分布的情况

```
all_samples = np.concatenate((class1_sample,class2_sample),axis = 1)
mean_x = np.mean(all_samples[0,: ])
mean_y = np.mean(all_samples[1,: ])
mean_z = np.mean(all_samples[2,: ])
```

计算平均向量 mean_x、mean_y、mean_z 的结果分别为：0.41667492、0.69848315、0.49242335。基于平均向量计算散度矩阵，计算方法如下所示，其中 m 就是之前计算的平均向量。

$$s = \sum_{i=0}^{n}(x_i - m)(x_i - m)^{\mathrm{T}}$$

所有向量与 m 的差值经过点积并求和后即可获得散度矩阵的值，代码如下：

```
scatter_matrix = np.zeros((3,3))
for i in range(all_samples.shape[1]):
        scatter_matrix += (all_samples[:,i].reshape(3,1) - mean_vector).dot((all_samples
[:,i].
reshape(3,1) - mean_vector).T)
```

计算后 scatter_matrix 的结果为

```
[[ 38.4878051  10.50787213 11.13746016]
 [ 10.50787213 36.23651274 11.96598642]
 [ 11.13746016 11.96598642 49.73596619]]
```

用 Python 中的 numpy 库内置 np.linalg.eig(scatter_matrix)方法计算特征向量和特征值。此外，也可以使用协方差矩阵求解（可用 numpy.cov()方法计算协方差矩阵）。代码如下：

```
eig_val_sc, eig_vec_sc = np.linalg.eig(scatter_matrix)
```

计算出 3 个维度的特征值(eig_val_sc)结果分别为

65.16936779、32.69471296、26.59620328,3 个维度的特征向量(eig_vec_sc)结果分别为

$$
\begin{bmatrix}
-0.49210223 & -0.64670286 & 0.58276136 \\
-0.47927902 & -0.35756937 & -0.8015209 \\
-0.72672348 & 0.67373552 & 0.13399043
\end{bmatrix}
$$

以平均向量为起点,在图 2.10 中绘出特征向量,可以看到特征向量的方向,这个方向确定了要进行转换的新特征空间的坐标系,具体如图 2.10 所示。

按照特征值和特征向量进行配对,并按照特征值的大小从高到低进行排序。由于需要将三维空间投射到二维空间中,所以选择前两个特征值分别对应的特征向量作为坐标,并构建 2×3 的特征向量矩阵 $\boldsymbol{W}$。原来空间的样本通过与此矩阵相乘,使用公式 $\boldsymbol{y} = \boldsymbol{W}^\mathrm{T} \boldsymbol{x}$ 将所有样本转换到新的空间中,并将结果可视化,如图 2.11 所示。

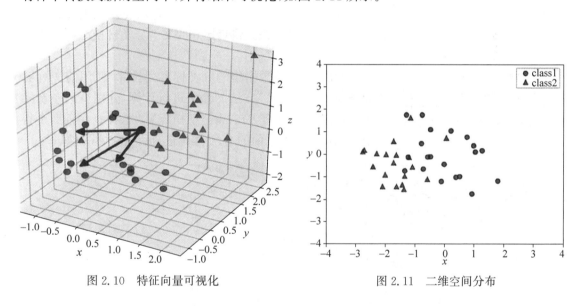

图 2.10　特征向量可视化　　　　　　　　图 2.11　二维空间分布

可见,两种类别的样本比三维空间区分度更大,从 PCA 的实现原理来看,这种变换并没有改变各样本之间的关系,只是应用了新的坐标系。在本例中是将三维空间转降到二维空间,如果有一个 n 维的数据,想要降低到 k 维,那么就取前 k 个特征值对应的特征向量即可。PCA 的主要缺点是当数据量和数据维数均非常大时,用协方差矩阵的方法解 PCA 会变得非常低效,解决办法是采用奇异值分解(SVD)技术。

2.2.2　奇异值分解

对于任意 $m \times n$ 的输入矩阵 $\boldsymbol{A}$,SVD 分解结果为

$$
\boldsymbol{A}_{[m \times n]} = \boldsymbol{U}_{[m \times r]} \boldsymbol{S}_{[r \times r]} (\boldsymbol{V}_{[n \times r]})^\mathrm{T}
$$

分解结果中,$\boldsymbol{U}$ 为左奇异矩阵;$\boldsymbol{S}$ 为奇异值矩阵,除主对角线上的元素外全为 0,主对角

线上的每个元素都称为奇异值; V 为右奇异矩阵。矩阵 U、V 中的列向量均为正交单位向量,而矩阵 S 为对角阵,并且从左上到右下以递减的顺序排序,可以直接借用 SVD 的结果来获取协方差矩阵的特征向量和特征值。

【例 2.2】 基于奇异值分解对鸢尾花(Iris)数据集降维。

Python 语言的 numpy 库中已实现 SVD 方法,位于 linalg 模块(包含核心线性代数工具,如计算逆矩阵、求特征值、解线性方程组以及求解行列式等)中。首先,引入相应模块包,并使用 pandas 加载 Iris 数据集(文本格式),代码如下:

```
from numpy import *
import matplotlib.pyplot as plt
import pandas as pd
from numpy.linalg import * df = pd.read_csv('iris.data.csv', header = None)
df[4] = df[4].map({'Iris - setosa': 0, 'Iris - versicolor': 1, 'Iris - virginica': 2})
print(df.head())
```

	0	1	2	3	4
0	5.1	3.5	1.4	0.2	0
1	4.9	3.0	1.4	0.2	0
2	4.7	3.2	1.3	0.2	0
3	4.6	3.1	1.5	0.2	0
4	5.0	3.6	1.4	0.2	0

图 2.12 二维空间分布

输出 Iris 数据集中前 5 条样本,如图 2.12 所示,0~3 列分别表示鸢尾花的花萼长度、花萼宽度、花瓣长度和花瓣宽度 4 个属性,第 4 列是将鸢尾花的文本分类转换为数字格式后的结果。

然后,将 Iris 数据集的分类标签列排除,使用前 4 列数据作为 linalg.svd() 方法的输入进行计算,分别得到左奇异矩阵 U、奇异值矩阵 S、右奇异值矩阵 V。选择 U 中前 2 个特征分别作为二维平面的 x、y 坐标进行可视化,代码如下:

```
data = df.iloc[:, : -1].values
samples, features = df.shape
U, s, V = linalg.svd( data )
newdata = U[:, : 2]
fig = plt.figure()
ax = fig.add_subplot(1, 1, 1)
colors = ['o', '^', '+']
for i in range(samples):
ax.scatter(newdata[i, 0], newdata[i, 1], c = 'black', marker = marks[int(data[i, -1])]) plt.
xlabel('SVD1')
plt.ylabel('SVD2')
plt.show()
```

鸢尾花的 3 个类别分别用不同的形状表示,结果如图 2.13 所示。

2.2.3　线性判别分析

线性判别分析也称为费舍尔线性判别(Fisher linear discriminant,FLD),是一种有监督的线性降维算法。与 PCA 不同,LDA 是为了使降维后的数据点尽可能容易地被区分。线性判别分析在训练过程中,通过将训练样本投影到低维度空间,使得同类别的投影点尽可能

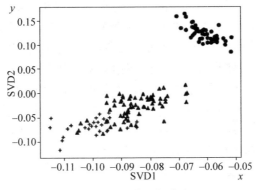

图 2.13　二维空间分布

接近,异类别样本的投影点尽可能远离,即同类点的方差尽可能小,而类之间的方差尽可能大;对新样本,将其投影到低维度空间,根据投影点的位置来确定其类别。PCA 主要是从特征的协方差角度,去找到比较好的投影方式。LDA 更多地考虑了标注,即希望投影后不同类别之间数据点的距离更大,同一类别的数据点更紧凑,如图 2.14 所示。

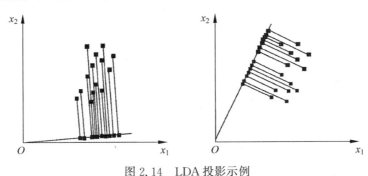

图 2.14　LDA 投影示例

计算每一项观测结果的判别分值,对其所处的目标变量所属类别进行判断。这些分值是通过寻找自变量的线性组合得到的。假设每类中的观测结果来自一个多变量高斯分布,而预测变量的协方差在响应变量 y 的所有 k 级别都是通用的。

LDA 的降维过程如下。

(1) 计算数据集中每个类别下所有样本的均值向量;

(2) 通过均值向量,计算类间散度矩阵 S_B 和类内散度矩阵 S_W;

(3) 依据公式 $S_B^{-1} S_B U = \lambda U$ 进行特征值求解,计算 $S_B^{-1} S_B$ 的特征向量和特征值;

(4) 按照特征值排序,选择前 k 个特征向量构成投影矩阵 U;

(5) 通过 $Y = X \times U$ 的特征值矩阵将所有样本转换到新的子空间中。

LDA 在求解过程中需要计算类内散度矩阵 S_W 和类间散度矩阵 S_B,其中,S_W 由两类扩展得到,而 S_B 的定义则与两类有所不同,是由每类的均值和总体均值的乘积矩阵求和得到的。目标是求得一个矩阵 U 使得投影后类内散度尽量小,而类间散度尽量大。在多类情况下,散度表示为一个矩阵。一般情况下,LDA 之前会做一次 PCA,保证 S_W 矩阵的正定性。

PCA 降维是直接与数据维度相关的,例如,如果原始数据是 n 维,那么使用 PCA 后,可

以任意选取最佳的 $k(k<n)$ 维。LDA 降维是与类别个数相关的,与数据本身的维度没关系,例如,如果原始数据是 n 维的,一共有 C 个类别,那么 LDA 降维之后,可选的数据一般不超过 $C-1$ 维。例如,假设图像分类有两个类别,分别为正例和反例,每个图像有 1024 维特征,那么 LDA 降维之后,就只有 1 维特征,而 PCA 可以选择降到 100 维。

【例 2.3】 应用 LDA 对鸢尾花(Iris)的样本数据进行分析,鸢尾花数据集是 20 世纪 30 年代的经典数据集,它由 Fisher 收集整理。数据集包含 150 个数据样本,分为 3 类,每类 50 个数据,每个数据包含 4 个属性。可通过花萼长度、花萼宽度、花瓣长度和花瓣宽度 4 个属性预测鸢尾花卉属于山鸢尾(Iris setosa)、杂色鸢尾(Iris versicolour)、维吉尼亚鸢尾(Iris virginica)中的哪种类别,将文字类别转化为数字类别,如表 2.1 所示。

表 2.1 鸢尾花数据集

序号	萼片长/cm	萼片宽/cm	花瓣长/cm	花瓣宽/cm	类别
145	6.7	3.0	5.2	2.3	2
146	6.3	2.5	5.0	1.9	2
147	6.5	3.0	5.2	2.0	2
148	6.2	3.4	5.4	2.3	2

数据集中有 4 个特征:萼片长、萼片宽、花瓣长和花瓣宽,总共 150 行,每一行是一个样本,这就构成了一个 4×150 的输入矩阵,输出是 1 列,即花的类别,构成了 1×150 的矩阵。分析的目标就是通过 LDA 算法将输入矩阵映射到低维度空间中进行分类。

首先计算数据集的平均向量,即计算每种类别下各输入特征的平均值,代码如下:

```
class_labels = np.unique(y)
n_classes = class_labels.shape[0]
mean_vectors = [ ]
for cl in class_labels:
mean_vectors.append(np.mean(X[y == cl], axis = 0))
```

3 个类别的平均向量计算结果存于数组变量 mean_vectors 中,如下所列:

```
[ 5.006, 3.418, 1.464, 0.244],
[ 5.936, 2.77, 4.26, 1.326],
[ 6.588, 2.974, 5.552, 2.026]
```

计算数据集的类内散度矩阵,其计算方法如下,其中 m 是上一步中得到的平均向量,X_i 是每一类别下的样本特征数值,c 为类别数量。

$$S_W = \sum_{i=0}^{c} (X_i - m)(X_i - m)^T$$

计算类内散度矩阵 S_W 的代码如下,其中 sc_matrix_class 是每个类别下的散度向量值,使用 row.reshape() 将其转化为列向量格式,按照类别计算后,将结果合并到 S_W 中。

```
Sw = np.zeros((4,4))
for cl,mv in zip(range(1,4), mean_vectors):
sc_matrix_class = np.zeros((4,4))
```

```
for row in X[y == cl]:
row, mv = row.reshape(4,1), mv.reshape(4,1)
sc_matrix_class += (row - mv).dot((row - mv).T)
Sw += sc_matrix_class
```

当然,也可以计算不同类别的协方差矩阵,方法与散度矩阵相似,只是再将结果除以 $n-1$ 即可。计算后得到类内散度矩阵结果 S_W 如下:

```
[[ 38.9562 13.683 24.614 5.6556]
 [ 13.683 17.035 8.12 4.9132]
 [ 24.614 8.12 27.22 6.2536]
 [ 5.6556 4.9132 6.2536 6.1756]]
```

计算数据集的类间散度矩阵,其计算方法如下,其中 m 是上一步中得到的平均向量,X_i 是每一类别下的样本特征数值,c 为类别数量,N_i 是类别 i 的样本数量。

$$S_\mathrm{B} = \sum_{i=0}^{c} N_i (X_i - m)(X_i - m)^\mathrm{T}$$

计算类间散度矩阵 S_B 的代码如下,其中 mean_vectors 是在上一步中计算的均值向量,使用 row.reshape() 将其转化为列向量格式,n_features 是输入变量特征数,本例鸢尾花特征数为 4,按照类别计算后,将结果合并到 S_B(4×4 矩阵)中。

```
overall_mean = np.mean(X, axis = 0)
n_features = X.shape[1]
S_B = np.zeros((n_features, n_features))
for i, mean_vec in enumerate(mean_vectors):
n = X[y == i + 1, :].shape[0] mean_vec =
mean_vec.reshape(n_features, 1) ♯转为列向量形式
overall_mean = overall_mean.reshape(n_features, 1) ♯转为列向量
S_B += n * (mean_vec - overall_mean).dot((mean_vec - overall_mean).T) return S_B
```

计算后得到类间散度矩阵结果如下:

```
[[ 63.2121 - 19.534 165.1647 71.3631]
 [ - 19.534 10.9776 - 56.0552 - 22.4924]
 [ 165.1647 - 56.0552 436.6437 186.9081]
 [ 71.3631 - 22.4924 186.9081 80.6041]]
```

计算特征向量和特征值,应用 Python 的 numpy 库内置 np.linalg.eig(scatter_matrix) 方法计算:

```
eig_vals, eig_vecs = np.linalg.eig(np.linalg.inv(S_W).dot(S_B))
```

特征值和特征向量组成键值对,并按照由大到小进行排序,结果如下:

```
[(20.904622926374312, array([ - 0.20673448, - 0.415927, 0.56155039, 0.68478226])),
 (0.14283325667561703, array([0.00176467, 0.56263241, 0.22318422, 0.79600908])),
 (2.4119371059245178e - 15, array([0.57400084, 0.06633374, 0.13588246, 0.80477253])),
 (5.263703535421987e - 16, array([ - 0.50588695, 0.44445486, 0.48663891, - 0.556]))
```

可见,其中只有第一个特征值较大,其他几个接近 0,说明只需要一个维度,向第一个特征向量上投射也完全可以。应用前两个特征向量和前一个特征向量的效果如图 2.15 所示。

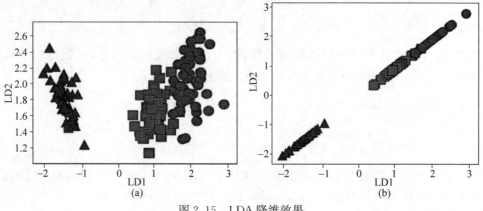

图 2.15　LDA 降维效果

其中,如图 2.15(a)所示的是使用前 2 个特征向量构建了一个 4×2 矩阵转换到子空间中的效果,三种类别的鸢尾花基本上可以完整分离,而如图 2.15(b)所示的是只使用第 1 个特征向量转换到一维空间中的效果,三种类别的鸢尾花也都分隔明显。

2.2.4　局部线性嵌入

流形学习(manifold learning)是机器学习中一种维数约简的方法,它将高维度的数据映射到低维,并依然能够反映原高维度数据的本质结构特征。流形学习的前提是假设某些高维度数据实际是以一种低维度的流形结构嵌入在高维度空间中。流形学习分为线性流形算法和非线性流形算法,线性流形算法包括主成分分析和线性判别分析,非线性流形算法包括局部线性嵌入(locally linear embedding,LLE)[17]、拉普拉斯特征映射(Laplacian eigenmaps,LE)[18]等。

LLE 是一种典型的非线性降维算法,这一算法要求每一个数据点都可以由其近邻点的线性加权组合构造得到,从而使降维后的数据也能基本保持原有流形结构。它是流形学习方法最经典的工作之一,后续的很多流形学习、降维方法都与其有密切联系。

一个形象的流形降维过程如图 2.16 所示。有一块卷起来的布,希望将其展开到一个二维平面,展开后的布能够在局部保持布结构的特征,其实也就是将其展开的过程,就像两个人将其拉开一样。

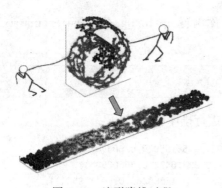

LLE 寻求数据的低维度空间投影,保留本地邻域内的距离。它可以被认为是一系列局部主成分分析,被全局比较以找到最佳的非线性嵌入。

这一算法的主要步骤分为三步:首先,寻找每个样本点的 k 个近邻点;其次,由每个样本点的近邻点计算出该样本点的局部重建权值矩阵;最后,由该样本点的局部重建权值矩阵和近邻点计算出该样本点的输出值。

LLE 在有些情况下也并不适用,如数据分布在整个封闭的球面上,LLE 则不能将它映射到二维空

图 2.16　流形降维过程

间,且不能保持原有的数据流形。因此在处理数据时,需要确保数据不是分布在闭合的球面或者椭球面上。

用 LLE 对"瑞士卷"数据集进行降维。下面是基于 sklearn 实现的 LLE 示例代码:

```
from sklearn import manifold, datasets
X,color = datasets.samples_generator.make_swiss_roll()
X_r,err = manifold.locally_linear_embedding()
```

其中 dataset 中内置了生成此类数据的方法 make_swiss_roll(),生成样本数为 1500 个,X 为生成的结果,作为 LLE 的输入。locally_linear_embedding()方法执行 LLE 运算,n_neighbors=10 表示近邻点的数量为 10,n_components=2 表示降维到二维。

将生成的 X_r 结果和原始 X 数据进行可视化显示,生成的对比效果如图 2.17 所示,其中如图 2.17(a) 所示的为原始数据从侧面看像"瑞士卷"一样,如图 2.17(b) 所示为投射后样本的可视化效果。

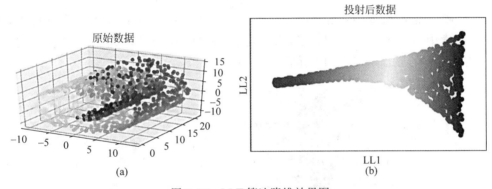

图 2.17　LLE 算法降维效果图

可以看到,经过 LLE 变换后,样本数据在低维度空间上已经明显区分出来。

2.2.5　拉普拉斯特征映射

拉普拉斯特征映射(LE)解决问题的思路和 LLE 相似,是一种基于图的降维算法,使相互关联的点在降维后的空间中尽可能地靠近。通过构建邻接矩阵为 W 的图来重构数据流形的局部结构特征,如果两个数据实例和 i 很相似,那么 i 和 i 在降维后目标子空间中也应该接近。设数据实例的数目为 n,目标子空间(即降维后的维度)为 m,定义 $m \times n$ 大小的矩阵 Y,其中每一个行向量 y 是数据实例 i 在目标子空间中的向量表示。为了让样本和 i 在降维后的子空间里尽量接近,优化的目标函数如下:

$$\min \sum_{i,j} \mid y_i - y_j \mid^2 w_{i,j}$$

其中,$\mid y_i - y_j \mid^2$ 为两个样本在目标子空间中的距离;$w_{i,j}$ 是两个样本的权重值,权重值可以用图中样本间的连接数来度量。经过推导,将目标函数转化为以下形式:

$$\boldsymbol{L}_y = \lambda \boldsymbol{D}_y$$

其中,$\boldsymbol{L}$ 和 $\boldsymbol{D}$ 均为对称矩阵。由于目标函数是求最小值,所以通过求得 m 个最小非零特征值所对应的特征向量,即可达到降维的目的。

拉普拉斯特征映射的具体步骤如下。

（1）构建无向图。将所有的样本以点连接成一个图，例如，使用 KNN 算法，将每个点最近的 k 个点进行连接，其中 k 是一个预先设定的值。

（2）构建图的权值矩阵。通过点之间的关联程度来确定点与点之间的权重大小，例如，两个点之间如果相连接，则权重值为 1，否则为 0。

（3）特征映射。通过公式 $L_y = \lambda D_y$，计算拉普拉斯矩阵 L 的特征向量与特征值，用最小的 m 个非零特征值对应的特征向量作为降维的结果。

使用拉普拉斯特征映射的方法对"瑞士卷"数据集进行降维。基于 sklearn 实现"瑞士卷"样本生成和降维的核心代码如下：

```
X, color = make_swiss_roll(n_samples = n_samples)
fig = plt.figure()
ax = fig.add_subplot(121, projection = '3d')
ax.scatter(X[:, 0], X[:, 1], X[:, 2], c = color, cmap = plt.cm.Spectral)
ax.view_init(4, -72)
```

首先，通过 sklearn 库中的 make_swiss_roll()方法生成"瑞士卷"形状的测试样本，并用 matplotlib 库中的 scatter()方法以三维形式展示，同时用 view_init()方法调整三维视角，可以明显看到数据的形态，如图 2.18 所示。

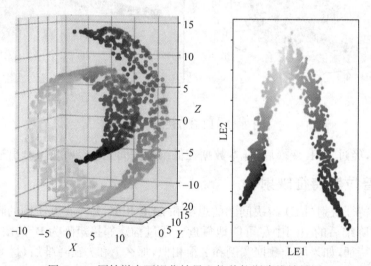

图 2.18　原始样本可视化结果和拉普拉斯降维效果图

对原始样本进行 LE 降维后，将原始样本投射到新的子空间中。对比原始样本在三维空间和降维之后在二维空间的分布情况，可以看到，在高维度和低维度空间中的样本分布形状发生了变化，但降维后样本之间的关联关系并没有改变。

2.3　特征工程分析

2.3.1　特征构造

特征构造是指通过研究原始数据样本，结合机器学习实战经验和相关领域的专业知识，

思考问题的潜在形式和数据结构,人工创造出新的特征,而这些特征对于模型训练又是有益的,并且具有一定的工程意义。新构造的有效且合理的特征可提高模型的预测表现能力。但是,新构造的特征不一定是对模型有正向影响作用的,也许对模型来说是没有影响的甚至是负向影响,负向影响会拉低模型的性能。因此,构造的新特征需要反复参与模型进行训练验证或者进行特征选择之后,才能确认特征是否是有意义的。

1. 特征设计原理

新特征设计应与目标高度相关,要考虑的问题是这个特征是否对目标有实际意义,如果有,这个特征的重要性又是怎么样的,这个特征的信息是否在其他特征上体现过。而新构建特征验证的有效性也需要考虑很多问题。

(1)需要考虑领域知识、直觉、行业经验以及数学知识,综合性考量特征的有效性,防止胡乱构造没有意义的特征。

(2)要反复与模型进行迭代,验证其是否对模型有正向促进作用。

(3)或者进行特征选择判定新构建特征的重要性来衡量其有效性。

2. 特征构造常用方法

特征构造需要不断结合具体业务情况作出合理分析,才能有根据性地构造出有用的新特征。它有如下几种方法。

(1)统计值构造法。它是指通过统计单个或者多个变量的统计值(最大值、最小值、平均值等)而形成新的特征。单变量,如果某个特征与目标高度相关,那么可以根据具体的情况取这个特征的统计值作为新的特征;多变量,如果特征与特征之间存在交互影响时,那么可以聚合分组两个或多个变量之后,再以统计值构造出新的特征。

(2)连续数据离散化。有些时候需要对数据进行粗粒度、细粒度划分,以便模型更好地学习特征的信息,比如:粗粒度划分(连续数据离散化),将年龄段 0~100 岁的连续数据进行粗粒度处理,也可称为二值化、离散化或分桶法;细粒度划分,在文本挖掘中,往往将段落或句子细分到一个词语或者字,这个过程称为细粒度划分方法。

3. 函数变换法

简单常用的函数变换法(一般针对连续数据):平方、开平方、指数、对数、差分。

典型例子:对时间序列数据进行差分、数据不呈正态分布时可运用、当前特征数据不利于被模型捕获时。

4. 算术运算构造法

根据实际情况需要,结合与目标相关性预期较高的情况,由原始特征进行算数运算而形成新的特征。有以下两种情况。

(1)原始单一特征进行算术运算:类似于无量纲那样处理。

(2)特征之间进行算术运算。

5. 自由发挥

在特征构造这一块没有明文规定的方法,特征构造更多的是结合实际情况,有针对性地构造与目标高度相关的特征,只要构造的新特征能够解释模型和对模型具有促进作用,都可以作为新指标新特征。

2.3.2 特征选择

特征选择也称特征子集选择,或属性选择。它是指从已有的 M 个特征中选择 N 个特征使得系统的特定指标最优化,是从原始特征中选择出一些最有效特征以降低数据集维度的过程,是提高学习算法性能的一个重要手段,也是数据预处理的重要步骤。对于一个学习算法来说,好的学习样本是训练模型的关键。当数据处理好之后,需要选择有意义的特征输入机器学习的模型进行训练,通常来说选择特征要从两个方面考虑。

(1) 特征是否发散,如果一个特征不发散,例如方差接近于 0,也就是说样本在这个特征上基本上没有差异,这个特征对于样本的区分并没有什么用。

(2) 特征与目标的相关性比较显著,与目标相关性高的特征,应当优先选择。

区别:特征与特征之间相关性高的,应当优先去除掉其中一个特征,因为它们是替代品。特征选择的原因:减轻维数灾难问题和降低学习任务的难度。处理高维度数据的两大主流技术是特征选择和降维。特征选择的一些方法如下。

1. 过滤法(filter)

它主要侧重于单个特征与目标变量的相关性。优点是计算时间上较高效,对于过拟合问题也具有较高的鲁棒性。缺点就是倾向于选择冗余的特征,因为它不考虑特征之间的相关性,有可能某一个特征的分类能力很差,但是,它和某些其他特征组合起来会得到不错的效果,这样就损失了有价值的特征。

2. 方差选择法

方差是衡量一个变量的离散程度(即数据偏离平均值的程度大小)。变量的方差越大,就可以认为它的离散程度越大,也就意味着这个变量对模型的贡献和作用会更明显,因此,要保留方差较大的变量,反之,要剔除掉无意义的特征。

3. 相关系数法

计算特征与特征的相关系数,可判定两两特征之间的相关程度。优点:容易实现。缺点:只是根据特征与特征之间的相关度来筛选特征,但并没有结合与目标的相关度来衡量。计算特征与目标的相关系数:

$$S^2 = \sum (X - \mu)^2 / (n-1)$$

其中,S^2 为样本方差;X 为变量;μ 为样本均值;n 为样本例数。相关性的强度确实是用相关系数的大小来衡量的,但相关系数大小的评价要以相关系数显著性的评价为前提。因此,要先检验相关系数的显著性。如果显著,证明相关系数有统计学意义,下一步再来看相关系数大小;如果相关系数没有统计学意义,那意味着研究求得的相关系数也许是抽样误差或者测量误差造成的,再进行一次研究结果可能就大不一样,此时讨论相关性强弱的意义就大大减弱了。

4. 卡方检验

卡方检验是检验定性自变量对定性因变量的相关性,求出卡方值,然后根据卡方值匹配出其所对应的概率是否足以推翻原假设 H0,如果能推翻 H0,就启用备用假设 H1。这样可以很好地筛选出与定性应变量有显著相关性的定性自变量。

5. 包装法(wrapper)

封装器用选取的特征子集对样本(标签)集进行训练学习,训练的精度(准确率)作为衡量特征子集好坏的标准,经过比较选出最好的特征子集。常用的选择方法有逐步回归、向前选择和向后选择。优点:考虑了特征之间的组合以及特征与标签之间的关联性。缺点:由于要划分特征为特征子集并且逐个训练评分,因此当特征数量较多时,计算时间又会增长;另外,在样本数据较少时,容易过拟合。

6. 嵌入法(embedded)

嵌入法工作原理:先使用某些机器学习的算法和模型进行训练,得到各个特征的权值系数,根据系数从大到小选择特征。嵌入法与过滤法类似,但是,嵌入法是通过训练来确定特征的优劣的。常用的选择方法有正则化(regularization),或者使用决策树、随机森林和梯度提升等。包装法与嵌入法的区别:包装法根据预测效果评分来选择,而嵌入法根据预测后的特征权重值系数来选择。有些机器学习方法本身就具有对特征进行打分的机制,或者很容易将其运用到特征选择任务中,例如,回归模型,SVM[19],树模型(决策树、随机森林),等等。

2.3.3 特征提取

特征提取是指从原始数据中,通过某种算法或统计方法,提取出一些能够代表原始数据信息的新特征。特征提取的主要特点和方法:从原始低级特征中,通过某些线性或非线性转换得到一组新的高级特征。新特征可以更好地代表原始数据的某些模式或结构,有助于后续建模任务。常见的特征提取方法包括主成分分析(PCA)、独立成分分析(ICA)[20]等降维方法。也可以通过词向量、图像特征提取等方法,从文本、图片中提取语义或视觉特征。特征提取强调通过算法学习到新的特征表示,而不仅仅是简单选择或组合原始特征。提取出的新特征可以更好地描述样本,减少冗余,有利于后续建模。与特征选择不同,特征提取注重从数据本身学习新知识,而不是过滤原始特征。

主成分分析方法(PCA)进行特征提取步骤如下。

(1) 利用样本估算协方差矩阵或自相关矩阵。

(2) 对协方差矩阵或自相关矩阵进行特征分解,求得本征值和本征向量。

(3) 将本征值按从大到小的顺序排队,选择前 m 个本征值对应的本征向量进行归一化处理。

(4) 将归一化后的本征向量作为变换矩阵 A 的列。

(5) 利用 A 求得新的特征。主成分分析结果如图 2.19 所示。

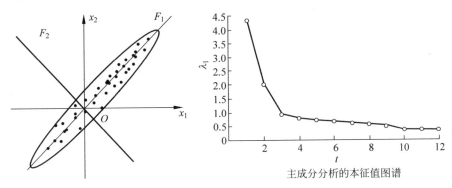

图 2.19 主成分分析示意图

2.4 模型训练

2.4.1 模型训练常见术语

数据集(dataset):用于模型训练和评估的数据的集合。

样本(sample)：数据集中的一个单独的数据点，通常由输入特征和对应的标签组成。

特征(feature)：用于描述样本的输入变量或属性。

标签(label)：样本的目标输出，也称为目标变量或类别。

批次(batch)：一次性输入模型的多个样本组成的小批量。

损失函数(loss function)：衡量模型预测与真实标签之间的差异的函数，用于指导模型的优化过程。

优化算法(optimization algorithm)：用于更新模型参数以最小化损失函数的算法，例如随机梯度下降(SGD)、Adam 等。

学习率(learning rate)：优化算法中控制参数更新步幅的超参量，决定每次参数更新的幅度。

迭代(iteration)：训练过程中的一个循环，每个迭代包含一个或多个批次的前向传播、损失计算和反向传播等步骤。

网络结构(network architecture)：模型的整体结构和组成，包括层(layer)、激活函数(activation function)、连接方式等。

过拟合(overfitting)：模型在训练数据上表现良好，但在未见过的测试数据上表现较差的现象。

正则化(regularization)：一种用于减小模型过拟合的技术，通过在损失函数中引入额外的惩罚项来限制模型参数的大小。

验证集(validation set)：用于调整模型超参量和评估模型性能的数据集，不参与模型训练。

测试集(test set)：用于最终评估模型性能的独立数据集，模型在测试集上的表现可以作为其泛化能力的估计。

检查点(checkpoint)：用于训练过程中定时保存模型信息，使训练在被中止之后，还可以从上一检查点开始重新继续训练。

收敛(convergence)：在经过一定次数的训练迭代之后，模型损失不再发生变化或变化幅度很小时，说明用当前训练样本已经无法改进模型，此时就认为模型达到收敛状态。

梯度下降法(gradient descent)：一种求解最小化模型损失和模型参数的方法，以迭代的方式调整参数，逐渐找到权重参数和模型偏差的最佳组合，从而得到损失最低时的模型参数。

泛化(generalization)：模型对全新数据作出正确预测结果的能力。

2.4.2　训练数据收集

在机器学习方面，用于训练的数据对于整个机器学习进程的重要性是不言而喻的，而数据问题涉及收集、存储、表示，以及规模和错误率等多个方面。在收集数据时要注意以下几点：确定数据来源、了解法律法规、确保数据质量、保护个人隐私、选择合适的工具、保护数据安全。收集数据的途径有以下几种。

(1)从专业数据公司购买：数据公司有专门的人员对数据进行搜集、整理和维护，所以数据质量一般比较高。如果企业资金实力雄厚，可以采用此种方式。不同的数据价格不一，一般按照数据的数量和种类计费。此外，在某些领域中，数据更新可能会比较慢，虽然数据质量较高,但是可用的数据集可能比较旧,如果模型训练要求一定的时效性,这些数据没有太大意义。

(2)免费的公开数据:免费且直接可用的数据要么难找,要么数据量太小。例如,目前的自然语言处理方面的数据大多是英文,中文方面的数据较少。现有的免费数据可能不符合需求,例如,做机器翻译,需要中英文文本对照,而此类公开数据较少。目前互联网上公开的数据非常丰富,面对如此广阔的数据海洋,可以编写爬虫从网络上爬取特定的内容用于研究(需要注意版权),爬虫实现基本上以 Python 语言为主,爬虫收集数据主要步骤分为网页采集、网页解析、数据存储等。为了提高爬虫的效率,程序的运行还可采用多进程、多线程、协程和分布式等方式。

(3)系统生成、人工标记和交换:手动生成数据主要包括人工标记、引导用户自发参与等,如果数据量较少时,可以由本公司开发/测试人员进行手工标记,但大部分机器学习的项目所需要的数据量都很大,此时可以采用众包或外包的方式将标记任务交给专业从事数据采集或标记的企业或个人,例如,著名的 ImageNet 图片集就是以众包的方式进行人工标记的。如果采用众包的方式,就需要对标记结果或生成的数据内容进行验证和校验。引导用户自发参与是指在产品中设计相应的日志记录或操作步骤,引导用户主动将数据结果反馈给系统,例如,谷歌公司在搜索、翻译等过程中均有向用户征求反馈的操作。此外,某些社交网站会给用户提供好友分组或标签标记的功能,而这些标签就是用户的标记,用户通常不知道他们的行为在为这些公司提供免费的标记服务。还有一类引导用户标记的方法是采用"数据陷阱"的方式进行,例如,某些信用卡套现的应用,其用户的特征正是信用卡公司所需要的。此外,很多像 Tesla 这样的车企会采集大量汽车的行驶数据,这些数据就可以用来做自动驾驶的训练。

此外,还可与大企业合作,通过技术换取数据,特别是在传统行业中,很多企业并不具备数据分析的能力,但是它们拥有大量与行业相关的数据。数据分析公司可以与之合作,通过向这些企业提供技术服务来交换经过脱敏的数据。

2.5 数据降维与特征工程实践

2.5.1 数据降维应用场景

数据降维可以应用于多个领域和场景,包括但不限于以下 5 个方面。

(1)机器学习和模式识别。在机器学习任务中,降维可以用于减少特征维度,提高模型训练和推断的效率,同时减少维度灾难和过拟合的风险。降维方法可以应用于分类、回归、聚类和降噪等任务,如主成分分析(PCA)、线性判别分析(LDA)等。

(2)图像和视觉处理。在图像和视觉处理领域,降维可以用于减少图像特征的维度,提取主要的视觉信息,以便于图像分类、目标检测、人脸识别、图像检索等任务。常用的降维方法包括主成分分析(PCA)、局部线性嵌入(LLE)、稀疏编码等。

(3)自然语言处理。在自然语言处理领域,降维可以用于减少文本特征的维度,提取关键的语义信息,以便于文本分类、情感分析、文本聚类、文本生成等任务。常用的降维方法包括词嵌入(word embedding)和主题模型(topic modeling)等。

(4) 生物信息学。在生物信息学中,降维可以用于减少基因表达数据的维度,提取关键的基因表达模式,以便于基因表达分析、基因功能预测、基因网络分析等任务。常用的降维方法包括主成分分析(PCA)、独立成分分析(ICA)等。

(5) 大数据分析。在大数据分析中,降维可以用于减少数据集的维度,简化数据分析的复杂性,提高计算效率和可视化能力。通过降维,人们可以更好地理解和分析大规模数据集,发现数据中的模式和关联,支持数据挖掘、推荐系统、市场分析等应用。

总的来说,数据降维在各个领域都有广泛的应用,可以帮助提高计算效率、提取关键信息、简化数据分析和模型建设的复杂性,并支持各种机器学习、图像处理、自然语言处理和生物信息学等任务。

2.5.2 数据降维常用工具

数据降维是一种常见的特征工程技术,有许多常用的工具和方法可以用于数据降维。以下是一些常见的数据降维工具和方法。

主成分分析(PCA):一种常用的线性降维方法,通过将原始特征投影到新的正交特征空间,使得投影后的特征具有最大的方差。PCA 可以通过特征值分解或奇异值分解来实现。

线性判别分析(LDA):一种经典的线性降维方法,主要用于有监督学习任务。它通过最大化类别之间的距离和最小化类别内部的距离,将原始特征投影到一个新的低维空间。

t-分布式随机邻近嵌入(t-SNE):一种非线性降维方法,主要用于数据可视化。它通过保持高维度数据样本之间的相似性关系,在低维度空间中将数据点表示为概率分布的方式。

非负矩阵分解(NMF)[21]:一种常用的非负矩阵分解方法,主要用于非负数据的降维。它将非负数据矩阵分解为两个非负矩阵的乘积,以获得更具有解释性的特征表示。

特征选择方法:可以用于选择最相关或最具有预测能力的特征子集,从而实现降维。常见的特征选择方法包括方差选择、相关系数选择、信息增益、L1 正则化等。

自编码器(autoencoder):一种基于神经网络的无监督学习方法,可以用于降维和特征提取。自编码器通过将原始数据编码为低维度形式,然后再解码为重构数据,同时最小化重构误差。

以上只是一些常见的数据降维工具和方法,实际上,还有其他很多工具和方法可供选择。选择适当的工具和方法取决于数据的特点、任务需求和具体情况。在实际应用中,可以根据具体问题进行实验和比较,选择最适合的降维方法。

2.5.3 特征工程的应用场景

特征工程是机器学习和数据科学中至关重要的步骤,它涉及对原始数据进行转换、创建和选择,以便为机器学习算法提供更有信息量的输入特征。特征工程的应用场景广泛,包括但不限于以下 6 个方面。

(1) 数据预处理。特征工程可以用于数据清洗、缺失值处理、异常值检测和处理,以确保数据的质量和完整性。这有助于提高模型的鲁棒性和性能。

(2) 文本数据处理。在自然语言处理(natural language processing,NLP)和文本挖掘领域,特征工程包括文本预处理、词嵌入(word embedding)的创建、TF-IDF(term frequency-inverse

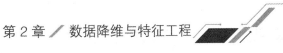

document frequency)权重计算等,以便将文本数据转化为机器学习算法可以处理的数值特征。

(3)图数据处理。对于图数据,如社交网络、推荐系统或生物信息学中的蛋白质相互作用网络,特征工程可以用于提取节点的特征、计算图结构的统计信息,以便应用图神经网络或传统机器学习算法。

(4)时间序列数据处理。在金融领域、天气预测和销售预测等应用中,特征工程用于创建时间相关的特征,包括滞后特征、移动平均和季节性特征。

(5)图像处理。在计算机视觉领域,特征工程包括图像预处理、特征提取、卷积神经网络中的特征映射等,以便识别和分类图像。

(6)领域知识的整合。特征工程还涉及将领域专业知识融入特征工程过程中,以帮助识别和选择与特定领域或问题相关的特征。

特征工程的目标是提高模型的性能、鲁棒性和可解释性。在机器学习项目中,特征工程通常是一个创造性和实践性强的任务,需要深入了解数据和问题领域,以便制定合适的特征工程策略。

2.5.4 特征工程的应用工具

在进行特征工程时,可以使用各种工具和库来帮助处理数据及进行特征工程。以下是一些常用的特征工程工具和库。

NumPy 和 Pandas:它们是 Python 中最基本和最常用的数据处理库。NumPy 用于处理数值数据,而 Pandas 用于处理表格数据,如 DataFrame。它们提供了强大的数据操作和转换功能。

Scikit-learn:这是 Python 中常用的机器学习库,提供了丰富的特征选择和特征工程工具,包括数据标准化、特征选择、降维等。

Featuretools:一个专门用于自动化特征工程的 Python 库。它可以自动创建新特征,加速特征工程的流程。

Tsfresh:用于时间序列特征生成的 Python 库。使用 Tsfresh 可以自动计算出大量的时间序列特征,并内置特征筛选算法,可以选择与任务有关的特征。提取的特征可用于描述时间序列,并在下游时间序列任务,如股票价格预测、天气预测、景点人流量预测、时尚商品销量预测、商品推荐系统等中使用。

Feature Engineering for Machine Learning(FEML):这是一个开源的特征工程工具,它提供了一组函数和工具,可以帮助人们进行常见的特征工程任务。

FeatureSelector:这是一个 Python 库,用于执行特征选择,可识别重要特征,删除不相关的特征。

CatBoost:梯度提升库,它可以自动处理分类特征和缺失值,降低特征工程的复杂性。

XGBoost、LightGBM 和 Gradient Boosting Machines:梯度提升树库,它们具有自动特征选择和重要性评估的功能,可以在建模中起到关键作用。

AutoML 工具:自动机器学习工具如 AutoML、H2O AutoML 等可以自动化整个机器学习流程,包括特征工程,以帮助数据科学家快速构建模型。

Deep Feature Synthesis(DFS):这是 Featuretools 库的一部分,用于自动化生成深度特征,尤其适用于处理关系型数据。

2.5.5 数据降维面临的挑战

数据降维是特征工程中的一个关键步骤,旨在减少数据集的维度,以便更好地理解数据、降低计算成本、减少噪声和冗余信息。然而,数据降维也面临一些挑战,包括以下方面。

信息损失:最大的挑战之一是如何在减少维度的同时最小化信息损失。数据降维方法必须能够保留数据中最重要的信息,以确保模型的性能不受太大影响。

选择合适的降维方法:有多种降维方法可供选择,如主成分分析(PCA)、线性判别分析(LDA)、t-分布随机邻近嵌入(t-SNE)[22]等。选择适合特定问题的方法是挑战之一,因为每种方法都有其适用的背景和假设。

高维度数据的计算复杂性:在高维度数据中应用降维方法可能会导致计算复杂性急剧增加。处理大规模高维数据可能需要大量的计算资源和时间。

非线性关系:某些数据包含复杂的非线性关系,线性降维方法可能无法很好地捕捉这些关系。因此,非线性降维方法如局部线性嵌入(LLE)和核主成分分析(kernel PCA)[23]可能更合适,但它们也更复杂。

多模态数据:当数据集包含来自不同模态的信息时,如图像、文本和数值数据的结合,降维方法必须在不同模态之间有效地保留信息。

可解释性:一些降维方法,特别是非线性方法,可能降低了数据的可解释性。在某些应用中,需要能够理解数据降维后的特征,以便更好地解释模型的行为。

数据的动态性:对于时间序列数据或流数据,数据的维度可能会随时间变化,因此需要适应性的降维方法来处理数据的动态性。

超参量选择:降维方法通常有一些超参量需要调整,如主成分的数量、核函数的选择等。选择适当的超参量可能需要交叉验证等技巧。

数据降维是一个重要但具有挑战性的任务,需要在信息损失和计算复杂性之间找到平衡,并根据具体问题选择适当的方法。挑战在于理解数据的性质、选择合适的技术,并有效地应用它们。

2.5.6 特征工程面临的挑战

特征工程是机器学习和数据科学中至关重要的一个步骤,它涉及选择、转换和创建特征,以便让模型能够更好地理解数据并取得更好的性能。然而,特征工程也面临一些挑战,包括以下方面。

数据质量问题:特征工程的成功很大程度上依赖于数据的质量。如果数据集包含缺失值、异常值或错误的数据,特征工程将会变得更加复杂,因此需要决定如何处理这些问题,以避免引入偏差或噪声。

数据维度问题:高维度数据集可能会导致维度灾难,使得特征选择和特征工程更加复杂。选择适当的特征和降低数据维度是一个挑战。

特征选择:确定哪些特征对建模任务最有用是一个关键挑战。过多的特征可能导致模型过拟合,而过少的特征可能导致信息损失。需要仔细选择适合问题的特征选择方法。

特征转换:原始数据有时需要进行转换以使其更适合建模。例如,对数变换、标准化、归一化等操作可能需要进行,但选择正确的转换方法也需要谨慎考虑。

多模态数据：当数据包含来自不同模态的信息时，将这些信息整合到特征中可能会很复杂。例如，图像数据和文本数据的结合可能需要使用深度学习或多模态特征工程技术。

时间序列数据：处理时间序列数据需要考虑滞后性、季节性、趋势等特征，以便捕捉数据中的模式和趋势。

领域知识：对于某些领域，需要专业领域知识来识别重要特征和理解数据。缺乏领域知识可能会导致特征工程的挑战。

自动化特征工程：在大规模数据集上手动进行特征工程可能是耗时且不切实际的。因此，自动化特征工程工具和技术的发展也是一个挑战，需要找到有效的方法来自动化特征选择和工程。

特征工程是机器学习中的一个重要环节，它可以显著影响模型的性能。克服特征工程面临的挑战需要仔细思考数据、领域知识和选择适当的工具及技术。

习题

1. 请概述数据降维的目的。
2. 请简述常见降维技术的应用场景和优缺点。
3. 请简述特征工程的本质。
4. 线性判别分析和主成分分析的区别是什么？
5. 如何运用 LLE 对 Iris 数据集降维？
6. 如何构造出一个有效的特征？
7. 特征选择的方法有哪些？
8. 模型训练中有哪些重要术语以及意义？
9. 请描述数据降维和特征工程的应用场景。
10. 请分别说出数据降维和特征工程面临的挑战。

第3章 决策树与分类算法

3.1 决策树算法

决策树是一种常用的机器学习算法,用于解决分类和回归问题。它通过对输入数据进行一系列的判定来构建一个树形结构,每个判定都基于某个特征的值。决策树的每个内部节点表示一个特征或属性,每个分支代表该特征的一个可能取值,而每个叶节点表示一个类别或一个预测值,如图 3.1 所示。

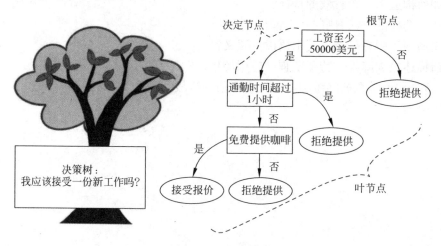

图 3.1 决策树结构

用一个简短的例子来说明一下。

表 3.1 给出了一个简单的数据集。在这个数据集中有五个特征:年龄、性别、家族史、身体质量指数和锻炼情况,以及一个标签即目标变量:患者是否患有糖尿病。任务目标是根据这些特征来构建一个决策树,以便能够根据特征预测患者是否患有糖尿病。下面开始构建决策树,如图 3.2 所示。

表 3.1   数据集

年龄	性别	家族史	身体质量指数 （BMI）	锻炼	标签
青年群	男	无	正常	常锻炼	否
青年群	女	有	正常	不常锻炼	是
中年群	男	有	肥胖	不常锻炼	是
中年群	女	无	正常	常锻炼	否
老年群	男	有	肥胖	不常锻炼	是
老年群	女	有	正常	常锻炼	否

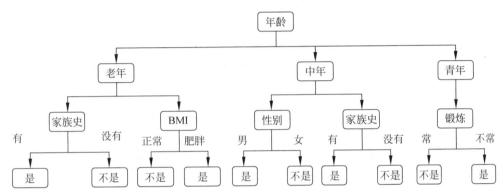

图 3.2   患者是否患有糖尿病决策树

代码如下：

```
import pandas as pd
import matplotlib.pyplot as plt
from sklearn import tree
data = [
    ['青年群', '男', '无', '正常', '常锻炼', '否'],
    ['青年群', '女', '有', '正常', '不常锻炼', '是'],
    ['中年群', '男', '有', '肥胖', '不常锻炼', '是'],
    ['中年群', '女', '无', '正常', '常锻炼', '否'],
    ['老年群', '男', '有', '肥胖', '不常锻炼', '是'],
    ['老年群', '女', '有', '正常', '常锻炼', '否']
]
label = ['年龄', '性别', '家族史', 'BMI', '锻炼', '是否糖尿病']
df = pd.DataFrame(data, columns = label)
all_feature = pd.get_dummies(df, dummy_na = True)
features = all_feature.drop('是否糖尿病_否', axis = 1)  # 特征
target = all_feature['是否糖尿病_否']        # 目标变量
# 创建决策树模型
clf = tree.DecisionTreeClassifier(min_samples_split = 2, min_samples_leaf = 1)
# 拟合模型
clf = clf.fit(features, target)
fig, ax = plt.subplots(figsize = (12, 12))  # 设置画布大小
tree.plot_tree(clf, feature_names = features.columns, class_names = ['Y', 'N'], ax = ax)
plt.show()
```

决策树算法优点包括：

（1）易于理解和解释：决策树的结构非常直观，易于理解和解释。它可以通过可视化展示，帮助人们理解数据集的划分过程和决策规则。

（2）适用于各种数据类型：决策树可以处理离散型和连续型数据，并且可以容忍数据中的缺失值。因此，无论数据类型如何，决策树都可以有效地进行分类和预测任务。

（3）能够快速处理大型数据集：决策树算法的时间复杂度相对较低，因此在处理大型数据集时，它可以快速地进行训练和预测。

（4）不需要进行特征缩放或归一化：与其他分类算法相比，决策树不需要对数据进行特征缩放或归一化。这在某些情况下可以简化数据预处理的流程。

（5）能够同时处理多个类别：决策树算法可以直接处理多类别的分类问题，而不需要额外的转换或处理。

决策树算法缺点包括：

（1）容易过拟合：决策树容易生成过于复杂的模型，导致过拟合。为了解决这个问题，常常需要进行剪枝等正则化处理。

（2）对数据中的噪声和异常值敏感：决策树很容易受到噪声和异常值的影响，这可能导致不准确的分类结果。

（3）不稳定性：对于数据集中较小的变化，决策树的结构可能会发生较大的改变，这会导致不稳定的预测结果。

（4）处理连续型变量困难：决策树算法对于连续型变量的处理相对较为困难。一种解决方法是利用二分法将连续型变量转换为离散型。

（5）可能产生分类偏差：在某些情况下，决策树可能会产生分类偏差，即倾向于更多数量的类别，而忽视了其他类别的样本。

3.1.1　分支处理

决策树的分支处理，也被称为特征划分或节点分割，是决策树算法的关键步骤，其主要目的是选择最佳的特征来分割数据。通常，决策树的每个节点表示一个特征或属性，而分支表示这个特征的可能值。节点分割的过程，即选择一个特征并基于该特征的不同取值将数据分成若干子集的过程。不同算法对于分支属性的选取方法有所不同，下面结合几个常用决策树算法来分析分支处理的过程。

1. ID3 算法

ID3（iterative dichotomiser 3）算法由罗斯·昆兰（Ross Quinlan）提出[24]，用来从数据集中生成决策树。ID3 算法是在每个节点处选取能获得最高信息增益的分支属性进行分裂，因此，在介绍 ID3 算法之前，首先讨论信息增益的概念。在每个决策节点处划分分支，并选取分支属性的目的是将整个决策树的样本纯度提升，而衡量样本集合纯度的指标则是熵（entropy）。熵在信息论中被用来度量信息量：熵越大，所含的有用信息越多，其不确定性就越大；而熵越小，有用信息越少，确定性越大。例如，"太阳东升西落"这句话非常确定，是常识，其含有的信息量很少，所以熵的值就很小。在决策树中，用熵来表示样本集的不纯度。如果某个样本集合中只有一个类别，其确定性最高，熵为零；反之，熵越大，越不确定，表示样本集中的分类越多样。

设 S 为数量为 n 的样本集，其分类属性有 n 个不同取值，用来定义 m 个不同分类 $C_i(i=1,2,\cdots,m)$，则其熵的计算公式为

$$\text{Entropy}(S) = -\sum_{i=1}^{m} p_i \log_2(p_i), \quad p_i = \frac{|C_i|}{|n|}$$

2. C4.5 算法

C4.5 算法的总体思路与 ID3 相似，都是通过构造决策树进行分类，其区别在于分支的处理[25]。在分支属性的选取上，ID3 算法使用信息增益作为度量，而 C4.5 算法引入了信息增益率作为度量。与 ID3 算法计算信息增益过程类似，假设样本集为 S，样本的属性 A 具有 v 个可能取值，即通过属性 A 能够将样本集 S 划分为 v 个子样本集 $\{S_1,S_2,\cdots,S_v\}$，Gain (S,A) 为属性 A 对应的信息增益，则属性 A 的信息增益率 Gain_ratio 定义为

$$\text{Gain\_ratio}(A) = \frac{\text{Gain}(A)}{-\sum_{i=1}^{v} \frac{|S_i|}{|S|} \log_2\left(\frac{|S_i|}{|S|}\right)}$$

由信息增益率公式可知，当 v 比较大时，信息增益率会明显降低，从而在一定程度上能够解决 ID3 算法存在的往往选择取值较多的分支属性的问题。与 ID3 算法相比，C4.5 算法主要的改进是使用信息增益率作为分裂的度量标准。此外，针对 ID3 算法只能处理离散数据、容易出现过拟合等的问题，C4.5 算法在这些方面也都提出了相应的改进方法。

3. C5.0 算法

C5.0 算法是罗斯·昆兰在 C4.5 算法的基础上提出的商用改进版本，目的是对含有大量数据的数据集进行分析。C5.0 算法的训练过程大致如下。

假设训练的样本集 S 共有 n 个样本，训练决策树模型的次数为 T，用 C_t 表示 t 次训练产生的决策树模型，经过 T 次训练后最终构建的复合决策树模型表示为 C^*。用 w_i^t 表示第 i 个样本在第 t 次模型训练中的权重（$i=1,2,3,\cdots,n$；$t=1,2,3,\cdots,T$），再用 β_t 表示权重值的调整因子，并定义 0-1 函数：

$$\theta^t(i) = \begin{cases} 1, & (\text{样本实例 } i \text{ 被第 } t \text{ 个决策树错误分类}) \\ 0, & (\text{样本实例 } i \text{ 被第 } t \text{ 个决策树错误分类}) \end{cases}$$

C5.0 算法与 C4.5 算法相比，它有以下优势：决策树构建时间要比 C4.5 算法快上数倍，同时生成的决策树规模也更小，拥有更少的叶子节点数；C5.0 使用了提升法（boosting），组合多个决策树来作出分类，使准确率大大提高。提供可选项由使用者视情况决定，例如，是否考虑样本的权重、样本错误分类成本等。

4. CART 算法

分类回归树（classification and regression tree，CART）算法，也是决策树构建的一种常用算法[26]。CART 的构建过程采用的是二分循环分割的方法，每次划分都把当前样本集划分为两个子样本集，使决策树中的节点均有两个分支。如果分支属性多于两个取值，在分裂时会对属性值进行组合，选择最佳的两个组合分支。

CART 算法在分支处理中分支属性的度量指标是 Gini。设 S 为大小为 n 的样本集，其分类属性有 m 个不同取值，用来定义 m 个不同分类 $C_i(i=1,2,3,\cdots,m)$，则其 Gini 指标的计算公式为

$$\text{Gini}(\boldsymbol{S}) = 1 - \sum_{i=1}^{m} p_i^2, p_i = \frac{|C_i|}{\boldsymbol{S}}$$

3.1.2 连续属性离散化

连续属性离散化是将连续型的属性或特征转换为离散型的过程。在某些情况下，离散化可以更好地适应某些机器学习算法或者更好地理解和解释数据。离散化的方法有多种，下面介绍几种常见的离散化方法。

(1) 等宽离散化(equal width discretization)：将连续属性的值域划分为相等宽度的区间。例如，将一个属性的取值范围从最小值到最大值划分为 k 个区间，每个区间的宽度相等。这种方法可能导致某些区间中的样本较少，不均匀地划分数据。

(2) 等频离散化(equal frequency discretization)：将连续属性的值域划分为相等数量的区间，每个区间内包含大致相同数量的样本。这种方法可以更好地处理数据集中的异常值，但可能导致某些区间的取值范围较大或较小。

(3) 基于聚类的离散化(clustering-based discretization)：使用聚类算法(如 k-均值)将连续属性的值聚类为不同的簇，并将每个簇标记为离散的值。这种方法可以根据数据的分布特点自适应地划分离散化的值，但需要选择合适的聚类算法和簇的数量。

(4) 基于决策树的离散化(tree-based discretization)：利用决策树算法，根据某个属性对数据进行划分，将连续属性的值划分为不同的离散化的取值。这种方法可以根据属性的重要性进行自动划分，但可能导致过拟合问题。

选择合适的离散化方法取决于数据的特点以及应用的需求。离散化可以改善算法的效果、提供更好的可解释性，并且在某些情况下可以减少计算复杂性。然而，离散化也会引入信息损失，因此在进行离散化之前，需要仔细考虑数据集的特征和离散化对后续任务的影响。

分类数据有二元属性、标称属性等几种不同类型的离散属性。二元属性只有两个可能值，如"是"或"否""对"或"错"。标称属性存在多个可能值，针对所使用的决策树算法的不同，标称属性的分裂存在两种方式：多路划分和二元划分。表 3.2 中的"饮食习性"就是一个标称属性，有"肉食动物""草食动物""杂食动物"三种可能取值。对于 ID3、C4.5 等算法，均采取多支划分的方法，标称属性有多少种可能的取值，就设计多少个分支，因此，使用 ID3、C4.5 等算法对"饮食习性"属性进行分裂，均会产生 3 个分支。然而，CART 算法采用二分递归分割的方法，因此该算法生成的决策树均为二叉树，那么对于标称属性，只产生二元划分，所以需要将所有 q 个属性值划分到两个分支中，共有 $2^{q-1}-1$ 种划分方式。例如，使用 CART 算法对"饮食习性"属性进行分裂，共有 $2^{3-1}-1=3$ 种分裂选择，需要分别计算其 Gini 指标，然后选取其中 Gini 指标最低的分裂方式进行决策树的构建。

表 3.2 脊椎动物分类训练样本集

动物	饮食习性	胎生动物	水生动物	会飞	哺乳动物
人类	杂食动物	是	否	否	是
野猪	杂食动物	是	否	否	是
狮子	肉食动物	是	否	否	是
苍鹰	肉食动物	否	否	是	否
鳄鱼	肉食动物	否	是	否	否

续表

动物	饮食习性	胎生动物	水生动物	会飞	哺乳动物
巨蜥	肉食动物	否	否	否	否
蝙蝠	杂食动物	是	否	是	是
野牛	草食动物	是	否	否	是
麻雀	杂食动物	否	否	是	否
鲨鱼	肉食动物	否	是	否	否
海豚	肉食动物	是	是	否	是
鸭嘴兽	肉食动物	否	否	否	是
袋鼠	草食动物	是	否	否	是
蟒蛇	肉食动物	否	否	否	否

首先要确定分类值的数量,然后确定连续属性值到这些分类值之间的映射关系。按照在离散化过程中是否使用分类信息,连续属性的离散化可分为非监督离散化和监督离散化,其中,非监督(unsupervised)离散化不需要使用分类属性值,所以相对简单。非监督离散化方法有等宽(equal width)离散化、等频(equal frequency)离散化、聚类(clustering)等。

(1) 等宽离散化将属性中的值划分为宽度固定的若干个区间,图 3.3(a)所示是随机生成的 50 个二维坐标值散点图可视化结果,坐标取值范围在(0,1)。经过等宽离散化之后如图 3.3(b)所示,其中宽度设定为 0.1。

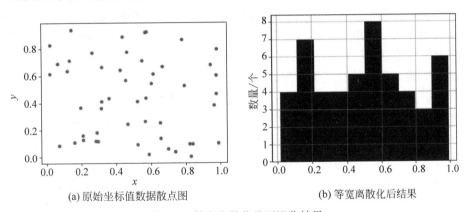

(a) 原始坐标值数据散点图　　　　　(b) 等宽离散化后结果

图 3.3　等宽离散化及可视化结果

(2) 等频离散化将属性中的值划分为若干个区间,每个区间的数量相等,如企业绩效评估,将员工绩效考核表现划分为排名"1~5名""6~10名""11~15名"……以此类推,每个划分区间均有 5 名员工(即 5 个样本)。对图 3.3 中原始坐标值进行等频离散化,结果如图 3.4 所示,其中右列数字 5 表示各区间的样本数量。

```
(0.946, 0.988]    5
(0.781, 0.946]    5
(0.654, 0.781]    5
(0.572, 0.654]    5
(0.523, 0.572]    5
(0.432, 0.523]    5
(0.31, 0.432]     5
(0.21, 0.31]      5
(0.13, 0.21]      5
(0.0178, 0.13]    5
```

图 3.4　等频离散化结果

(3) 聚类将属性中的值根据特性划分为不同的簇,以此形式将连续属性离散化。监督离散化很多时候能够产生更好的结果,它基于统计学习方法,通过熵、卡方检验等方法判断相邻区间是否合并,即通过选取极大化区间纯度的临界值来进行划分。C4.5 与 CART 算法中的连续属性离散化方法均属于监督离散化方法,CART 算法使用 Gini 指标作为区间纯度的度量标准,C4.5 算法使用熵作为区间纯度的度量标准。

对于 CART 算法，其连续属性离散化方法大致如下。

（1）对连续属性 A（含有 m 个可能取值）进行排序。

（2）选取排序后的样本集中两个相邻取值的平均值作为分裂点，共产生 $m-1$ 个候选分裂点。

（3）对于每个候选分裂点，计算其 Gini 指标，选取 Gini 指标最低的候选分裂点作为属性 A 的分裂点，比较属性 A 和其他属性的 Gini 指标，选出该节点的分支属性。

3.1.3　过拟合问题

过拟合往往发生在模型过于复杂的情况下。当一个模型出现过度拟合时，它会试图通过记忆训练数据来达到更高的准确率，而不是从数据中学习基本的模式和规律。这样的做法是错误的，因为人们的目标是希望模型可以从数据中抽象出普适的规律，而不是简单地记忆数据。当模型过度拟合时，它通常只在训练数据上表现良好，但在新的未见过的数据上表现得很差。这意味着，模型无法泛化到新的数据集上。一个优秀的模型应该能够在训练数据上表现良好，同时也能够在新的未见过的数据上实现良好的性能，这体现了模型具有很好的泛化能力。因此，需要避免过度拟合，使模型在学习数据的同时具备更好的泛化能力。

导致过拟合的常见原因：建模样本选取有误，如样本数量太少，选样方法错误，样本标签错误等，导致选取的样本数据不足以代表预定的分类规则；样本噪声干扰过大，使得机器将部分噪声认为是特征从而扰乱了预设的分类规则；假设的模型无法合理存在，或者说是假设成立的条件实际并不成立；参数太多，模型复杂度过高；对于决策树模型，如果对于其生长没有合理的限制，其自由生长有可能使节点只包含单纯的事件数据（event）或非事件数据（no event），使其虽然可以完美匹配（拟合）训练数据，但是无法适应其他数据集。对于神经网络模型，过拟合的原因：①对样本数据可能存在分类决策面不唯一，随着学习的进行，BP 算法使权值可能收敛过于复杂的决策面；②权值学习迭代次数足够多（overtraining），拟合了训练数据中的噪声和训练样例中没有代表性的特征。

常见解决过拟合的方法：在神经网络模型中，可使用权值衰减的方法，即每次迭代过程中以某个小因子降低每个权值；选取合适的停止训练标准，使对机器的训练在合适的程度；保留验证数据集，对训练成果进行验证；获取额外数据进行交叉验证；正则化，即在进行目标函数或代价函数优化时，在目标函数或代价函数后面加上一个正则项，一般有 L1 正则化与 L2 正则化等。

3.1.4　分类效果评价

分类效果评价是指对决策树算法构建的分类模型进行评估。当评估决策树和其他分类算法的分类效果时，常见的评价指标有准确率、精确率、召回率和 F1 值等。

1）准确率（accuracy）

评估分类算法性能的常用指标之一，它简单地表示分类器正确分类的样本数与总样本数之比。准确率越高，分类器的性能越好。计算准确率的公式为

$$准确率（accuracy）=\frac{TP+TN}{TN+TP+FN+FP}$$

其中，TP 是真正例数量（被正确分类为正例的样本数）；TN 是真反例数量（被正确分类为

	预测类	
实际类	A	B
A	70	10
B	15	105

图 3.5 计算准确率的示例——
混淆矩阵

反例的样本数）；FP 是假正例数量（实际上不属于该类别但被错误分类为该类别的样本数）；FN 是假反例数量（实际上属于该类别，但被错误分类为其他类别的样本数）。

下面是一个计算准确率的示例，如图 3.5 所示。

在这个混淆矩阵中，TP=70，TN=105，FP=15，FN=10，则

准确率=（70+105）/（70+105+15+10）=0.875

因此，该分类器的准确率为 0.875，即 87.5%。需要注意的是，准确率只考虑了正确分类的样本数量，而忽略了不同类别之间的重要性差异。在不平衡数据集中，准确率可能会被主要出现的类别所主导，导致对其他类别的识别能力较低。

2）精确率（precision）和召回率（recall）

精确率衡量了模型在预测为正例的样本中有多少是真正的正例。它的计算公式如下：

$$\text{Precision} = \frac{\text{TP}}{\text{TP}+\text{FP}}$$

式中，TP 是真正例数量；FP 是假正例数量。

换句话说，精确率告诉人们在模型预测为正例的样本中有多少是真正的正例。精确率高表示模型的假阳性（将负例误判为正例）较少。

召回率衡量了模型能够正确地识别出所有正例的能力。它的计算公式如下：

$$\text{Recall} = \frac{\text{TP}}{\text{TP}+\text{FN}}$$

式中，TP 是真正例数量；FP 是假反例数量。

召回率告诉人们在所有真正例中，模型成功识别出多少。召回率高表示模型的假阴性（将正例误判为负例）较少。精确率和召回率之间存在一种权衡关系。一方面，当模型对于将负例误判为正例的惩罚较重时（例如，患者得了疾病但被错误地诊断为健康），希望模型具有较高的精确率。另一方面，当模型对于将正例误判为负例的惩罚较重时（例如，患者本身健康但被错误地诊断为患有疾病），希望模型具有较高的召回率。因此，根据具体应用场景和需求，需要选择适当的评价指标。

3）F1 值（F1 score）

当评估决策树和其他分类算法的分类效果时，F1 值是常用的评价指标之一。它结合了精确率和召回率，提供了更全面的分类评估。F1 值是精确率和召回率的调和平均值，计算公式如下：

$$\text{F1} = 2 \times \frac{\text{Precision} \times \text{Recall}}{\text{Precision} + \text{Recall}}$$

F1 值的取值范围为 0～1，其值越接近 1，表示模型的性能越好。F1 值主要用于解决精确率和召回率的权衡问题。在某些场景中，希望模型既能够预测出真正例（高召回率），又能够尽量减少假正例（高精确率）。F1 值可以帮助人们综合考虑这两个指标，并找到一个平衡点。需要注意的是，F1 值对于不均衡数据集非常有用。在不均衡数据集中，可能存在很多负例样本和少量正例样本。如果只使用精确率或召回率来评估模型，则可能会得到误导性的结果。但是，计算 F1 值可以得出一个更综合且鲁棒性更高的评价结果。

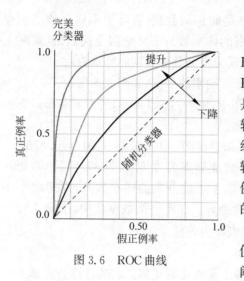

图 3.6　ROC 曲线

4）ROC 曲线和 AUC 值

当评估决策树和其他分类算法的分类效果时，ROC 曲线和 AUC 值是常用的评价指标之一。ROC 曲线（receiver operating characteristic curve）是一种以假正例率（false positive rate，FPR）为横轴，真正例率（true positive rate，TPR）为纵轴的曲线，展示了在不同分类阈值下模型的性能情况。横轴 FPR 表示将负例样本错误地判定为正例的比例，纵轴 TPR 表示正确地将正例样本判定为正例的比例。具体如图 3.6 所示。

改变分类阈值，可以得到不同的 TPR 和 FPR 值。ROC 曲线上的每个点对应着一个特定的分类阈值下的 TPR 和 FPR。ROC 曲线越靠近左上角，表示模型的性能越好。当 ROC 曲线与对角线（随机猜测）接近时，说明模型性能较差。

AUC 值（area under the curve）是 ROC 曲线下的面积，它给出了整个 ROC 曲线的综合性能。AUC 值的取值范围为 0～1，其值越接近 1，表示模型的性能越好。AUC 值可以用来比较不同分类算法之间的性能。如果两个算法的 ROC 曲线重叠，那么它们的 AUC 值相等；如果一个算法的 ROC 曲线完全位于另一个算法的上方，那么位于上方算法的 AUC 值较大，表示它具有更好的性能。ROC 曲线和 AUC 值对于不均衡数据集和二分类问题非常有用，而在多类别分类问题中的应用存在一些限制。此外，使用 ROC 曲线和 AUC 值评估模型时，可以选择合适的分类阈值来平衡精确率和召回率。

5）混淆矩阵（confusion matrix）

混淆矩阵是评估分类算法性能的重要工具，特别适用于多类别分类问题。它以实际类别和预测类别为基础，将样本的分类结果进行汇总，并将其组织成一个矩阵。混淆矩阵可以帮助人们更好地理解分类器在不同类别上的表现，从而更全面地评估其分类效果。

3.2　集成学习

集成学习（ensemble learning）是一种机器学习技术，旨在将多个基础模型的预测结果进行组合，从而获得更好的整体预测性能。它通过将多个模型的预测结果进行汇总或组合，获得比单个模型更准确、更具鲁棒性的预测结果。图 3.7 所示是通用的集成学习过程。

本节以决策树算法的组合为例，简要介绍装袋法、提升法、梯度提升决策树（gradient boosting decision tree，GBDT）、XGBoost 算法、随机森林等常用的集成学习的分类算法。

3.2.1　装袋法

装袋法（bagging，自举汇聚法（bootstrap aggregating）的简称）是一种集成学习方法，通过对训练数据进行有放回的抽样（bootstrap 抽样[27]），构建多个基学习器，并通过组合它们的预测结果来提高模型的性能和泛化能力。装袋法的基本思想是通过多个模型的“投票”或平均来减小模型的方差，从而提高整体性能。装袋法的主要步骤如下。

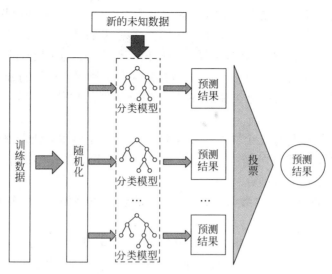

图 3.7 通用集成学习过程

（1）Bootstrap 抽样。从原始训练数据集中有放回地抽取若干个样本，形成一个新的训练集。这个过程重复多次，得到多个不同的训练集。

（2）基学习器训练。对每个 Bootstrap 样本集进行训练，构建多个独立的基学习器。常见的基学习器包括决策树、神经网络、支持向量机等。

（3）集成。对所有基学习器的预测结果进行组合，可以通过平均（回归问题）或投票（分类问题）的方式。这样得到的集成模型通常比单个基学习器更稳定、泛化能力更强。

装袋法的一个经典应用是随机森林（random forest）。随机森林通过构建多个决策树来解决问题，每个决策树由不同的 Bootstrap 样本集和随机选择的特征子集训练。最后，通过投票的方式整合这些决策树的预测结果。

装袋法的优势在于它能够降低模型的方差，提高模型的鲁棒性，特别是在处理高方差的模型（如决策树）时效果显著。然而，对于低偏差高方差的模型，装袋法的效果可能相对较小。常见的装袋法包括随机森林和 Bagging。随机森林是一种包含很多决策树的分类器，既可以用于处理分类和回归问题，也适用于降维问题。其对异常值和噪声也有很好的容忍，相较于决策树有着更好的预测和分类性能。

3.2.2 提升法

提升（boosting）法是一种可将弱学习器提升为强学习器的算法。这种算法的工作机制类似：先从初始训练集训练出一个基学习器，再根据基学习器的表现对训练样本分布进行调整，使得先前基学习器做错的训练样本在后续受到更多关注，然后基于调整后的样本分布来训练下一个基学习器；如此重复进行，直至基学习器数目达到事先指定的值 T，最终将这 T 个基学习器进行加权结合。对于分类问题而言，给定一个训练样本集，求比较粗糙的分类规则（弱分类器）要比求精确的分类规则（强分类器）容易得多。提升法就是从弱学习算法出发，反复学习，得到一系列弱分类器（又称为基本分类器），然后组合这些弱分类器，构成一个强分类器。大多数的提升法都是改变训练数据的概率分布（训练数据的权值分布），针对不同的训练数据分布调用弱学习算法学习一系列弱分类器。对提升法来说，有两个问题需要回答：一是在每一轮如何改变训练数据的权值或概率分布；二是如何将弱分类器组合成一个强分类器。关于第一个问题，AdaBoost 的做法是，提高那些被前一轮弱分类器错误分类样本的权值，而降低那些被正确分类样本的权值。至于第二个问题，即弱分类器的组合，AdaBoost 采取加权多数表决的方法，具体来说，加大分类错误率小的弱分类器的权值，使其在表决中起较大的作用，减小分类错误率大的弱分类器的权值，使其在表决中起较小的作用。

假设训练样本集中共有 n 个样本。AdaBoost 以每一轮模型的错误率作为权重指标，结合样本分类是否正确来更新各样本的权重；在组合每一轮分类模型的结果时，同样根据每个模型的权重指标进行加权计算。

假设 T 为最大训练迭代次数，每次迭代生成的弱分类器用 $h(x)$ 表示，具体算法思路如下。

（1）首先，对于训练样本集中的第 i 个样本，将其权重设置为 $1/n$。

（2）在第 j 轮的过程中，产生的加权分类错误率为 ε_j，若 ε_j 大于 0.5，表示此分类器错误率大于 50%，分类性能比随机分类还要差，则返回步骤（1）。

（3）计算模型重要性，计算公式如下：

$$\alpha_j = \frac{1}{2}\ln\frac{1-\varepsilon_j}{\varepsilon_j}$$

（4）调整样本权重，对于每个样本，若分类正确，则

$$w(j+1) = \begin{cases} \dfrac{w(j)\times e^{-\alpha j}}{Z_j}, & \text{分类正确} \\[2ex] \dfrac{w(j)\times e^{\alpha j}}{Z_j}, & \text{分类错误} \end{cases}$$

其中，Z_j 为确保所有权重之和为 1 的归一化因子。

（5）经过一共 T 轮模型构建，最终分类模型为

$$H(x) = \text{sign}\left(\sum_{j=1}^{T}\alpha_j h_j(x)\right)$$

其中，$h_j(x)$ 表示第 j 次迭代生成的弱分类器。

依靠这样的分类过程，AdaBoost 算法能够有效地关注到每一轮分类错误的样本，每一轮迭代生成一个弱分类模型，其准确性越高，在最终分类模型中所占的权重就越高，使最终分类结果的准确性与弱分类器相比，效果得到很大提升。提升树是以分类树或回归树为基本分类器的提升法。提升法实际采用加法模型（即基函数的线性组合）和前向分布算法。以决策树为基函数的提升方法称为提升树。对分类问题决策树是二叉分类树；对回归问题决策树是二叉回归树。提升树模型可以表示为决策树的加法模型：

$$f_M(x) = \sum_{m=1}^{M} T(x;\theta_m)$$

其中，$T(x;\theta_m)$ 表示决策树；θ_m 为决策树的参数；M 为树的个数。

3.2.3 梯度提升决策树

梯度提升决策树（GBDT）是一种迭代的决策树算法，又叫 MART（multiple additive

regression tree)[28]。它通过构造一组弱的学习器(树),并把多棵决策树的结果累加起来作为最终的预测输出。该算法将决策树与集成思想进行了有效的结合。决策树是一种基本的分类与回归方法。决策树模型具有分类速度快,模型容易可视化的解释等优点,但是同时也更容易发生过拟合,虽然存在剪枝等操作,效果也只能算差强人意。提升法在分类问题中,通过改变训练样本的权重(增加分错样本的权重,减小分对样本的权重),学习多个分类器,并将这些分类器线性组合,提高分类器性能。提升法的数学表示为

$$f(x) = w_0 + \sum_{m=1}^{M} w_m \phi_m(x)$$

其中,w_m 是权重;ϕ 是弱分类器的集合。可以看出,$f(x)$ 最终就是基函数的线性组合。于是决策树与提升法结合产生许多算法,主要有提升树、GBDT 等。GBDT 的核心在于,每一棵树学的是之前所有树结论和的残差,残差是一个加预测值后得到真实值的累加量。如 A 的真实年龄是 18 岁,但第一棵树的预测年龄是 12 岁,差了 6 岁,即残差为 6 岁,那么在第二棵树里把 A 的年龄设为 6 岁进行学习;如果第二棵树已经能把 A 分到 6 岁的叶子节点,那累加两棵树的结论就是 A 的真实年龄;如果第二棵树的结论是 5 岁,则 A 仍然存在 1 岁的残差,第三棵树里 A 的年龄就变成 1 岁,继续进行学习。这就是梯度提升在 GBDT 中的意义。

提升树是迭代多棵回归树来共同决策。当采用平方误差损失函数时,每一棵回归树学习的是之前所有树的结论和残差,拟合得到一个当前的残差回归树。在年龄预测实例中,训练集有 A、B、C、D 4 个人,他们的年龄分别是 14、16、24、26。其中 A、B 分别是高一和高三学生;C、D 分别是应届毕业生和工作两年的员工。如果是用一棵传统的回归决策树来训练,会得到如图 3.8 所示结果。

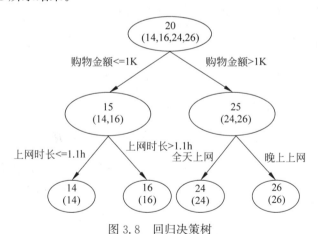

图 3.8　回归决策树

现在使用 GBDT 来做同样的事,由于数据太少,限定叶子节点最多有两个,即每棵树都只有一个分枝,并且限定只学两棵树,会得到如图 3.9 所示结果。

第一棵树分枝和传统的回归决策树一样,由于 A、B 年龄较为相近,C、D 年龄较为相近,他们被分为两拨,每拨用平均年龄作为预测值。此时计算残差(残差:A 的预测值+A 的残差=A 的实际值),所以 A 的残差就是 16-15=1(A 的预测值是指前面所有树累加的和,这里前面只有一棵树所以是 15,如果还有树存在,则需要累加起来作为 A 的预测值)。

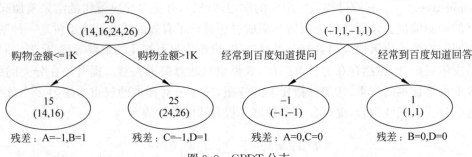

图 3.9　GBDT 分支

进而得到 A、B、C、D 的残差分别为 -1、1、-1、1。然后用残差替代 A、B、C、D 的原值，到第二棵树去学习，如果预测值和它们的残差相等，则只需把第二棵树的结论累加到第一棵树上即可得到真实年龄。从这里的数据中可以看出，第二棵树只有两个值 1 和 -1，分成两个节点。此时所有人的残差都是 0，即每个人都得到了真实的预测值。

GBDT 算法如下。

（1）用损失函数的负梯度近似残差，表示为

$$R_{mi} = -\left[\frac{\partial L(y_i, f(x_i))}{\partial f(x_i)}\right]_{f(x)}$$

（2）回归树拟合负梯度，得到叶节点区域 $R_{mj}, j = 1, 2, 3, \cdots, J$。其中，$j$ 为叶节点个数；m 为第 m 棵回归树。

（3）针对每一个叶子节点里的样本，求出使损失函数最小化，得到拟合叶子节点最好的输出值 C_{mj}，如下

$$C_{mj} = \underset{c}{\mathrm{argmin}} \sum_{x_i \in R_{mj}} L(y_i, f_{t-1}(x_i) + c)$$

（4）更新回归树模型：

$$f_m(x) = f_{m-1}(x) + \sum_{j=1}^{J} C_{mj} I(x \in R_{mj})$$

（5）得到最终的回归树模型：

$$\hat{f}(x) = f_M(x) + \sum_{m=1}^{M} \sum_{j=1}^{J} C_{mj} I(x \in R_{mj})$$

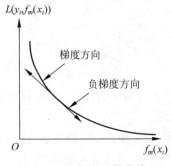

图 3.10　损失函数曲线

第（3）步可以理解为在负梯度方向上去求模型最小化。负梯度方向理解成损失函数负梯度的回归树划分规则，用该规则去求损失函数最小化。假设损失函数曲线如图 3.10 所示。

图中，m 表示迭代次数，$f_m(x_i)$ 表示共迭代 m 轮后的学习模型，$L(y_i, f_m(x_i))$ 表示模型的损失函数。由提升树的原理可知，模型的损失函数随着迭代次数的增加而降低。当用当前的学习模型 $f_m(x_i)$ 沿着负梯度方向增加时，损失函数是下降最快的，这就是 GBDT 算法的基本思想。

GBDT 的优点：预测阶段的计算速度快，树与树之间可并行化计算；在分布稠密的数据集上，泛化能力和表达能力都很好，这使得 GBDT 在 Kaggle 的众多竞赛中，经常名列榜首；采用决策树作为弱分类器使得 GBDT 模型具有较好的解释性和鲁棒性，能够自动发现特征间的高阶关系。GBDT 的局限性：GBDT 在高维度稀疏的数据集上，表现不如支持向量机或者神经网络；在处理文本分类特征问题上，相对其他模型的优势不如它在处理数值特征时明显；训练过程需要串行训练，只能在决策树内部采用一些局部并行的手段提高训练速度。

3.2.4 XGBoost 算法

XGBoost，全称 extreme gradient boosting，是由陈天奇于 2014 年开发的开源机器学习算法[29]。其起源可以追溯到梯度提升算法的发展历程，旨在通过优化和创新，提高模型性能。在发展初期，XGBoost 主要应用于 Kaggle 等数据竞赛，取得了一系列优胜成绩，从而迅速在学术界和工业界崭露头角。XGBoost 算法是一个开源框架，XGBoost 是在 GBDT 的基础上对提升法进行的改进，在 GBDT 中，学习的是损失函数的梯度，在 XGBoost 中，学习的是损失函数的二阶泰勒展开的差值，XGBoost 在代价函数里加入了正则项，用于控制模型的复杂度。在保证高精度的同时又保证了极快的速度。XGBoost 算法的核心思想：①不断地添加树，不断地进行特征分裂来生长一棵树，每次添加一棵树，其实是学习一个新函数，去拟合上次预测的残差。②当训练完成得到 k 棵树时，要预测一个样本的分数，就是根据这个样本的特征，在每棵树中会落到对应的一个叶子节点，每个叶子节点就对应一个分数。③最后只需要将每棵树对应的分数加起来就是该样本的预测值。接下来将具体阐述 XGBoost 算法原理。原始目标函数公式如下所示：

$$\mathrm{Obj} = \sum_{i=1}^{n} L(y_i, \hat{y}_i) + \sum_{j=1}^{t} \Omega(f_j)$$

其中，y_i 和 $\hat{y}_i$ 为第 i 个样本的真实值和观测值；j 为基学习器的个数；f_j 表示第 j 个基学习器，可以看成从样本点到分数的映射；$L(y_i, \hat{y}_i)$ 为损失函数；$\Omega(f_j)$ 为正则项。损失函数是一种评估算法对数据集建模能力的方法，如果预测完全无效，则损失函数值最高，如果预测效果越好，损失函数值就越小。但只用损失函数 $L(y_i, \hat{y}_i)$ 判断一个模型的好坏，很有可能会发生过拟合现象，就是当机器学习模型受到训练集的约束，并且在新数据预测时表现不佳的现象，即过于紧密或精确地对应于特定数据集的分析结果，因此，可能无法拟合其他数据或可靠地预测未来的观察结果。过拟合模型是一种统计模型，其中包含的参数超出了数据可以证明的范围。过度拟合的本质是在不知不觉中提取了一些残余变化（即噪声）的情况，就好像该变化代表了基础模型结构一样。加入正则项则是通过将函数适当的给定训练集并避免过度拟合来减少错误的方法，模型越复杂，则 $\Omega(f_j)$ 越大，泛化能力越弱，优化正则项可避免这个问题。

（1）损失函数，假设模型中生成 k 棵树，那么 XGBoost 模型的数学描述为

$$\hat{y}_i = \sum_{k=1}^{K} f_k(x_i)$$

XGBoost 是极度梯度提升树模型，第 t 棵树的生成都需要前 $t-1$ 棵树的结果。若令初始提升树为 0，则第 t 次迭代得到的模型为

$$\hat{y}_i^{(1)} = f_1(x_i) = \hat{y}_i^{(0)} + f_1(x_i)$$

$$\hat{y}_i^{(2)} = f_1(x_i) + f_2(x_i) = \hat{y}_i^{(1)} + f_2(x_i)$$

$$\hat{y}_i^{(3)} = f_1(x_i) + f_2(x_i) + f_3(x_i) = \hat{y}_i^{(2)} + f_3(x_i)$$

$$\vdots$$

$$\hat{y}_i^{(t)} = \sum_{k=1}^{t} f_k(x_i) = \hat{y}_i^{(t-1)} + f_t(x_i)$$

经 t 次迭代后累加,则目标函数表示为

$$\text{Obj}^{(t)} = \sum_{i=1}^{n} l(y_i, \hat{y}_i^{(t)}) + \sum_{i=1}^{t} \Omega(f_i)$$

$$= \sum_{i=1}^{n} l(y_i, \hat{y}_i^{(t-1)} + f_t(x_i)) + \Omega(f_t) + \text{const}$$

该算法的特殊之处就是用目标函数误差项的二阶泰勒展开来近似原来的误差项,则有:

$$\text{Obj}^{(t)} \approx \sum_{i=1}^{n} \left[l(y_i, \hat{y}_i^{(t-1)}) + g_i f_t(x_i) + \frac{1}{2} h_i f_t^2(x_i) \right] + \Omega(f_i) + \text{const}$$

$$g_i = \partial_{\hat{y}^{t-1}} l(y_i, \hat{y}_i^{(t-1)})$$

$$h_i = \partial_{\hat{y}^{t-1}}^2 l(y_i, \hat{y}_i^{(t-1)})$$

g_i 和 h_i 分别是损失函数 $l(y, \hat{y})$ 关于 $\hat{y}$ 的一阶偏导和二阶偏导。若再知道 f_t 和 $\Omega(f_i)$ 的表达式,就能得到第 t 棵树。

(2) XGBoost 正则项,目标函数中的正则项定义如下:

$$\Omega(f_t) = \gamma T + \frac{1}{2} \lambda \sum_{j=1}^{T} \omega_j^2$$

其中,f_t 代表第 t 棵树;T 表示叶节点个数;w_j 表示叶节点权重;γ 和 λ 为惩罚因子,γ 和 λ 越大表明树的复杂度的惩罚力度越大。

(3) 目标函数,将 f_t 和 $\Omega(f_j)$ 的表达式带入近似目标函数,去掉常数部分,即可以表示为

$$\text{Obj}^{(t)} \approx \sum_{i=1}^{n} \left[g_i f_t(x_i) + \frac{1}{2} h_i f_t^2(x_i) \right] + \Omega(f_t)$$

$$= \sum_{i=1}^{n} \left[g_i w_q(x_i) + \frac{1}{2} h_i w_q^2(x_i) \right] + \gamma T + \frac{1}{2} \lambda \sum_{j=1}^{T} w_j^2$$

$$= \sum_{j=1}^{T} \left[\left(\sum_{i \in I_j} g_i \right) w_j + \frac{1}{2} \left(\sum_{i \in I_j} h_i + \lambda \right) w_j^2 \right] + \gamma T$$

$$= \sum_{j=1}^{T} \left[G_j w_j + \frac{1}{2} (H_j + \lambda) w_j^2 \right] + \gamma T$$

上式中的 G_j 和 H_j 定义为

$$G_j = \sum_{i \in I_j} g_i, \quad H_j = \sum_{i \in I_j} h_i$$

从上式中可以解得极小点:

$$w_j^* = -\frac{G_j}{H_j + \lambda}$$

其对应的目标函数为

$$\text{Obj}^{(t)} = -\frac{1}{2}\sum_{j=1}^{T}\frac{G_j^2}{H_j+\lambda}+\gamma T$$

上式表示,当指定一棵树时,可以在目标函数上最多减少多少,式子所表达的值越小,说明树的结构越好。

(4) 树的生长,在节点分裂时,计算 $\text{Obj}(t)$ 的增益来决定是否要加入该分割,每次对已有的叶节点加入一个分割,需要通过以下打分公式:

$$\text{Gain} = \frac{1}{2}\left(\frac{G_L^2}{H_L+\lambda}+\frac{G_R^2}{H_R+\lambda}-\frac{(G_L+G_R)^2}{H_R+H_L+\lambda}\right)-\gamma$$

通过上式可以看出,增益是通过分裂后的某种值减去分裂前的某种值而得出。XGBoost 模型利用贪心算法枚举出不同的树结构,选出结构分数最小的树,寻求最优分割节点。当引入分割带来的增益小于一个阈值,即引入分割不会使目标函数减小时,就可以剪掉这个分割,然后就确定了树的结构。XGBoost 算法的运行流程如图 3.11 所示。

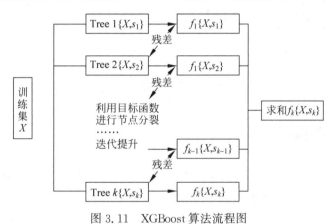

图 3.11　XGBoost 算法流程图

3.2.5　随机森林

随机森林是由多个决策树组成的集成学习模型。它的核心思想是通过构建多个决策树来提高预测准确性和稳定性。每个决策树都是基于随机样本和随机特征构建的,这种随机性使得随机森林能够避免过拟合,并且具有很好的鲁棒性。随机森林的训练过程可以分为以下 4 个步骤。

(1) 随机选择一部分数据样本,构建决策树。

(2) 随机选择一部分特征,构建决策树。

(3) 重复上述步骤,构建多个决策树。

(4) 通过投票的方式,将多个决策树的预测结果合并为最终结果。

随机森林的优点:准确性高,由于随机森林可以利用多个决策树进行预测,因此其预测准确性比单个决策树更高;可处理大量的输入特征,随机森林可以处理大量的输入特征,因此可以用于高维度数据的分类和回归问题;具有很好的鲁棒性,由于随机森林的构建过程具有随机性,因此它可以很好地处理噪声数据和缺失数据;不易过拟合,随机森林的构建过程中使用了随机样本和随机特征,这种随机性可以避免过拟合的问题。

随机森林的缺点:复杂度高,随机森林中包含多个决策树,因此它的计算复杂度较高;需要大量的训练数据,随机森林需要大量的训练数据才能达到较好的预测效果;难以解释,由于随机森林是由多个决策树组成的,因此其结果难以解释。

随机森林示例代码:

```python
from sklearn.ensemble import RandomForestClassifier
from sklearn.model_selection import train_test_split
from sklearn.datasets import load_iris
# 加载鸢尾花数据集
iris = load_iris()
X = iris.data
y = iris.target
# 将数据集分成训练集和测试集
X_train, X_test, y_train, y_test = train_test_split(X, y, test_size = 0.2)
# 构建随机森林分类器
rf = RandomForestClassifier(n_estimators = 100, max_depth = 2, random_state = 0)
# 训练随机森林模型
rf.fit(X_train, y_train)
# 在测试集上评估随机森林模型
score = rf.score(X_test, y_test)
# 打印准确率
print("Accuracy: ", score)
```

3.3 决策树应用

决策树的应用可以追溯到 20 世纪 60 年代,当时它被用于信息检索和自然语言处理等领域。随着计算机技术的发展和数据量的增加,决策树逐渐成为数据分析和预测建模的重要工具。在现代机器学习领域,决策树已经成为不可或缺的一部分,它与其他算法如支持向量机、神经网络等相互结合,构成了强大的预测模型。以下是决策树的一些常见应用。

(1) 分类问题:决策树可用于解决分类问题,例如,将实例划分到不同的类别。典型应用包括垃圾邮件检测、医学诊断、图像识别等。

(2) 回归问题:决策树也可用于解决回归问题,即预测连续型的输出变量。例如,预测房价、销售额等。

(3) 特征选择:决策树可以提供特征的重要性评估,从而用于特征选择,有助于识别最具有预测能力的特征。

(4) 异常检测:决策树可以用于检测异常值,因为异常通常在数据中呈现出明显的不规律性。

(5) 决策支持系统:决策树在决策支持系统中有广泛应用,帮助用户在复杂的决策中理清逻辑。

(6) 风险评估:决策树可以用于风险评估,例如,在金融领域中用于评估信用风险。

(7) 医学诊断:决策树可以用于辅助医学诊断,帮助医生根据患者的症状和检查结果进行分类和预测。

(8) 客户关系管理:决策树可用于预测客户的购买行为、喜好,从而制定更有效的营销策略。

（9）故障诊断：在工业领域，决策树可以用于故障诊断，帮助识别设备故障的原因。

（10）自然语言处理：决策树在自然语言处理中也有应用，例如，文本分类、情感分析等。

下面以 sklearn 中的葡萄酒数据集为例，给定一些数据指标，如酒精度等，利用决策树算法，可以判断出葡萄酒的类别。为了方便利用图形进行可视化演示，只选取其中 2 个特征：第 1 个特征（酒精度）和第 7 个特征（黄酮量）。并绘制出 3 类葡萄酒相应的散点图如图 3.12 所示。

```python
import numpy as np
import matplotlib.pyplot as plt
from sklearn import datasets
# 加载葡萄酒的数据集
wine = datasets.load_wine()
# 为了方便可视化，只选取 2 个特征
X = wine.data[:, [0, 6]]
y = wine.target
# 绘制散点图
plt.scatter(X[y == 0, 0], X[y == 0, 1])
plt.scatter(X[y == 1, 0], X[y == 1, 1])
plt.scatter(X[y == 2, 0], X[y == 2, 1])
plt.show()
```

彩图 3.12

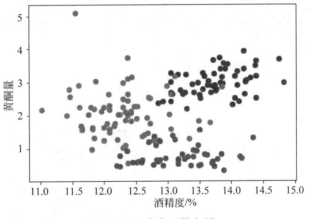

图 3.12　葡萄酒散点图

在图 3.12 的散点图中，颜色代表葡萄酒的类别，横轴代表酒精度，纵轴代表黄酮量。与调用其他算法的方法一样，先把数据集拆分为训练集和测试集，然后指定相关参数，这里指定决策树的最大深度等于 2，并对算法进行评分。

```python
from sklearn.model_selection import train_test_split
from sklearn import tree
# 拆分为训练集和测试集
X_train, X_test, y_train, y_test = train_test_split(X, y, random_state = 0)
# 调用决策树分类算法
```

```
dtc = tree.DecisionTreeClassifier(max_depth = 2)
dtc.fit(X_train, y_train)
# 算法评分
print('训练得分: ', dtc.score(X_train, y_train))
print('测试得分: ', dtc.score(X_test, y_test))
```

训练得分：0.9172932330827067

测试得分：0.8666666666666667

从上面的结果可以看出，决策树算法的训练得分和测试得分都还不错。

为了更加直观地看到算法的分类效果，定义一个绘制决策边界的函数，画出分类的边界线如图 3.13 所示。

```
from matplotlib.colors import ListedColormap
# 定义绘制决策边界的函数
def plot_decision_boundary(model, axis):
    x0, x1 = np.meshgrid(
    np.linspace(axis[0], axis[1], int((axis[1]-axis[0]) * 100)).reshape(-1,1),
    np.linspace(axis[2], axis[3], int((axis[3]-axis[2]) * 100)).reshape(-1,1)
    )
    X_new = np.c_[x0.ravel(), x1.ravel()]
    y_predict = model.predict(X_new)
    zz = y_predict.reshape(x0.shape)
    custom_cmap = ListedColormap(['#EF9A9A','#FFF59D','#90CAF9'])
    plt.contourf(x0, x1, zz, cmap = custom_cmap)
# 绘制决策边界
plot_decision_boundary(dtc, axis = [11, 15, 0, 6])
plt.scatter(X[y == 0, 0], X[y == 0, 1])
plt.scatter(X[y == 1, 0], X[y == 1, 1])
plt.scatter(X[y == 2, 0], X[y == 2, 1])
plt.show()
```

彩图 3.13

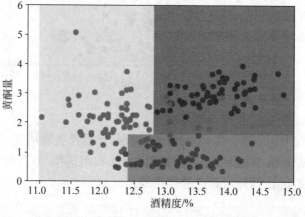

图 3.13　葡萄酒分类图

从图 3.13 中也可以直观地看出，大部分数据点的分类是基本准确的，这也说明决策树算法的效果还不错。决策树的优势之一是易于理解和解释，因此在需要透明决策过程的场景中尤为有用。然而,对于某些复杂任务,单独的决策树可能不够强大,因此,集成方法如随机森林和梯度提升决策树等也经常被应用。决策树算法在实际应用中有着广泛的应用场景,包括数据挖掘、分类问题、预测问题等。决策树算法可以帮助人们理解数据中的关联关系,进行数据分类和预测,并且易于解释和理解。

习题

1. 请概述决策树算法的优缺点。

2. 请使用 ID3 算法构建表 3.2 中的决策树。

3. 请使用 C4.5 算法构建表 3.2 中的决策树。

4. 请使用 C5.0 算法构建表 3.2 中的决策树。

5. 请使用 CART 算法构建表 3.2 中的决策树。

6. 请概述导致过拟合问题的原因和解决办法。

7. 分类效果的评估指标有哪些? 计算公式是什么?

8. 请描述通用集成学习的过程。

9. 请简述装袋法、提升法、梯度提升决策树(GBDT)、XGBoost 算法、随机森林等集成学习的分类算法。

10. 编程实现利用决策树算法对表 3.2 中的数据进行分类。

第4章　聚类分析

4.1　聚类分析概念

聚类分析是一种机器学习和数据分析技术，旨在将数据集中的对象分组为具有相似特征或行为模式的子集，这些子集被称为簇。其目标是使同一簇内的对象相互之间更加相似，而不同簇之间的对象差异更大。这有助于发现数据中的内在结构和模式，以便更好地理解数据、作出预测或进行决策。聚类分析并不需要标记好的数据，它是一种无监督学习方法，即不需要事先知道对象属于哪个类别或簇。算法通过计算数据点之间的相似度或距离来将它们分组，常用的度量包括欧几里得距离、曼哈顿距离、余弦相似度等。常见的聚类算法包括 k-均值聚类、层次聚类、基于密度的聚类算法（DBSCAN）等。聚类分析有广泛的应用，例如，在市场营销中用于客户分群、在医学领域中用于疾病分类、在推荐系统中用于用户群体划分等。它有助于发现隐藏在数据中的模式，从而提供洞察和指导决策。

4.1.1　聚类方法分类

聚类分析的应用十分广泛，对于聚类方法的研究也很多，有些方法原理比较简单，而有些方法可能融合了几种不同的聚类方法，甚至融合了其他类别的分析方法，如统计理论、神经网络等。本节将根据聚类规则及规则的应用方法，对常见的聚类方法进行分类。

1. 基于划分的方法

给定一个包含 n 个样本的数据集，基于划分的方法（partitioning method）就是将 n 个样本数据按照特定的度量划分为 k 个簇（$k \leqslant n$），使得每个簇至少包含一个对象，并且每个对象属于且仅属于一个簇，而且簇之间不存在层次关系。基于划分的方法大多数是基于距离来划分样本的，首先对样本进行初始划分，然后计算样本间的距离，重新对数据集中的样本进行划分，将样本划分到距离更近的簇中，得到一个新的样本划分，迭代计算直到聚类结果满足用户指定的要求。典型的算法有 k-均值算法和 k-medoids 算法。要得到最优的聚类结果，算法需要穷举数据集所有可能的划分情况，但是在实际应用中数据量都比较大，利用穷举方法进行聚类显然是不现实的。因此大部分基于划分的聚类方法采用贪心策略，即在

每一次划分过程中寻求最优解,然后基于最优解进行迭代计算,逐步提高聚类结果的质量。虽然这种方式有可能得到局部最优结果,但是结合效率方面考虑,也是可以接受的。

2. 基于层次的方法

基于层次的方法(hierarchical method)是按层次对数据集进行划分。根据层次聚类的过程,可分为自底向上的凝聚方法和自顶向下的分裂方法。凝聚方法将初始数据集中的每个样本独立当作一个簇,然后根据距离、密度等度量方法,逐步将样本合并,直到将所有的样本都合并到一个簇中,或满足特定的算法终止条件。分裂方法将初始数据集中的所有样本点都当作一个簇,在迭代过程中逐步将上层的簇进行分解,得到更小的新簇,直到所有的簇中都只包含一个单独的样本,或满足特定的算法终止条件。在应用过程中,可以根据需求对指定层数的聚类结果进行截取。在分裂方法中,对一个上层的簇进行分裂而得到下层的簇时,若该簇中包含 n 个样本,则共有 $2n-1$ 种可能的分裂情况。实际应用中 n 值一般都比较大,若要考虑所有的分裂情况,则计算量非常大。因此,分裂方法采用启发式的方法进行分裂,且一旦分裂步骤完成,则不回溯考量其他分裂情况是否具有更佳的性能。但分裂方法可能会导致质量不佳的聚类结果,考虑到这一点,凝聚方法的研究要多于分裂方法。

3. 基于密度的方法

大部分基于密度的方法(density-based method)采用距离度量来对数据集进行划分,在球状的数据集中能够正确划分,但是在非球状的数据集中则无法对样本进行正确聚类,并且受数据集中的噪声数据影响较大。基于密度的方法可以克服这两个弱点。基于密度的方法提出"密度"的思想,即给定邻域中样本点的数量,当邻域中密度达到或超过密度阈值时,将邻域内的样本包含到当前的簇中。若邻域的密度不满足阈值要求,则当前的簇划分完成,对下一个簇进行划分。基于密度的方法可以对数据集中的离群点进行检测和过滤。

4. 基于网格的方法

基于网格的方法(grid-based method)将数据集空间划分为有限个网格单元,形成一个网络结构,在后续的聚类过程中,以网格单元为基本单位进行聚类,而不是以样本为单位。由于算法处理时间与样本数量无关,只与网格单元数量有关,因此这种方法在处理大数据集时效率很高。基于网格的方法可以在网格单元划分的基础上,与基于密度的方法、基于层次的方法等结合使用。

5. 基于模型的方法

基于模型的方法(model-based method)假定数据集满足一定的分布模型,找到这样的分布模型,就可以对数据集进行聚类。基于模型的方法主要包括基于统计和基于神经网络两大类,前者以高斯混合模型(Gaussian mixture model,GMM)为代表,后者以自组织映射网络(self-organizing map,SOM)为代表。目前以基于统计模型的方法为主。

4.1.2 良好聚类算法的特征

一个良好的聚类算法应具备以下几个特征。

可扩展性。良好的聚类算法能够处理大规模的数据集,可以高效地处理包含大量样本和特征的数据,而不受计算资源的限制。

鲁棒性。聚类算法应对数据中的噪声、异常值和缺失值有一定的鲁棒性,不易受这些干扰因素的影响。应该能够识别和忽略这些异常数据,以更准确地进行聚类。

可解释性。良好的聚类算法应该能够产生可解释的结果,能够清晰地解释聚类的含义和结果;应该能够提供有关聚类的特征、属性和相似性的信息,帮助用户理解和利用聚类结果。

灵活性。聚类算法应具有灵活性,能够适应不同类型的数据和问题。应该支持多种距离或相似性度量方法,能够处理不同类型的特征和数据分布。

自适应性。良好的聚类算法应具备自适应性,能够动态地适应数据的变化和演化;应该能够处理数据流、增量数据和时间序列数据等动态环境下的聚类问题。

可伸缩性。聚类算法应该具备可伸缩性,可以处理高维数据和大规模数据集;应该能够有效地处理大量的特征和样本,而不会遇到计算和存储上的困难。

算法效率。良好的聚类算法应具备高效性,能够在合理的时间内完成聚类任务;应该能够使用有效的数据结构、算法和优化技术,以提高计算效率和性能。

高准确性。聚类算法应该能够以高准确率对数据进行聚类,能够准确地识别和分离不同的聚类簇。评估指标如轮廓系数、DB 指数等可以用来衡量算法的聚类质量。

4.2 聚类分析的度量

聚类分析的度量指标用于对聚类结果进行评判,分为内部指标和外部指标两大类。外部指标是指用事先指定的聚类模型作为参考来评判聚类结果的好坏;内部指标是指不借助任何外部参考,只用参与聚类的样本评判聚类结果的好坏。聚类的目标是得到较高的簇内相似度和较低的簇间相似度,使得簇间的距离尽可能大,簇内样本与簇中心的距离尽可能小。

聚类得到的簇可以用聚类中心、簇大小、簇密度和簇描述等来表示。聚类中心是一个簇中所有样本点的均值(质心);簇大小表示簇中所含样本的数量;簇密度表示簇中样本点的紧密程度;簇描述是簇中样本的业务特征。

4.2.1 外部指标

外部指标是指用事先指定的聚类模型作为参考来评判聚类结果的好坏。

对于含有 n 个样本点的数据集 S,其中有两个不同样本点 x_i、x_j,假设 C 是聚类算法给出的簇划分结果,P 是外部参考模型给出的簇划分结果,那么对于样本点 x_i、x_j 来说,存在以下四种关系。

SS:x_i、x_j 在 C 和 P 中属于相同的簇。

SD:x_i、x_j 在 C 中属于相同的簇,在 P 中属于不同的簇。

DS:x_i、x_j 在 C 中属于不同的簇,在 P 中属于相同的簇。

DD:x_i、x_j 在 C 和 P 中属于不同的簇。

令 a、b、c、d 分别表示 SS、SD、DS、DD 所对应的关系数目,由于 x_i、x_j 之间的关系必定存在于四种关系中的一种,且仅能存在一种关系,因此有

$$a + b + c + d = C_n^2 = \frac{n(n-1)}{2}$$

根据 a、b、c、d 的值,可以得出下列常用的外部度量指标。

（1）Rand 统计量（rand statistic）：表示为

$$R = \frac{a+d}{a+b+c+d}$$

（2）F 值（F-measure）：由下列关系：

$$P = \frac{a}{a+b}; \quad R = \frac{a}{a+c}$$

其中，P 表示准确率；R 表示召回率。则 F 值表示为

$$F = \frac{(\beta^2+1)PR}{\beta^2 P + R}$$

其中，β 是参数，当 $\beta=1$ 时，它就是最常见的 F-score。

（3）Jaccard 系数（jaccard coefficient）：表示为

$$J = \frac{a}{a+b+c}$$

（4）FM 指数（Fowlkes and Mallows index）：表示为

$$\text{FM} = \sqrt{\frac{a}{a+b} \cdot \frac{a}{a+c}}$$

以上四个度量指标的值越大，表明聚类结果和参考模型直接的划分结果越吻合，聚类结果就越好。

4.2.2 内部指标

内部指标是指不借助任何外部参考，只用参与聚类的样本评判聚类结果的好坏。

1. 样本点与聚类中心的距离度量

内部指标不借助外部参考模型，利用样本点和聚类中心之间的距离来衡量聚类结果的好坏。在聚类分析中，对于两个 m 维样本 $x_i = (x_{i1}, x_{i2}, \cdots, x_{im})$ 和 $x_j = (x_{j1}, x_{j2}, \cdots, x_{jm})$，常用的距离度量有欧几里得距离、曼哈顿距离、切比雪夫距离和闵可夫斯基距离等。

（1）欧几里得距离（Euclidean distance）是计算欧几里得空间中两点之间的距离，是最容易理解的距离计算方法，其计算公式如下：

$$\text{dist}_{\text{ed}} = \sqrt{\sum_{k=1}^{m} (x_{ik} - x_{jk})^2}$$

（2）曼哈顿距离（Manhattan distance）也称城市街区距离。由于欧几里得距离表明了空间中两点间的直线距离，但是在城市中，两个地点之间的实际距离是要沿着道路行驶的距离，而不能计算直接穿过大楼的直线距离，所以曼哈顿距离就用于度量这样的实际行驶距离，其计算公式为

$$\text{dist}_{\text{mand}} = \sum_{k=1}^{m} | x_{ik} - x_{jk} |$$

（3）切比雪夫距离（Chebyshev distance）是向量空间中的一种度量，将空间坐标中两个点的距离定义为其各坐标数值差绝对值的最大值。切比雪夫距离在国际象棋棋盘中，表示国王从一个格子移动到另外一个格子所走的步数。其计算公式为

$$\text{dist}_{\text{cd}} = \lim_{t \to \infty} \left(\sum_{k=1}^{m} | x_{ik} - x_{jk} |^t \right)^{\frac{1}{t}}$$

（4）闵可夫斯基距离（Minkowski distance）是欧几里得空间的一种测度，是一组距离的定义，被看作是欧几里得距离和曼哈顿距离的一种推广。其计算公式为

$$\text{dist}_{\text{mind}} = \sqrt[n]{\sum_{k=1}^{m} |x_{ik} - x_{jk}|^n}$$

其中，n 是一个可变的参数。根据 n 取值的不同，闵可夫斯基距离可以表示一类距离。当 $n=1$ 时，闵可夫斯基距离就变成了曼哈顿距离；当 $n=2$ 时，闵可夫斯基距离就变成了欧几里得距离；当 $n \to \infty$ 时，闵可夫斯基距离就变成了切比雪夫距离。

2. 聚类性能度量

根据空间中点的距离度量，可以得出以下聚类性能的内部度量指标。

（1）紧密度（compactness）是每个簇中的样本点到聚类中心的平均距离。紧密度的值越小，表示簇内样本点的距离越近，即簇内样本的相似度越高。

（2）分隔度（seperation）是各簇的聚类中心 c_i、c_j 两两之间的平均距离，分隔度的值越大，表示各聚类中心相互之间的距离越远，即簇间相似度越低。

（3）戴维森堡丁指数（Davies-Bouldin index，DBI）[30] 衡量任意两个簇的簇内距离之和与簇间距离之比，求最大值。首先定义簇中 n 个 m 维样本点之间的平均距离 avg，即

$$\text{avg} = \frac{2}{n(n-1)} \sum_{1 \leqslant i \leqslant j \leqslant n} \sqrt{\sum_{t=1}^{m} (x_{it} - x_{jt})^2}$$

根据两个簇内样本间的平均距离，可以得出戴维森堡丁指数的计算公式如下，其中 c_i、c_j 表示簇 C_i、C_j 的聚类中心。

$$\text{DBI} = \frac{1}{k} \sum_{i=1}^{k} \max_{j \neq i} \left(\frac{\text{avg}(C_i) + \text{avg}(C_j)}{\|c_i - c_j\|_2} \right)$$

DBI 的值越小，表示簇内样本之间的距离越小，同时簇间距离越大，即簇内相似度高，簇间相似度低，说明聚类结果越好。

（4）邓恩有效性指数（Dunn validity index，DVI）是计算任意两个簇的样本点的最短距离与任意簇中样本点的最大距离之商。DVI 的值越大，表示簇间样本距离越远，簇内样本距离越近，即簇间相似度低，簇内相似度高，聚类结果越好。

4.3 基于划分的聚类

基于划分的聚类是一种将数据集划分为不同子集或簇的聚类方法。在这种方法中，数据点被划分到不同的簇，使得同一簇内的数据点彼此相似，而不同簇之间的数据点相对较不相似。这种方法的目标是将数据集划分为预定义数量的簇，其中每个簇具有一定的相似性。基于划分的聚类方法通常需要用户指定簇的数量，而且对初始簇中心的选择比较敏感。这类方法的优点包括计算效率较高，适用于大型数据集。然而，由于对初始条件敏感，结果可能受到初始簇中心的影响。基于划分的聚类的常用算法有 k-均值、k-medoids、k-prototype 等。

4.3.1 k-均值算法

k-均值算法是聚类算法中比较简单的一种基础算法，它是公认的十大数据挖掘算法之

一,其优点是计算速度快、易于理解。k-均值聚类是基于划分的聚类算法,计算样本点与类簇质心的距离,与类簇质心相近的样本点划分为同一类簇。

k-均值中样本间的相似度是由它们之间的距离决定的:距离越近,说明相似度越高;反之,则说明相似度越低。通常用距离的倒数表示相似度的值,其中常见的距离计算方法有欧几里得距离和曼哈顿距离。其中,欧几里得距离更为常用。

k-均值算法步骤如下。

(1) 首先选取 k 个类簇(k 需要用户指定)的质心,通常是随机选取。

(2) 对剩余的每个样本点,计算它们到各个质心的欧几里得距离,并将其归入相互间距离最小的质心所在的簇。计算各个新簇的质心。

(3) 在所有样本点都划分完毕后,根据划分情况重新计算各个簇的质心所在位置,然后迭代计算各个样本点到各簇质心的距离,对所有样本点重新进行划分。

(4) 重复第(2)步和第(3)步,直到迭代计算后,所有样本点的划分情况保持不变,此时说明 k-均值算法已经得到了最优解,将运行结果返回。

k-均值算法的运行过程如图 4.1 所示。

图 4.1 k-均值算法过程

算法最主要的问题是如何让算法保证收敛,即如何确定所有样本点的划分情况保持不变。这里给出一个度量公式,称为平方误差。该公式用来说明聚类效果能使各个簇内距离平方和达到最小。

$$J(c,\mu) = \sum_{i=1}^{k} \| x^{(i)} - \mu_{c(i)} \|^2$$

其中,$J(c,\mu)$ 表示每个样本点到其所在簇距离的平方和;$\mu_{c(i)}$ 表示第 i 个样本所属簇的质心。$J(c,\mu)$ 越小,所有样本点与其所在簇的距离整体越小,则样本划分质量越好。k-均值算法的终止条件就是 $J(c,\mu)$ 收敛到最小值。但是要让 $J(c,\mu)$ 收敛到最小,需要对所有样本点可能的类簇划分情况进行考察,这是一个 NP 难问题,因此 k-均值算法采用贪心策略进行求解。

为了实现聚类,如何求得这个目标函数的最小值呢? 首先将平方误差公式进行变形,以一维数据为例(第 j 个样本第 i 个簇):

$$J = \sum_{i=1}^{k} \sum_{x_i \in \mu_i} (x_j - \mu_i)^2$$

对上式的 J 进行变换得到:

$$\frac{\partial J}{\partial \mu_i} = \frac{\partial}{\partial u_i} \sum_{i=1}^{k} \sum_{x_j \in u_i} (x_j - u_i)^2$$

$$\frac{\partial J}{\partial u_i} = \sum_{i=1}^{k} \sum_{x_j \in \mu_i} \frac{\partial}{\partial u_i} (x_j - \mu_i)^2$$

$$\frac{\partial J}{\partial \mu_i} = (-2) \cdot \sum_{x_j \in \mu_i} (x_j - \mu_i)$$

当$(-2) \cdot \sum\limits_{x_j \in \mu_i} (x_j - \mu_i) = 0$时，$\mu_i = \frac{1}{|C_i|} \sum\limits_{x_j \in u_i} x_j$，即最优化的结果就是计算簇的均值。

在实际应用过程中，存在数据集过大导致算法收敛速度过慢，从而无法得到有效结果的情况。在这样的情况下，可以为k-均值算法指定最大收敛次数或指定簇中心变化阈值，当算法运行达到最大收敛次数或簇中心变化率小于某个阈值时，算法停止运行。

与其他聚类算法相比，k-均值算法原理简单，容易实现，且运行效率比较高，算法的时间复杂度是$O(knt)$，其中：n是所有对象数目；t是迭代次数。通常k、t都远远小于n。且对于大数据集，算法是相对可伸缩的，可以指定最大迭代次数，在牺牲一定准确度的情况下提升算法的运行效率。由于k-均值算法原理简单，因此算法的聚类结果容易解释，适用于高维度数据的聚类。

k-均值算法的缺点也是非常明显的，由于算法采用了贪心策略对样本点进行聚类，导致算法容易局部收敛，在大规模的数据集上求解较慢。k-均值算法对离群点和噪声点非常敏感，少量的离群点和噪声点可能对算法求平均值产生极大影响，从而影响算法的聚类结果。

k-均值算法中初始聚类中心的选取也对算法结果影响很大，不同的初始中心可能会导致不同的聚类结果。对此，研究人员提出k-均值＋＋算法，其思想是使初始的聚类中心的相互距离尽可能远。算法步骤如下。

（1）从样本集χ中随机选择一个样本点c_1作为第1个聚类中心。

（2）计算其他样本点x到最近的聚类中心的距离$d(x)$。

（3）以概率$\dfrac{d(x)^2}{\sum\limits_{x \in \chi} d(x)^2}$选择一个新样本点$C_j$加入聚类中心点集合中，其中距离值$d(x)$越大，被选中的可能性越高。

（4）重复步骤（2）和步骤（3），选定k个聚类中心。

（5）基于这k个聚类中心进行k-均值运算。

此外，k-均值算法不适用于非凸面形状（非球形）的数据集，k-均值算法的聚类结果与初始目标有非常大的差别。

采用k-均值算法时，需要注意以下问题。

（1）模型的输入数据为数值型数据（如果是离散变量，需要作哑变量处理）。

（2）需要将原始数据做标准化处理（防止不同量纲对聚类产生影响）。

k-均值算法中，k值（即期望得到的类簇个数）的选取会对聚类结果的影响非常大，如果事先能够知道所有样本点中有多少个簇，或者对簇的个数有明确要求，那么在指定k值时没有太大问题。但是在实际应用中，很多情况下并不知道样本点的分布情况，此时往往是通过多次运行k-均值算法选取聚类质量好的结果，在大数据集下这样的做法非常耗费资源。因此，对于k-均值算法中k值的选取，也有非常多的研究。

目前，关于k选取的相关研究主要有以下两种。

（1）与层次聚类算法结合，先通过层次聚类算法得出大致的聚类数目，并且获得一个初始聚类结果，然后再通过k-均值算法改进这个聚类结果。

（2）基于系统演化方法，通过模拟伪热力学系统中的分裂和合并，不断演化直到达到稳定平衡状态，从而确定 k 值。

4.3.2　k-medoids 算法

k-均值算法簇的聚类中心选取受噪声点的影响很大，因为噪声点与其他样本点的距离远，在计算距离时会严重影响簇的中心[31]。k-medoids 算法克服了 k-均值算法的这一缺点，k-medoids 算法不通过计算簇中所有样本的平均值得到簇的中心，而是通过选取原有样本中的样本点作为代表对象代表这个簇，计算剩下的样本点与代表对象的距离，将样本点划分到与其距离最近的代表对象所在的簇中。

距离计算过程与 k-均值算法的计算过程类似，只是将距离度量中的中心替换为代表对象。替换后样本的绝对误差标准为

$$E = \sum_{i=1}^{k} \sum_{x^{(j)} \in c_i} \| x^{(j)} - o_c(i) \|^2$$

式中，$o_c(i)$ 表示第 i 簇 C_i 的中心；$x^{(j)}$ 表示 C_i 簇中的点。E 表示最小化所有簇中点与点之间距离。

围绕中心点划分（partitioning around mediods，PAM）算法[32]是 k-medoids 聚类的一种典型实现。PAM 算法中簇的中心点是一个真实的样本点，而不是通过距离计算出来的中心。PAM 算法与 k-均值一样，使用贪心策略来处理聚类过程。

k-均值迭代计算簇的中心的过程，在 PAM 算法中对应计算是否替代对象 o' 比原来的代表对象 o 能够具有更好的聚类结果，替换后对所有样本点重新计算各自代表样本的绝对误差标准。若替换后，替换总代价小于零，即绝对误差标准减小，则说明替换后能够得到更好的聚类结果，若替换总代价大于零，则不能得到更好的聚类结果，原有代表对象不进行替换。在替换过程中，尝试所有可能的替换情况，用其他对象迭代替换代表对象，直到聚类的质量不能再被提高为止。

4.3.3　k-prototype 算法

k-prototype 是处理混合属性聚类的典型算法[33]。继承 k-均值算法的思想。并且加入了描述数据簇的原型和混合属性数据之间的相异度计算公式。常规定义：$X = \{X_1, X_2, X_3, \cdots, X_n\}$ 表示数据集（含有 n 个数据），其中数据有 m 个属性；数据 $X_i = \{X_{11}, X_{12}, X_{13}, \cdots, X_{1m}\}$；$A_j$ 表示属性 j；$\mathrm{dom}(A_j)$ 表示属性 j 的值域：对于数值属性，值域 $\mathrm{dom}(A_j)$ 表示是取值范围；对于分类属性，值域 $\mathrm{dom}(A_j)$ 表示集合；X_{ij} 表示数据 i 的第 j 个属性。同样，数据 X_i 也可表示为

$$X_i = (A_1 = X_{11}) \wedge (A_2 = X_{12}) \wedge (A_3 = X_{13}) \wedge \cdots \wedge (A_m = X_{1m})$$

数据总共有 m 个属性，不妨设前 p 个属性为数值属性（r 代表），后 $m-r$ 个属性为分类属性（c 代表），则有

$$[x_{i,1}^r, x_{i,2}^r, \cdots, x_{i,p}^r, x_{i,p+1}^c, x_{i,p+2}^c, \cdots, x_{i,m}^c]$$

k-prototype 算法是设定了一个目标函数，类似于 k-均值算法的 SSE（误差平方和），不断迭代，直到目标函数值不变。同时，k-prototype 算法提出了混合属性簇的原型，可以理解

原型就是数值属性聚类的质心。混合属性中存在数值属性和分类属性,其原型的定义是数值属性原型用属性中所有属性取值的均值,分类属性原型是分类属性中选取属性值取值频率最高的属性。合起来就是原型。

相异度距离:一般来说,数值属性的相异度通常选用欧几里得距离,在 k-prototype 算法中,混合属性的相异度分为数值属性和分类属性,二者分开求,然后相加。

对于分类属性:使用海明威距离,若属性值相同,其值为零;若属性值不同,其值为1。

分类属性的相异度表示为

$$d(X_{ij}, X_{pj}) = \begin{cases} 1, & X_{ij} != X_{pj} \\ 0, & X_{ij} == X_{pj} \end{cases}$$

对于数值属性:计算数值属性对应的欧几里得距离,则数据和簇的距离(相异度)为

$$d(x_i, Q_l) = \sum_{j=1}^{p} (x_{ij}^r - q_{lj}^r)^2 + u_l \sum_{j=p+1}^{m} \delta(x_{ij}^c, q_{lj}^c)$$

其中,前 p 个是数值属性;后 m 个是分类属性;u 是分类属性的权重因子。

k-prototype 算法的目标函数是

$$E = \sum_{l=1}^{k} \sum_{i=1}^{n} u_{il} d(x_i, Q_l)$$

算法的步骤如下。

输入:聚类簇的个数 k 和权重因子。

输出:产生好的聚类。

步骤:①从数据集中随机选取 k 个对象作为初始的 k 个簇的原型。②遍历数据集中的每一个数据,计算数据与 k 个簇的相异度。③再将该数据分配到相异度最小的对应的簇中,每次分配完毕后,更新簇的原型。④然后计算目标函数,对比目标函数值是否改变,循环直到目标函数值不再变化为止。

4.4 基于密度的聚类

聚类是一种无监督学习方法,用于将数据集中的样本点划分为具有相似特征的组。传统的聚类方式是基于划分的聚类,如 k-均值算法。在传统的聚类方法存在无法识别具有不同密度的结构,并且需要确定需要聚簇的个数 k,但这个超参量一般情况下都是未知的。因此,基于密度的聚类方法被提出,利用样本点的密度信息来发现数据中的隐藏结构,如 DBSCAN 算法。在实际的使用情况中,通常可以把两种方式结合起来使用,使用 k-均值算法进行初步的聚类划分,再使用 DBSCAN 算法进行更新精细化的类别划分。下面是两种常见的基于密度的聚类方法。

4.4.1 DBSCAN 算法

DBSCAN 算法采用基于中心的密度定义,样本的密度通过核心对象在 ε 半径内的样本点个数(包括自身)来估计。DBSCAN 算法基于邻域来描述样本的密度,输入样本集 $S = \{x_1, x_2, \cdots, x_m\}$ 和参数$(\varepsilon, \text{MinPts})$刻画邻域的样本分布密度。其中,$\varepsilon$ 表示样本的邻域距

离阈值,MinPts 表示对于某一样本 p,其 ε-邻域中样本个数的阈值。下面给出 DBSCAN 中的几个重要概念。

ε-邻域:给定对象 x_i,在半径 ε 内的区域称为 x_i 的 ε-邻域。在该区域中,S 的子样本集 $N\varepsilon(x_i)=\{x_j\in S\,|\,distance(x_i,x_j)\leqslant\varepsilon)\}$。

核心对象(core object):如果对象 $x_i\in S$,其 ε-邻域对应的子样本集 $N\varepsilon(x_i)$ 至少包含 MinPts 个样本,$|N\varepsilon(x_i)|\geqslant MinPts$,那么 x_i 为核心对象。

直接密度可达(directly density-reachable):对于对象 x_i 和 x_j,如果 x_i 是一个核心对象,且 x_j 在 x_i 的 ε-邻域内,那么对象 x_j 是从 x_i 直接密度可达的。

密度可达(density-reachable):对于对象 x_i 和 x_j,若存在一个对象链 $p_1,p_2,\cdots,p_n$,使 $p_1=x_i$,$p_n=x_j$,并且对于 $p_i\in S(1\leqslant i\leqslant n)$,$p_{i+1}$ 从 p_i 关于 $(\varepsilon,MinPts)$ 直接密度可达,那么 x_j 是从 x_i 密度可达的。

密度相连(density-connected):对于对象 x_i 和 x_j,若存在 x_k 使 x_i 和 x_j 是从 x_k 关于 $(\varepsilon,MinPts)$ 密度可达,那么 x_i 和 x_j 是密度相连的。

如图 4.2 所示,若 MinPts$=3$,则 a、b、c 和 x、y、z 都是核心对象,因为在各自的 ε-邻域中,都至少包含 3 个对象。对象 c 是从对象 b 直接密度可达的,对象 b 是从对象 a 直接密度可达的,则对象 c 是从对象 a 密度可达的。对象 y 是从对象 x 密度可达的,对象 z 是从对象 x 密度可达的,则对象 y 和 z 是密度相连的。DBSCAN 算法根据密度可达关系求出所有密度相连样本的最大集合,将这些样本点作为同一个簇。DBSCAN 算法任意选取一个核心对象作为"种子",然后从"种子"出发寻找所有密度可达的其他核心对象,并且包含每个核心对象的 ε-邻域的非核心对象,将这些核心对象和非核心对象作为一个簇。当寻找完成一个簇之后,选择还没有簇标记的其他核心对象,得到一个新的簇,反复执行这个过程,直到所有的核心对象都属于某一个簇为止。

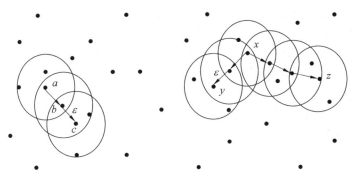

图 4.2 DBSCAN 算法的聚类过程

DBSCAN 算法利用密度思想进行聚类,因此可以用于对任意形状的稠密数据集进行聚类。k-均值算法对数据的输入顺序比较敏感,数据输入顺序可能会对聚类结果产生影响,而 DBSCAN 算法对输入顺序不敏感。DBSCAN 算法能够在聚类的过程中发现数据集中的噪声点,且算法本身对噪声不敏感。当数据集分布为非球型时,使用 DBSCAN 算法效果较好。

DBSCAN 算法要对数据集中的每个对象进行邻域检查,当数据集较大时,聚类收敛时间长,算法的空间复杂度较高。此时可以采用 KD 树或球树对算法进行改进,快速搜索最近邻,帮助算法快速收敛。此外,聚类质量受样本密度的影响,当空间聚类的密度不均匀时,聚类的质量较差。DBSCAN 算法的聚类结果受到邻域参数(ε,MinPts)的影响较大,不同的输入参数对聚类结果有很大影响,邻域参数也需要人工输入,调参时需要对两个参数联合调参,比较复杂。

当 ε 值固定时:若选择过大的 MinPts 值,会导致核心对象的数量过少,使得一些包含对象数量少的簇被直接舍弃;若选择过小的 MinPts 值,会导致选择的核心对象数量过多,使得噪声点被包含到簇中。当 MinPts 值固定时:若选择过大的 ε 值,可能导致有很多噪声被包含到簇中,也可能导致原本应该分开的簇被划分为同一个簇;若选择过小的 ε 值,会导致被标记为噪声的对象数量过多,一个不应该分开的簇也可能会被分成多个簇。对于邻域参数选择导致算法聚类质量降低的情况,可以从以下几个方面进行改进:

(1)从原始数据集抽取高密度点生成新的数据集,并对其聚类。在抽取高密度点生成新数据集的过程中,反复修改密度参数,改进聚类的质量。

(2)以新数据集的结果为基础,将其他点归类到各个簇中,从而确保聚类结果不受输入参数的影响。

(3)采用核密度估计方法对原始样本集进行非线性变换,使得到的新样本集中样本点的分布尽可能均匀,从而改善原始样本集中密度差异过大的情况。变换过后再使用全局参数进行聚类,从而改善聚类结果,并行化处理。

(4)对数据进行划分得到新的样本集,使得每一个划分中的样本点分布相对均匀,根据每个新样本集中的样本分布密度来选择局部 ε 值。这样一方面降低了全局 ε 参数对于聚类结果的影响,另一方面并行处理对多个划分进行聚类,在数据量较大的情况下提高了聚类效率,有效地解决了 DBSCAN 算法对内存要求高的缺点。

4.4.2 OPTICS 算法

OPTICS(ordering points to identify the clustering structure)算法是一种基于密度的聚类算法[34]。它通过计算样本之间的可达距离和核心距离来发现聚类结构。与 DBSCAN 算法相比,OPTICS 算法不需要预先指定邻域半径参数,而是根据数据的内在密度自适应地确定邻域范围。下面是 OPTICS 算法的详细描述。

1. 参数设置
选择一个参数 MinPts,表示一个点的邻域内最小的点数。

2. 可达距离计算
对数据集中的每个点进行以下操作。
(1)计算该点与其邻域内的所有点之间的距离。
(2)将这些距离按升序排序。
(3)将距离最大的邻域点的距离作为该点的可达距离。

3. 核心距离计算
对于每个点,计算其核心距离(core distance),即其邻域内第 MinPts 个点的可达距离。

4. 点排序
根据点的可达距离对所有点进行排序。

5. 聚类提取
从排序后的点列表中开始遍历每个点。

如果一个点的可达距离大于某个阈值(如 eps),将其标记为噪声点。否则,将该点添加到当前聚类中,并扩展聚类。对于当前点的邻域内的每个可达点,如果其可达距离大于某个阈值(如 eps),将其标记为边界点。否则,将该点添加到当前聚类中,并继续扩展聚类。

6. 可视化聚类结构

根据点的可达距离和核心距离绘制 OPTICS 算法图,其中 x 轴表示点在排序后的顺序,y 轴表示可达距离。通过 OPTICS 算法,可以获得数据集中的聚类结构信息,包括核心点、边界点和噪声点,并可以根据可达距离的变化来识别不同密度的聚类。

4.4.3 DENCLUE 算法

DENCLUE 算法是一种基于密度的聚类算法。它采用了基于网格单元的方法来提高聚类性能[35]。算法的核心思想是采用核密度估计(kernel density estimation,KDE)[36]来度量数据集中每一个对象对于其他对象的影响,用一个对象受到所有其他对象影响之和来衡量数据集中每一个对象的核密度估计值,通过影响值的叠加形成空间曲面,曲面的局部极大值称为一个簇的密度吸引点。

DENCLUE 算法采用影响函数来对邻域中的样本建模,影响函数定义为

$$f(x,y) = \rho e^{-\frac{d^2(x,y)}{2\sigma^2}}$$

其中,$d(x,y)$ 为样本 x、y 之间的距离(通常采用欧几里得距离);ρ 表示该点的数据影响量;σ 为光滑参数的带宽,反映该点对周围的影响能力。通常采用的核函数是采用欧几里得距离的标准高斯函数。它包含 n 个样本的数据集 S,对于任意样本点的密度函数为

$$f^S_{Gauss}(x) = \sum_{i=1}^{n} e^{-\frac{(x-x_i)^2}{2\sigma^2}}$$

定义梯度为

$$\hat{f}(x) = \sum_{i=1}^{n} (x_i - x) e^{-\frac{(x-x_i)^2}{2\sigma^2}}$$

密度吸引点可以通过希尔爬山过程确定,只要核函数在每个数据对象处连续可导,则爬山过程就可以被核函数梯度引导。对象 x 的密度吸引点计算过程如下:

$$x^0 = x$$

$$x^j = x^{j-1} + \delta \frac{\nabla \hat{f}(x^{j-1})}{|\nabla \hat{f}(x^{j-1})|}$$

其中,δ 是控制算法收敛速度的参数。

为了避免聚类过程收敛于局部最大点,DENCLUE 算法引入噪声阈值 ξ,若对象 x 被局部极大值点 x^* 吸引,$\hat{f}(x^*) < \delta$,则 x 为噪声点,将其排除。

当爬山过程中步骤 k 满足,则爬山过程停止,把对象 x 分配给密度吸引点 x^*。

DENCLUE 算法融合了基于划分的、层次的和网格的聚类方法,对于含有大量噪声的数据集,也能够得到良好的聚类结果。由于此算法使用了网格单元,且使用基于树的存取结构管理这些网格单元,因而运行速度快。但是 DENCLUE 算法要求对光滑参数的带宽 σ 和噪声阈值 ξ 的选取敏感,参数选择的不同可能会对聚类结果产生较大的影响。

【例 4.1】 通过 DBSCAN 算法聚类分析城市异常事件。

对于城市管理部门而言,尽早发现城市异常事件是重中之重。以往的做法是,城市管理部门部署复杂的基于视频的特定基础设施,并且多数情况下由值班人员监控。然而,随着基于位置的社交网络(LBSN)的出现和迅速普及,可以通过专家系统来检测在特定时间特定区域中异常高或异常低的市民数量,系统能够自动分析带有公共地理位置标签的帖子。这样的解决方案意味着不需要特定的基础设施,因为市民的移动设备由他们自身携带和维护,并在社交网络上主动共享地理位置。此外,位置分析比视频分析更容易,可以自动完成。

本例采用基于密度的聚类,发现所有已知的城市异常事件,还能在实验过程中发现其他未知事件。使用从纽约市 Instagram(照片墙)获得的带地理标记帖子的数据集验证了近 6 个月的数据,取得了良好的效果,主要步骤如下。

(1) 问题定义。如图 4.3 所示,在被分析的地区获得市民的行为模式:一周中每个时间地点的常规密度,即 24 小时×7 天的城市脉冲。然后自动获取该地区的 LBSN 活动,并与得到的常规模式进行比较以检测意外行为,区分中度和极度异常值。

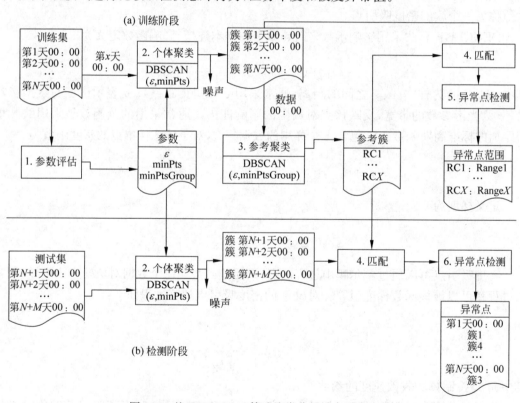

图 4.3 基于 DBSCAN 算法聚类分析城市异常事件

(2) 数据预处理。收集纽约市 Instagram 用户发布的带有地理标签的帖子,其中主要包含时间、地理位置。从数据集中移除在单个分析中被认为是噪声的点(那些没有聚类的点),并且按照 30 分钟间隔对剩余的数据进行分组。去除噪声点,以避免它们组合在一个非常密集的簇中,并导致错误的参考簇。

(3) 检测模型的建立。因为人们的行为是没有组织规律性的,所以基于密度的聚类算法能够发现任意形状的集群;因为稀疏地区的点不应该被认为属于任何群集,所以能够处理噪声。采用 DBSCAN 算法,用于发现在社交媒体(人群)中具有在地理上活动密切的市民群体。首先,应用 DBSCAN 算法获得每天半小时间隔的城市个体聚类。通过这种方式,可以知道城市市民的整体行为,结合来自相似日期的结果获得参考聚类,或将个体聚类与已经获得的参考聚类进行比较以检测异常值。对于一个给定的区域,结合几天的数据以及每个特定位置的人群通常的大小范围,来获得每周每半小时间隔的人群通常的位置,如图 4.4 所示。

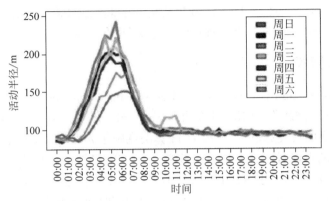

图 4.4　一周内每天各时间段的人群活动半径

其次,为给定参考群集匹配的单个群集以及没有匹配参考群集的群集定义分类标准。在检测阶段匹配之后,可以通过比较单个群集中的点数以及为其匹配的参考群集定义的条件来执行离群值检测。

(4) 实验与结果评估。为了测试模型,采取对应一周内正常的一天和不同寻常的一天的方式进行测试。这样可以对照相同的参考集群会有什么不同之处。所选日期为星期六,具体日期为 2016 年 1 月 16 日(风暴"乔纳斯"一周前)和 2016 年 1 月 23 日(风暴"乔纳斯"当天),均包含在测试集中。

【例 4.2】　利用 OPTICS 算法聚类进行雷电预报。雷电是一种自然现象,但是也可能造成重大人员伤亡和经济损失。随着科学技术的发展和现代化水平的提高,人们对防雷预报的需求也越来越强烈。近年来,在气象工作者的努力下,建立了雷电监测网络,并积累了大量实时准确的雷电定位资料。

本例分析了某日 3:00—4:30 从江苏省防雷中心采集的雷电资料,以 10 分钟作为一个时间间隔,对江苏雷电频率进行统计。经过多次实验,选取 $\varepsilon=0.16$,MinPts=20。雷击闪电发生经纬度代表位置能够反映两个雷电物体之间的距离,因此时间权重值应该小于经纬度。

经过 OPTICS 算法聚类后,将雷电簇存储在数据库中,标记时间段、集群 ID 等信息。求出各时间段雷暴云所对应雷电簇的中心,根据连续时段中心的位置偏移可得到雷暴云的平均移向和平均移速,将当前时刻的雷暴云分布在该速度和方向上平移可进行雷电落区预报。

4.5　基于层次的聚类

层次聚类的应用广泛程度仅次于基于划分的聚类,核心思想就是按照数据集层次,把数据划分到不同层的簇,从而形成一个树形的聚类结构。层次聚类算法可以揭示数据的分层结构,在树形结构上按不同层次进行划分,可以得到不同粒度的聚类结果。按照层次聚类的过程,分为自底向上的聚合聚类和自顶向下的分裂聚类。聚合聚类以 AGNES、BIRCH、ROCK 等算法为代表,分裂聚类以 DIANA 算法为代表。

自底向上的聚合聚类将每个样本看作一个簇,初始状态下簇的数目等于样本的数目,然后根据算法的规则对样本进行合并,直到满足算法的终止条件。自顶向下的分裂聚类先将所有样本看作属于同一个簇,然后逐渐分裂成更小的簇,直到满足算法终止条件为止。目前,大多数层次聚类是自底向上的聚合聚类,自顶向下的分裂聚类比较少。

4.5.1 BIRCH 聚类

BIRCH(balanced iterative reducing and clustering using hierarchies)聚类是指用层次方法的平衡迭代规约和聚类。BIRCH 是由张天在 1996 年提出的,它也是一个常用的聚类算法,属于基于层次的聚类算法[37]。BIRCH 算法克服了 k-均值算法需要人工确定 k 值的问题,消除了 k 值的选取对于聚类结果的影响。BIRCH 算法的 k 值设定是可选的,默认情况下不需要指定 k 值。由于 BIRCH 算法只需要对数据集扫描一次就可以得出聚类结果,对内存和存储资源要求较低,因此在处理大规模数据集时速度更快。BIRCH 算法的核心就是构建一个聚类特征树(clustering feature tree,CF-Tree),聚类特征树的每一个节点都是由若干个聚类特征(CF)组成的。

每个聚类特征用一个三元组表示,这个三元组包含了聚类结果类簇的所有信息。对于 n 个 D 维数据点集 $\{x_1, x_2, \cdots, x_n\}$,CF 的定义为

$$\mathrm{CF} = (n, LS, SS)$$

其中,n 是 CF 对应类簇中节点的数目;LS 表示这 n 个节点的线性和;SS 的分量表示这 n 个节点分量的平方和。例如,对于簇 C_1,其中包含 4 个数据点:$(1,5)$,$(2,3)$,$(2,4)$,$(3,4)$,则簇 C_1 对应的 $\mathrm{CF}_1 = \{4, (1+2+2+3, 5+3+4+4), (1^2+2^2+2^2+3^2, 2^2+3^2+2^2+5^2+2^2+3^2+2^2+3^2+2^2+4^2)\} = \{4, (8,16), (18,66)\}$。

此外,CF 满足线性关系,也就是说,对于簇 C_2 对应的 $\mathrm{CF}_2 = \{2, (5,6), (7,8)\}$,$\mathrm{CF}_1 + \mathrm{CF}_2 = \{3+2, (8+5, 16+6), (18+7, 66+8)\} = \{5, (13,22), (25,74)\}$,这个性质表现在聚类特征树中,就是对于 CF-Tree 父节点中的 CF 节点,其对应 CF 三元组的值等于这个 CF 节点所指向的所有子节点的三元组线性关系之和。

CF-Tree 中包含三个重要的变量:枝平衡因子 B,叶平衡因子 L,空间阈值 T。其中枝平衡因子 B 表示每个非叶节点包含最大的 CF 数为 B;叶平衡因子 L 表示每个叶节点包含最大的 CF 数为 L;空间阈值 T 表示叶节点每个 CF 的最大样本空间阈值,也就是说在叶节点 CF 对应子簇中的所有样本点,一定要在半径小于 T 的一个超球体内。CF-Tree 构造完成后,叶节点中的每一个 CF 都对应一个簇。由于空间阈值 T 的限制,原始数据样本点越密集的区域,簇中所含的样本点就越多,数据样本点越稀疏的区域,样本点就越少。CF-Tree 的例子如图 4.5 所示,其对应的 CF-Tree 中,枝平衡因子 B 为 6,叶平衡因子 L 为 5。在图 4.5 中,CF-Tree 的构建是一个从无到有的过程,一开始 CF-Tree 是空的,不包含任何样本点,然后从数据集的第一个样本点开始逐一插入。当插入新的数据点满足枝平衡因子 B 和叶平衡因子 L 的约束时,直接插入即可,当新数据点的插入导致 CF-Tree 不满足枝平衡因子 B 或叶平衡因子 L 的约束时,节点就需要进行分裂。

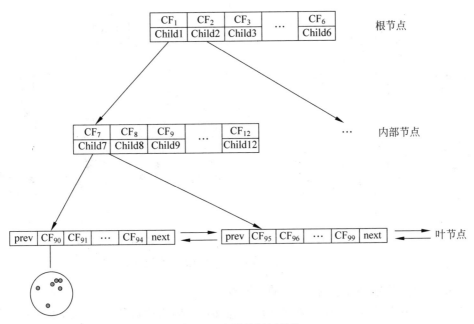

图 4.5　聚类特征树结构

在图 4.6 和图 4.7 所示的例子中,分别展示了当 $B=3$、$L=2$ 时,插入新节点导致 CF-Tree 违反约束而节点进行分裂的过程。

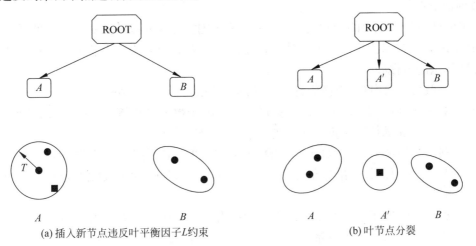

(a) 插入新节点违反叶平衡因子 L 约束　　　　(b) 叶节点分裂

图 4.6　插入新节点后叶节点分裂过程

在图 4.6(a)中,新的正方形节点尽管在空间阈值 T 的范围内,但是将其插入叶节点 A,会导致叶节点 A 违反了叶平衡因子 $L=2$ 约束,因此叶节点 A 需要进行分裂成为 A'。

如图 4.7(a)所示,按照叶节点分裂方法插入新的正方形节点,会导致根节点违反枝平衡因子 B 约束,因此非叶节点需要进行分裂。在分裂时,选择与原数据点距离最远的数据点成为新的 CF。

构建 CF-Tree 的过程如下。

（1）选择第一个样本点作为根节点。

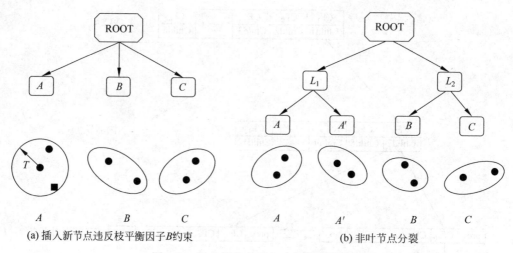

(a) 插入新节点违反枝平衡因子 *B* 约束   (b) 非叶节点分裂

图 4.7　插入新节点后非叶节点分裂过程

（2）从根节点开始，依次选择最近的子节点。

（3）到达叶节点后，如果查该数据点是否能够直接插入最近的元组 CF，更新 CF 值；否则如果可以直接在当前节点添加一个新的元组，添加一个新的元组；否则分裂最远的元组，按最近距离重新分配其他元组。

（4）更新每个非叶节点的 CF 信息，如果分裂节点，在父节点中插入新的元组，检查分裂，直到根节点。

BIRCH 算法最主要的步骤就是 CF-Tree 的构建，具体过程参见 CF-Tree 的插入，最终得到的 CF-Tree 叶节点中每个 CF 对应的就是一个簇，此外还有一些提升聚类性能的步骤。BIRCH 算法的过程如下。

（1）将数据载入内存，扫描所有数据，初始化构造一个 CF-Tree。

（2）对步骤（1）建立的 CF-Tree 进行处理，将稠密数据分成簇，将过于稀疏的数据作为孤立点。对一些超球体距离近的元组进行合并。（该步骤可选。）

（3）利用其他聚类算法（如 k-均值算法）对得到的 CF 元组进行聚类，得到聚类效果更好的 CF-Tree，从而消除数据分布对于聚类结果产生的影响，同时去除不合理的节点分裂。（该步骤可选。）

（4）利用前面步骤得到的 CF-Tree 中的所有 CF 节点的中心作为初始中心，重新对所有样本点按距离从近到远进行聚类，进一步减少 CF-Tree 的参数限制而对聚类结果产生负面影响。（该步骤可选。）

BIRCH 算法只需要扫描一遍数据集就可以得到聚类结果，因此聚类的速度非常快，在样本量比较大的情况下，更加突出 BIRCH 算法的这一优势。BIRCH 算法在聚类的过程中，不像 k-均值算法受到噪声点的影响较大，可以根据空间阈值 T 的约束，识别出数据集中的噪声点。但是 BIRCH 算法由于枝平衡因子 B 和叶平衡因子 L 的约束，对每个节点的 CF 个数有限制，可能会导致聚类结果与实际的样本点分布情况不同。此外，与 k-均值算法类似，如果数据不是呈超球体（凸）分布的，则聚类效果不好。

4.5.2 CURE 算法

CURE 算法属于层次聚类中的凝聚聚类[38]，但是与传统的聚类算法选择一个样本点或者中心来代表一个簇的方法不同，CURE 算法采用多个点代表一个簇的方法，选择数据空间中数目固定且具有代表性的点，当数据量较大时，通过随机采样的方法减少样本处理数量，从而提高处理效率。每个簇的代表点产生过程中，首先选择簇中分散的对象，然后根据收缩因子对这些分散的对象进行收缩，使之距离更紧密，更能代表一个簇的中心。

CURE 算法采用了随机抽样和分割的方法，将样本分割后对每个部分进行聚类，最终将子类聚类结果合并得到最终聚类结果，通过随机抽样和分割可以降低数据量，提高算法运行效率。

CURE 算法的基本步骤如下。

（1）对原始数据集进行抽样，得到一个用于聚类的样本。

（2）将得到的几个样本进行分割处理，得到 m 个分区，每个分区的大小为 $\dfrac{n}{m}$。

（3）对 m 个分区中的每一个分区，进行局部的凝聚聚类。

（4）去除异常值。主要有两种方式：①在聚类过程中，由于异常值与其他对象的距离大，因此其所在簇的对象数量增长缓慢，将此类对象去除；②在聚类过程完成后，对于簇中对象数目异常小的簇，将其视作异常去除。

（5）将步骤（3）中发现各分区的代表点作为输入，由固定个数的代表点经过收缩后表示各个簇，对整个原始数据集进行聚类。其中，代表点收缩是通过收缩因子 α 实现，$0<\alpha<1$，α 越大，得到的簇越紧密。反之，簇之间越稀疏，可以区分异形（如拉长）的簇。

CURE 算法采用多个代表点来表示一个簇，使得在非球状的数据集中，簇的外延同样能够扩展，因此 CURE 算法可以用于非球状数据集的聚类。在选取代表点的过程中，使用收缩因子减小了异常点对聚类结果的影响，因此 CURE 算法对噪声不敏感。CURE 算法采用随机抽样与分割相结合的办法来提高算法的空间和时间效率，但是，它得到的聚类结果受参数的影响比较大，这些参数包括采样的大小、聚类的个数、收缩的比例等参数。

【例 4.3】 采用层次聚类算法实现一个 ESL 教学推荐系统。根据"评估—教育—再评估"的循环过程，设计了一个循环的 ESL 教学推荐系统，其基本概念是系统为学生精心设计语法测试，对学生完成情况自动分析结果，并在发现学生弱点的地方提出改进学生学习能力的建议。然后，学生改善自己的弱点之后，进行另一个类似的测试，系统重新进行分析和推荐过程。该系统的简化架构如图 4.8 所示。对于每个学生，系统创建一个正确/错误答案统计表（见表 4.1），然后将各个学生的错误答案统计表整理汇总成学生错误答案汇总表。表 4.2 是单个学生在不同问题中各知识点的答错情况和统计后的结果，每行是每一个学生各知识点犯错的总数。然后，将层次聚类算法应用于表 4.2 的数据，将学生划分为一定数量的聚类或类别，每个类别包括共享相似答错特征的学生。根据这些信息，教师将能够更好地帮助学生。

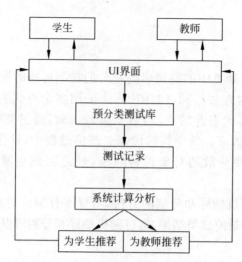

图 4.8　ESL 教学系统推荐结构

表 4.1　正确/错误答案统计

学生编号	知识点																		
	1	2	3	4	5	6	7	8	9	10	11	12	13	14	15	16	17	18	19
1	1	0	2	2	2	2	1	1	1	1	1	2	1	1	2	1	3	2	2
2	2	1	2	2	3	1	2	1	1	2	3	2	1	1	1	1	1	1	1
3	1	2	3	2	2	2	2	2	2	3	1	2	3	1	3	1	2	1	2
4	2	2	2	2	2	1	2	1	3	2	1	2	2	2	2	1	2	0	1
5	1	3	3	0	2	2	2	1	2	1	2	2	1	1	1	1	1	1	1
6	1	2	2	2	1	1	3	3	1	2	1	1	2	1	1	1	1	1	2
7	2	0	2	2	2	3	2	2	2	2	2	0	0	2	1	1	1	1	2
8	1	2	3	2	2	2	2	2	1	0	2	2	1	2	1	2	1	2	2
9	1	2	2	2	2	2	3	3	2	2	1	0	2	1	1	1	1	1	1
10	2	1	1	3	2	2	3	2	1	2	2	2	1	3	1	3	2	1	1
11	1	1	1	2	2	3	2	1	1	2	1	1	2	1	3	2	1	1	1
12	2	0	3	3	2	0	2	2	2	2	2	2	1	2	1	1	2	1	1
13	1	2	2	2	1	1	1	2	2	1	2	1	1	2	3	1	2	2	2
14	1	3	2	0	1	2	2	2	1	1	0	1	2	2	3	1	1	1	3
15	1	3	2	2	2	1	2	3	2	2	2	2	0	1	1	1	1	2	1
16	0	1	1	1	1	1	1	1	3	2	2	3	1	0	2	2	1	2	2
17	1	2	1	2	1	2	2	2	3	1	1	2	2	2	2	2	0	0	1
18	2	1	2	2	0	1	2	2	1	2	0	2	1	2	1	2	1	0	1
19	1	2	2	1	2	1	3	1	1	3	1	1	2	2	2	2	2	2	1
20	1	2	2	2	2	1	2	2	3	2	1	2	2	1	2	1	2	1	1
21	1	1	3	2	2	2	2	2	1	2	1	3	1	2	1	1	3	2	1
22	3	2	1	1	2	1	0	2	2	2	2	2	3	2	2	1	1	1	0
23	2	1	2	2	1	1	1	2	2	2	2	2	1	1	1	2	1	2	0
24	2	1	2	2	2	3	2	2	2	2	1	1	1	2	2	1	1	1	1
25	2	1	1	2	2	0	3	2	1	1	1	1	1	1	1	2	2	2	1
错误总数	36	39	48	44	41	40	45	46	43	45	41	43	35	38	42	36	37	31	32

表 4.2　学生错题统计

问题	知 识 点			
	1	2	3	…
1		1		…
2	1			…
3		1		…
4			0	…
5		1		…
…	1			…
…			1	…
…	0			…
总数	2	3	1	…

在实验过程中,给出的测试是 GEPT 初级模拟测试。其中有 30 场考试,每场考试包含 20 个不同语法领域的 65 个问题。实验对象是英语水平低的 50 名学生。在这 50 名学生中,有 25 名是实验组,其余 25 名是对照组。实验组按照系统提供的推荐计划和方法进行教学,对照组则以正常方式进行教学。

经过三个月的补习教学,同样 50 名学生又进行了一次初级语法测试,测试结果为实验组学生的学习成绩相对更高。这些学生在第一次测试中平均分数为 104,但在第一次测试后三个月,第二次测试的平均分数为 124。与此相反,对照组学生在第一次和第二次考试中都是 111 分的平均分,没有任何进展。

测试结果表明,遵循系统建议的补救性教学可以提高学生的语法能力。该系统不仅可以帮助识别和发现学生在学习中的问题和弱点,而且可根据自己的建议相应地、有效地规划补习策略,还可以帮助需要补习教学的学生确定自己的优势,特别是语言学习方面的弱点,为补救改进提供切实的建议。

4.6　基于网格的聚类

基于网格的聚类方法是一种高效处理大规模数据集的聚类技术。其核心思想是将数据空间划分为网格单元,每个单元代表一个局部区域,然后在每个单元内进行聚类操作。首先,将数据空间进行网格化划分,网格的大小和密度根据数据特性确定。其次,在初始化阶段,为每个网格单元设定初始的聚类中心或代表性点,通常采用随机选择或其他聚类算法提供的结果。最后,算法开始迭代过程,将数据点分配到最近的网格单元,更新每个网格单元的中心或代表性点,并合并具有相似特征的相邻网格单元,以形成更大的簇。

这种方法的优点之一是其对于噪声和离群点的鲁棒性,因为它会将它们分配到合适的网格单元而不影响整个数据集的聚类过程。同时,它对高维数据的处理效果也较好,因为网格的划分可以更加直观地展现高维空间中的数据分布情况。此外,基于网格的方法在并行计算方面有着较好的性能,能够利用并行计算资源更高效地处理大规模数据。

4.6.1　网格聚类的基本概念

网格聚类(grid clustering)是一种基于网格的聚类方法,也被称为基于网格的聚合

(grid-based clustering)。其基本思想是基于网格中样本的密度进行聚类,适用于在高维数据集中发现基于密度的簇。具体来说,就是将数据集划分为一个个小网格,然后在每个网格中计算数据点的密度,并将密度较高的网格合并成一个簇。这个过程可以通过不断调整网格大小和密度阈值来实现。网格聚类可以应用于以下一些场景。

空间数据分析:网格聚类可用于处理地理信息数据,如城市人口密度、气候变化等。

生物信息学:网格聚类可用于对基因表达数据进行聚类分析,从而发现基因的关系。

图像处理:网格聚类可用于图像分割和目标检测,从而帮助计算机理解图像中的内容。

网络安全:网格聚类可用于检测网络中的异常行为,从而提高网络安全性。

交通流量分析:网格聚类可用于分析城市交通流量,从而优化城市交通规划。

4.6.2　网格聚类的主要步骤

基于网格的聚类技术用于多维数据集。在这种技术中,创建一个网格结构,并在网格grids(也称为单元格 cells)上进行比较。基于网格的聚类算法涉及步骤如下。

(1) 将数据所在空间划分为有限个单元格。

(2) 随机选择一个单元格"C",计算"C"的密度,如果该单元格的密度大于阈值的密度,就将"C"标记为新的聚类。

(3) 计算"C"所有邻居的密度,如果相邻单元的密度大于阈值密度,将其添加到集群中,并且重复前述操作,直到没有相邻单元的密度大于阈值密度。

(4) 重复(2)和(3),直到遍历完所有单元格。

4.6.3　基于网格的一些方法

以下是基于网格的一些方法。

1) CLIQUE(clustering in quest)

CLIQUE 算法是结合了基于密度和基于网格的聚类算法,因此,它既能够发现任意形状的簇,又可以处理高维数据[39]。CLIQUE 算法核心思想:首先,扫描所有网格。当发现第一个密集网格时,便以该网格开始扩展,扩展原则是,若一个网格与已知密集区域内的网格邻接并且其自身也是密集的,则将该网格加入该密集区域中,直到不再有这样的网格被发现为止。然后,继续扫描网格并重复上述过程,直到所有网格都被遍历。CLIQUE 算法自动地发现最高维的子空间,高密度聚类存在于这些子空间中,并且对元组的输入顺序不敏感,无须假设任何规范的数据分布,它随输入数据的大小线性地扩展,当数据的维数增加时具有良好的可伸缩性。CLIQUE 算法流程如下。

(1) 对 n 维空间进行划分,对每一个维度等量划分,将全空间划分为互不相交的网格单元。

(2) 计算每个网格的密度,根据给定的阈值识别稠密网格和非稠密网格,且置所有网格初始状态为"未处理",CLIQUE 采用自下而上的识别方式,首先确定低维空间的数据密集单元,当确定了 $k-1$ 维中所有的密集单元,k 维空间上的可能密集单元就可以确定。因为,当某一单元的数据在 k 维空间中是密集的,那么在任一 $k-1$ 维空间中都是密集的。如果数据在某一 $k-1$ 维空间中不密集,那么数据在 k 维空间中也是不密集。

(3) 遍历所有网格,判断当前网格是否为"未处理"状态。若不是"未处理"状态,则处理下

一个网格；若是"未处理"状态,则进行步骤(4)~(8)处理,直到所有网格处理完成,转到步骤(9)。

(4) 改变网格标记为"已处理",若是非稠密网格,则转到步骤(2)。

(5) 若是稠密网格,则将其赋予新的簇标记,创建一个队列,将该稠密网格置于队列。

(6) 判断队列是否为空：若空,则处理下一个网格,转到第(2)步；若队列不为空,则进行如下处理。

① 取队头的网格元素,检查其所有邻接的有"未处理"的网格；

② 更改网格标记为"已处理"；

③ 若邻接网格为稠密网格,则将其赋予当前簇标记,并将其加入队列；

④ 转到步骤(5)。

(7) 密度连通区域检查结束,标记相同的稠密网格组成密度连通区域,即目标簇。

(8) 修改簇标记,进行下一个簇的查找,转到第(2)步。

(9) 遍历整个数据集,将数据元素标记为所有网格簇标记值。

2) STING(statistical information grid)

STING 是一个基于网格的多分辨聚类技术,其中空间区域被划分为矩形单元(使用维度和经度),并采用分层结构。(多分辨技术：首先使用一种粗糙的尺度对少量的图像像素进行处理,然后在下一层使用一种精确的尺度,并用上一层的结果对其参数进行初始化,迭代该过程,直到达到最精确的尺度。这种由粗到细,在大尺度上看整体,在小尺度上看细节的方法能够极大程度地提高配准成功率)。STING 算法有两个参数：网格的步长——确定空间网格划分；密度阈值——网格中对象数量大于等于该阈值表示该网格为稠密网格。

STING 网格建立步骤如下。

(1) 划分一些层次,按层次划分网格。

(2) 计算最底层单位网格的统计信息(如均值、最大值和最小值)。网格中统计信息如下。

① n：网格中对象数；

② m：网格中所有值的平均值；

③ s：网格中属性值的标准偏差；

④ min：网格中属性值的最小值；

⑤ max：网格中属性值的最大值；

⑥ distribution：网格中属性值符合的分布类型,如正态分布、均匀分布、指数分布。

最底层的单元参数直接由数据计算,父单元格统计信息由其对应的子单元格计算,父单元格计算公式为

$$n = \sum_i n_i$$

$$m = \frac{\sum_i m_i n_i}{n}$$

$$S = \sqrt{\frac{\sum_i (s_i^2 + m_i^2) n_i}{2} - m^2}$$

$$\min = \min(\min_i)$$

$$max = max(max_i)$$

父单元格 distribution 计算方式：

若 $dist_i \neq dist, m_i \approx m, s_i \approx s$，则 $conf_1 = conf_1 + n_i$；

若 $dist_i \neq dist, m_i ! \approx m, s_i ! \approx s$，则 $conf_1 = n$；

若 $dist_i = dist, m_i \approx m, s_i \approx s$，则 $conf_1 = conf_1 + 0$；

若 $dist_i = dist, m_i ! \approx m, s_i ! \approx s$，则 $conf_1 = n$；

如果 $\dfrac{conf_1}{n} > t$（阈值），$dist = NONE$，否则 $dist = dist$。

（3）从最底层开始，逐层计算上一层每个父单元格的统计信息，直到最顶层。

（4）同时根据密度阈值标记稠密网格。

STING 查询算法步骤如下。

（1）从一个层次开始，对于这一个层次的每个单元格，计算查询相关的属性值；

（2）从计算的属性值以及约束条件下，将每一个单元格标记成相关或者不相关。（不相关的单元格不再考虑，下一个较低层的处理就只检查剩余的相关单元）；

（3）如果这一层是底层，那么转（5），否则转（4）；

（4）由层次结构转到下一层，依照步骤（1）进行；

（5）查询结果得到满足，转到步骤（7），否则（6）；

（6）恢复数据到相关的单元格进一步处理以得到满意的结果，转到步骤（7）；

（7）停止。

3）Wave Cluster（小波聚类）

Wave Cluster 算法的核心思想是将数据空间划分为网格后，对此网格数据结构进行小波变换（一种将信号分解为不同频率子带的信号处理技术），然后将变换后的空间中的高密度区域识别为簇。基于数据点数目大于网格单元数目（$N \geqslant K$）的假设，Wave Cluster 的时间复杂度为 $O(N)$，其中 N 为数据集内数据点数目，K 为网格内的网格单元数目。

Wave Cluster 算法流程如下。

（1）将原始空间离散化为网状空间，并把原始数据放入对应单元格，形成新的特征空间；

（2）对特征空间进行小波变换，即用小波变换对原始数据进行压缩；

（3）找出小波变换后的 LL 空间（LL 空间相当于压缩后的信息）中密度大于阈值的网格，将其标记为稠密；

（4）对于密度相连的网格作为一个簇，打上其所在簇序号的标签；

（5）建立转换前后单元格的映射表，把原始数据映射到各自的簇上。

4.6.4　网格聚类算法的优缺点

网格聚类算法的优点：①相对简单，易于实现和理解；②可以有效地处理大规模数据，因为它可以通过网格结构将数据划分为多个小区域，从而减少计算量；③可以自适应地调整簇的数量和大小，从而更好地适应不同的数据分布。网格聚类算法的缺点：①对于数据的形状和密度比较敏感，如果数据分布比较复杂或者存在噪声，可能会导致聚类效果不佳；②需要手动设置一些参数，如网格大小、邻域半径等，这些参数的选择可能会影响聚类效果；③可能会产生重叠的簇，这些簇的边界可能比较模糊，难以解释。

网格聚类算法适用于处理大规模数据,但是对于数据分布比较复杂或者存在噪声的情况,可能需要采用其他更加复杂的聚类算法。

4.7 基于模型的聚类

基于模型的聚类涵盖多种方法,包括概率模型聚类、模糊聚类和 Kohonen 神经网络聚类。概率模型聚类假设数据由概率分布生成,例如,高斯混合模型(GMM)通过估计潜在分布参数来进行聚类。模糊聚类(fuzzy clustering)允许数据点属于多个簇,如模糊 c-均值(fuzzy c-means,FCM)聚类,它使用隶属度来表示点对簇的隶属程度。Kohonen 神经网络聚类利用自组织特性,通过竞争学习将相似的数据点映射到拓扑结构上。这些方法各有特点:概率模型聚类适用于密集簇的发现;模糊聚类能处理数据模糊性;Kohonen 神经网络聚类则适合可视化高维数据。基于模型的聚类方法能处理不同类型的数据,但对参数选择和数据理解要求较高,因此在文本挖掘、生物学和图像分析等领域有广泛应用。

4.7.1 概率模型聚类

概率模型聚类是基于模型的聚类方法的一种形式。它假设数据是从一个或多个概率分布中生成的,并试图通过最大化数据的似然函数来确定数据的聚类结构。最典型的概率模型聚类方法是 GMM,它采用 EM 算法求解,EM 算法是在概率模型中寻找参数的最大似然估计的算法,其中概率模型是依赖于无法观测的隐藏变量。通过拟合数据的概率分布来识别数据中的不同聚类,并可以估计每个数据点属于每个聚类的概率,即

$$f(x \mid \mu, \sigma^2) = \frac{1}{\sqrt{2\pi\sigma^2}} e^{-\frac{(x-\mu)^2}{2\sigma^2}}$$

GMM 处理聚类问题时,以数据遵循若干不同的高斯分布为前提。这一前提的合理性可以由中心极限定理推知,在样本容量很大时,总体参数的抽样分布趋向于高斯分布。GMM 的概率分布模型如下:

$$p(x \mid \theta) = \sum ka_k f(x \mid \theta_k)$$

其中

$$\theta_k = (\mu_k, \sigma_k^2)$$

高斯分布的概率密度函数为

$$f(x \mid \theta_k) = \frac{1}{\sqrt{2\pi\sigma_k}} e^{-\frac{(x-\mu_k)^2}{2\sigma_k^2}}$$

GMM 的聚类和 k-均值算法聚类有些相似,其具体算法流程如下。

(1) 随机生成 k 个高斯分布作为初始的 k 个类别;

(2) 对每个样本数据点,计算其在各个高斯分布的概率;

(3) 对每个高斯分布,样本数据点得到的不同概率值作为权重,加权计算并更新其均值和方差;

（4）重复以上步骤，直到每一个高斯分布的均值和方差不再发生变化或已满足迭代次数。

4.7.2 模糊聚类

模糊聚类是基于模型的聚类方法的另一种变体。它引入了模糊集合理论的概念，允许数据点属于多个聚类的程度是模糊的，而不是硬性地分配到一个聚类中。模糊聚类方法通过分配每个数据点到每个聚类的隶属度来表示聚类的模糊性。这种方法常用的算法是 FCM 算法，它通过最小化数据点与聚类中心之间的距离来确定聚类[40]。

FCM 算法是一种基于目标函数的模糊聚类方法。假设有个数据集 $\boldsymbol{X}$，要划分为 C 类，那么对应就有 C 个类中心，每个样本 j 属于某一类的隶属度为 μ_{ij}，FCM 算法的目标函数集约束条件如下：

$$J = \sum_{i=1}^{C} \sum_{j=1}^{n} \mu_{ij}^{m} (x_j - C_i)^2$$

使得

$$\sum_{i=1}^{C} \mu_{ij} = 1, \quad j = 1, 2, 3, \cdots, n$$

J 越小，说明分类效果越好，上面的最优化问题就是找到使 J 最小的 μ_{ij} 和 C_i。

该最优化问题使用拉格朗日乘数法解决，将约束条件融合到目标函数中，对 μ_{ij} 和 C_i 分别求偏导，计算这两个参数的取值。

上述最优化问题转化为求下面函数的偏导问题：

$$J = \sum_{i=1}^{C} \sum_{j=1}^{n} \mu_{ij}^{m} (x_j - C_i)^2 + \lambda_1 \left(\sum_{i=1}^{C} \mu_{i1} - 1\right) + \lambda_2 \left(\sum_{i=1}^{C} \mu_{i2} - 1\right) + \cdots + \lambda_n \left(\sum_{i=1}^{C} \mu_{in} - 1\right)$$

先对 μ_{ij} 求偏导：

$$\frac{\partial J}{\partial \mu_{ij}} = m (x_j - C_i)^2 \mu_{ij}^{m-1} + \lambda_j = 0$$

推导得出

$$\mu_{ij}^{m-1} = \frac{-\lambda_j}{m(x_j - C_i)^2}$$

$$\mu_{ij} = \left(\frac{-\lambda_j}{m(x_j - C_i)^2}\right)^{\frac{1}{m-1}}$$

消去 λ 和 m，得

$$\mu_{ij} = \frac{1}{\sum_{k=1}^{C} \left(\dfrac{x_j - C_i}{x_j - C_k}\right)^{\frac{2}{m-1}}}$$

再对 C_i 求偏导

$$\frac{\partial J}{\partial C_i} = \sum_{j=1}^{n} (-\mu_{ij}^{m} \times 2 \times (x_j - C_i)) = 0$$

推导出

$$C_i = \frac{\sum_{j=1}^{n} (x_j \mu_{ij}^{m})}{\sum_{j=1}^{n} \mu_{ij}^{m}} = \sum_{j=1}^{n} \frac{\mu_{ij}^{m}}{\sum_{j=1}^{n} \mu_{ij}^{m}} x_j$$

可见，μ_{ij} 式中有 C_i，C_i 式中有 μ_{ij}，两个参数是相互联系的。有了 $\mu_{ij} \to C_i \to \mu_{ij} \cdots$，在迭代程序开始之前可先随机给 μ_{ij} 一个值，继而可以计算出一个 C_i，再得到一个 μ_{ij}，按此迭代，J 也不断变化迭代，逐渐趋向最小值；当 J 不再变化或到达指定迭代步数时，算法停止。

FCM 算法具体流程如下。

（1）确定分类数即指定 m 的取值，确定迭代次数；

（2）初始化一个隶属度 U；

（3）根据 U 计算聚类中心 C；

（4）计算目标函数 J；

（5）根据（3）得到的 C 计算 U，得到的 U 再去计算 C，以此类推。

迭代结束后，得到一个最终的 U，对每一个点，它属于各个类都会有一个隶属度，找到其中最大的就认为这个点属于这一类。

4.7.3　Kohonen 神经网络聚类

Kohonen 神经网络是自组织竞争型神经网络的一种，该网络为无监督学习网络，能够识别环境特征并自动聚类。Kohonen 神经网络是芬兰赫尔辛基大学教授 Teuvo Kohonen 提出的，该网络通过自组织特征映射调整网络权值，使神经网络收敛于一种表示形态[41]。在这一形态中，一个神经元只对某种输入模式特别匹配或特别敏感。Kohonen 神经网络的学习是无监督的自组织学习过程，神经元通过无监督竞争学习使不同的神经元对不同的输入模式敏感，从而特定的神经元在模式识别中可以充当某一输入模式的检测器。网络训练后神经元被划分为不同区域，各区域对输入模型具有不同的响应特征。

Kohonen 神经网络结构为包含输入层和竞争层两层前馈神经网络：第 1 层为输入层，输入层神经元个数同输入样本向量维数一致，取输入层节点数为 m；第 2 层为竞争层，也称输出层，竞争层节点呈二维阵列分布，取竞争层节点数为 n。输入节点和输出节点之间以可变权值全连接，连接权值为 $w_{ij}(i=1,2,\cdots,m;\ j=1,2,\cdots,n)$。Kohonen 神经网络拓扑结构示意图如图 4.9 所示。

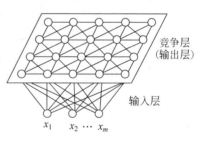

图 4.9　Kohonen 神经网络拓扑结构

Kohonen 神经网络算法工作机理：网络学习过程中，当样本输入网络时，竞争层上的神经元计算输入样本与竞争层神经元权值之间的欧几里得距离，距离最小的神经元为获胜神经元。调整获胜神经元和相邻神经元权值，使获胜神经元及周边权值靠近该输入样本。通过反复训练，最终各神经元的连接权值具有一定的分布，该分布把数据之间的相似性组织到代表各类的神经元上，使同类神经元具有相近的权系数，不同类的神经元权系数差别明显。需要注意的是，在学习的过程中，权值修改学习速率和神经元领域均在不断较少，从而使同类神经元逐渐集中。Kohonen 神经网络训练步骤如下。

（1）网络初始化，初始化网络权值 ω。

（2）距离计算，计算输入向量 $\boldsymbol{x}=(x_1,x_2,\cdots,x_n)$ 与竞争层神经元 j 之间的距离 d_j。

$$d_j = \Big| \sum_{i=1}^{n}(x_i - w_{ij})^2 \Big|\ j=1,2,\cdots,n$$

（3）神经元选择。把与输入向量 x 距离最小的竞争层神经元 c 作为最优匹配输出神经元。

（4）权值调整。调整 $N_c(t)$ 内包含的节点权系数，即

$$N_c(t) = (t \mid pos_t, pos_c) < r, \quad t = 1, 2, \cdots, n$$

$$w_{ij} = w_{ij} + \eta(x_i - w_{ij})$$

式中，pos_c、pos_t 分别为神经元 c 和 t 的位置；norm 计算两神经元之间欧几里得距离；r 为领域半径，r、η 一般随进化次数的增加而线性下降。

（5）判断算法是否结束，若没有结束，返回步骤（2）。

Kohonen 神经网络的这种拓扑结构很好地模拟了人脑神经细胞的特点和工作机理。输入层模拟不同的刺激信号，输出层中的每个节点模拟神经细胞。

由于神经细胞兴奋的原因是接收到了信号的刺激，因此，当输入节点接收到样本数据的"刺激信号"后，将通过网络连接"传递"给输出节点。输出节点将对不同的输入表现出不同的"敏感性"，并通过侧向连接影响其邻接节点，最终"获胜"的输出节点将给出最大的输出值。输出层空间中哪些区域的输出节点对哪种特征的输入表现出一贯性的"敏感"，是样本"后天"训练的结果。也就是说，输出层中的哪些节点对特定的输入总会"胜利"，即总会有最大输出，是反复向样本学习的结果。学习结束以后，输出层节点所反映的结构特征即是对不同样本的不同特征的概括。回到聚类问题中来，Kohonen 神经网络的样本聚类过程就是不断向样本学习，抓住数据内在结构特征，并且通过最终的 Kohonen 神经网络反映出这种结构特征的过程。输入节点的个数取决于聚类变量的个数，输出节点的个数表示聚类数目。

学习的目标就是要使某个特定的输出节点对于具有某种相同结构特征的样本输入给出一致的输出，学习的过程正是一种不断调整以不断逼近一致性输出的过程。当学习结束后，每个输出节点将对应一组结构特征相似的样本，即对应样本空间的一个区域，构成一组聚类。进一步，输出层是二维的，而输入层是多维的，以上的这种对应映射关系能够很好地将多维空间中数据分布的特征反映到二维平面上。因此，研究输出空间的数据分布可以有效发现输入空间的分布特征，这也是聚类分析所希望得到的。

习题

1. 请概述五种对聚类方法进行分类的方法。
2. 请描述良好的聚类算法所具备的特征。
3. 聚类分析的外部度量指标有哪些？
4. 邓恩指数是如何度量聚类性能的？
5. 请描述 k-均值算法聚类分析的步骤。
6. 请简述 k-medoids 算法和 k-均值算法的区别。
7. 请描述 OPTICS 算法的主要步骤。
8. 网格聚类的应用场景有哪些？
9. 请描述基于网格聚类算法的优缺点。
10. 请设计一个聚类性能度量指标，并与本文所提出的指标做比较。

第5章 文本分析

5.1 文本分析概述

文本分析属于多学科综合交叉研究领域,涉及信息检索、自然语言处理、数据挖掘等多个领域的相关知识。文本分析为数据挖掘技术的一个应用分支,通过一系列技术手段,从大规模自然语言中挖掘出潜在的、有用的、可理解的知识信息。目前,文本分析技术在文本翻译、信息检索和信息过滤等方面都获得了广泛的应用。文本分析的过程从文本获取开始,一般经过分词、文本特征提取与表示、特征选择、知识或信息挖掘、具体应用等步骤。典型的文本分析过程如图 5.1 所示。

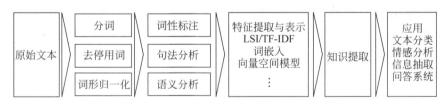

图 5.1 文本分析的一般过程

计算机很难理解自然语言描述的非结构化文本,因此在获取文本数据之后,需要对其进行预处理。对于中文文本,由于中文的词并不像英文单词之间存在固定的间隔符号,所以需要分词处理。目前,中文分词有基于词典、基于统计和基于规则等方法,这些方法已经有较多成熟可用的实现算法。针对英文文本,由于英文单词之间都是用空格隔开,所以只需要词形归一化,即词干化,也称为取词根,例如,将复数的 birds 词干化为 bird。对于句子级别的分析一般使用句法分析和语义分析,将各词语在句子中的角色和词与词之间的关系进行标记,这样有助于理解句意。结合命名实体提取和词性标记,还可以对句子的主干进行提取,用于分析作者意图,这些在自然语言生成和问答系统中有较多应用。经过分词或取词根后的文本含有大量的文本属性,存在大量的冗余信息,因此在进行文本挖掘分析前需要进行文本属性选取,以便获得冗余度较低且具有代表性的文本特征集合,从而使文本分析更加高效。常见的文本特征表示方法有 TF-IDF、LSI、词嵌入、GloVe、向量空间模型(vector space model,VSM)等。常见的文本特征选择方法有信息增益、互信息、卡方统计等。经过文本特征选择后,针对具体问题对文本资源如文本分类、文本聚类和文本关联分析等进行不同的知识或信息挖掘。

5.2 文本特征提取及表示

文本的特征表示是文本分析的基本问题,将文本中抽取出的特征词进行向量化表示,将非结构化的文本转化为结构化的计算机可以识别处理的信息,然后才可以建立文本的数学模型,从而实现对文本的计算、识别、分类等操作。通常采用向量空间模型(VSM)来描述文本向量,在保证原文含义的基础上,找出最具代表性的文本特征,与之相关的有 TF-IDF、信息增益(information gain)和互信息(MI)等。

5.2.1 TF-IDF

TF-IDF 是一种常用于信息检索和文本挖掘的技术[42],用于衡量一个词对于一个文档集或语料库中的特定文档的重要性。在 TF-IDF 中,词项频率(term frequency,TF)指的是一个词在文档中出现的频率。如果一个词在文档中出现得越多,那么它在该文档中的重要性就越大。逆向文档频率(inverse document frequency,IDF)指的是一个词在整个文档集中的普遍程度。如果一个词在整个文档集中出现的文档越少,那么它的逆向文档频率就越高。TF-IDF 将这两个因素结合起来,计算一个词在文档中的重要性。如果一个词在某一文档中频繁出现(TF 高),但在整个文档集中很少出现(IDF 高),那么它的 TF-IDF 值就会很高,表明这个词对于这个文档来说非常重要。

TF-IDF 常用于文本挖掘中的特征提取和文档检索中的文档排序。计算每个词的 TF-IDF 值,可以得到一个词对于每个文档的重要程度,从而用于搜索引擎的排序、文档聚类和信息检索等任务。

TF-IDF 计算公式如下:

$$\text{TF}(t) = (\text{词 } t \text{ 在文档中出现的次数}) / (\text{文档中的词的总数})$$
$$\text{IDF}(t) = \log e(\text{文档总数} / \text{含有词 } t \text{ 的文档数})$$
$$\text{TF-IDF}(t) = \text{TF}(t) \times \text{IDF}(t)$$

TF-IDF 技术在信息检索、文本挖掘和自然语言处理中得到了广泛的应用,是一种简单而有效的文本特征表示方法。

TF-IDF 采用 IDF 对 TF 值加权且取权值大的作为关键词,但 IDF 的简单结构并不能有效地反映某一个词的重要程度和特征词的分布情况,使其无法很好地完成对权值调整的功能,所以 TF-IDF 算法的精度并不是很高,尤其是当文本集已经分类的情况下。

IDF 本质上是一种试图抑制噪声的加权,一般地认为,文本频率小的单词越重要,文本频率大的单词就越无用。但这对于大部分文本信息,并不是完全正确的。IDF 的简单结构并不能使提取的关键词十分有效地反映单词的重要程度和特征词的分布情况,使其无法很好地完成对权值调整的功能。尤其是在同类语料库中,这一方法有很大弊端,往往使一些同类文本的关键词被掩盖。

5.2.2　信息增益

信息增益[43]是一种用于特征选择的度量方法,常用于决策树算法中。在机器学习和数据挖掘中,特征选择是从给定的特征集合中选择最有用的特征,以便在构建机器学习模型时能够最好地区分或预测目标变量。信息增益是衡量一个特征对于分类任务的重要性的指标。信息增益与信息熵、条件熵有关。信息熵是信息论中对信息量多少的衡量指标,是对随机变量不确定性的度量,假如有变量 x,它可能的取值有 n 种,分别是 $x_1, x_2, \cdots, x_i, \cdots,$ x_n,每一种取到的概率分别是 $p_1, p_2, \cdots, p_i, \cdots, p_n$,那么 x 的熵就定义为

$$H(x) = -\sum_{i=1}^{n} p_i \log_2 p_i$$

从定义可见,一个变量可能的取值越多,它携带的信息量就越大,即熵与值的种类多少以及发生概率有关。图 5.2是二元随机取值的信息熵的一种显示,可以将其看作是硬币抛出来的正反面结果,横坐标表示发生的概率,纵坐标表示熵的大小。当发生概率低到 0 时(必然不会发生)和发生概率大到 1(必然会发生)时,信息熵的值最小,说明这个信息没有任何价值。而当概率为 0.5 时表示信息的不确定性最大,其信息熵的值最大。

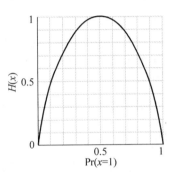

图 5.2　二元取值(抛硬币) 的信息熵

信息熵在分类问题时的输出就表示文本属于哪个类别的值。

信息增益是信息论中比较重要的一个计算方法,估算系统中新引入的特征所带来的信息息量,即信息的增加量。

信息增益表示其在引入特征的情况下,信息的不确定性减少的程度,用于度量特征的重要性。可以通过计算信息增益来选择使用哪个特征作为文本表示。

5.2.3　互信息

互信息(mutual information)用于衡量两个随机变量之间的相关性或依赖关系。它也可以用来度量两个变量之间的共享信息量。互信息表示在已知一个随机变量的取值的情况下,另一个随机变量的不确定性减少的程度。如果两个变量完全独立,则它们的互信息为零;而如果它们完全相关,则互信息达到最大值。互信息可以通过以下公式计算:

$$I(X;Y) = H(X) + H(Y) - H(X,Y)$$

其中,$I(X;Y)$ 表示变量 X 和 Y 的互信息;$H(X)$ 和 $H(Y)$ 分别表示变量 X 和 Y 的熵(衡量变量的不确定性);$H(X,Y)$ 表示变量 X 和 Y 的联合熵。

互信息具有以下特性:互信息为非负值,互信息的取值范围为 $[0,\infty)$;对称性,$I(X; Y) = I(Y;X)$,即互信息与变量的顺序无关;描述相关性,互信息越大,表示两个变量之间的相关性越高;描述依赖关系,互信息为零表示两个变量之间是独立的。互信息在许多领域中都有广泛的应用,包括机器学习、自然语言处理、图像处理等。在机器学习中,互信息常被用作特征选择、聚类分析、降维等任务中的评估指标,用于衡量特征之间的相关性或选择最相关的特征子集。

5.2.4 卡方统计量

卡方统计量是指数据的分布与所选择的预期或假设分布之间的差异的度量。它在1900年由英国统计学家皮尔逊(Pearson)提出[44]，是用于卡方检验中的一个统计量，可用于检验类别变量之间的独立性或确定关联性。例如，如果有一个按投票者性别分类的选举结果的双因子表，卡方统计量可帮助确定投票是否独立于投票者的性别，或者在投票与性别之间是否存在关联。如果与卡方统计量相关联的 p 值小于选定的 a 水平，检验将拒绝两个变量彼此独立的原假设。

卡方统计量也可用于确定某个统计模型是否能够充分拟合数据。例如，Logistic 回归将计算卡方统计量，以评估模型的拟合情况。如果与卡方统计量相关联的 p 值小于选定的 a 水平，检验将拒绝模型与数据相拟合的原假设。另一个示例是"基本统计量"菜单中的用于泊松(Poisson)数据的拟合优度检验，它使用卡方统计量来确定数据是否服从泊松分布。如果数据为离散数据，则可以报告每个类别对卡方值的贡献，从而量化每个类别差异对总卡方值有多大影响。例如，如果一个拟合优度检验拒绝了原假设，则这个结果是因为所有类别与预期稍有差异，还是因为有一个类别与其预期极大不同导致的？假设预期一盒蜡笔中包含一支蓝色、一支红色及一支绿色的蜡笔，但实际上它包含一支蓝色和两支绿色的蜡笔，而没有红色的蜡笔。"绿色"和"红色"类别与预期不符，但"蓝色"相符。因此："蓝色"并不影响所生成的卡方值；数据中的所有差异均来自"绿色"和"红色"类别。

1. 卡方统计量计算公式

卡方统计量用于检验实际分布与理论分布配合程度，即配合度检验的统计量。它是由各项实际观测次数(f_0)与理论分布次数(f_e)之差的平方除以理论次数，然后再求和而得出的，其计算公式为

$$x^2 = \sum \frac{(f_0 - f_e)^2}{f_e}$$

理论次数越大，该分布与卡方分布越接近，当理论次数 $f_e \geq 5$ 时，与卡方分布符合度较好。当超过 20% 的理论次数小于5，或至少有一个理论次数小于1时，公式右边的表达式与卡方分布偏离较大。因此，其应用条件为至少有 80% 的理论次数不小于5，并且每个理论次数都不小于1。

2. 特点

理论次数不符合要求时采用卡方检验，在实际应用中，卡方检验公式的适用条件为：80% 以上的理论次数大于5，并且所有的理论次数不能小于1。在实际研究中，当单元格的理论数据过小时，一般采用下列5种方法进行处理。

(1) 增加样本容量。如果在数据处理之前发现问题，并且补充被试可以保证测试条件不变，对研究结果没有影响，则可以补加被试，使数据符合检验要求。

(2) 合并单元格。在一个分类指标为顺序变量时，如果出现理论次数过小的情况，可以调整分类项，将单元格加以合并。例如，学生成绩分为优、良、中、差，如果成绩为差的学生极少，使得卡方检验的条件不符合，则可以把"差"与"中"合并为"中及其以下"。

(3) 取消部分单元格。当分类指标为称名变量时，若出现理论次数过小的情况，如果采用合并单元格的方法，应该合并到哪个类别及合并后类别的实际意义将不明确，这时应缩小

研究范围,去除这些类别。

(4) 使用连续校正(correction for continuity)公式。若四格表的理论次数大于 5 但小于 10,这时可以根据四格表属于相关四格表还是独立四格表,采用相应的连续性校正公式计算卡方统计量。

(5) 费舍尔精确概率(Fisher's exact probability)检验法。当总数不大于 20 时,如果出现理论次数小于 5 的情况,可计算费舍尔精确概率进行检验。

5.2.5　词嵌入

词嵌入(word embedding)是自然语言处理(natural language processing,NLP)中语言模型与表征学习技术的统称。就概念上而言,它是指把一个维数为所有词的数量的高维度空间嵌入到一个维数低得多的连续向量空间中,每个单词或词组被映射为实数域上的向量[1]。

众所周知,计算机无法读懂自然语言,只能处理数值,因此自然语言需要以一定的形式转化为数值。词嵌入就是将自然语言中的词语映射为数值的一种方式。然而,对于丰富的自然语言来说,将它们映射为数值向量,使之包含更丰富的语义信息和抽象特征显然是一种更好的选择。词嵌入是 NLP 领域中下游任务实现的重要基础,目前的大多数 NLP 任务都离不开词嵌入,并且纵观 NLP 的发展史,很多革命性的成果也都是词嵌入的发展成果,如 Word2Vec、GloVe、FastText、ELMo 和 BERT 等。

1. 独热编码模型

在最初 NLP 任务中,非结构化的文本数据转换成可供计算机识别的数据形式使用的是独热编码(one-hot encoding)模型,它将文本转化为向量形式表示,并且不局限于语言种类,也是最简单的词嵌入的方式。

独热编码将词典中所有的词排成一列,根据词的位置设计向量,例如,词典中有 m 个词,则每个单词都表示为一个 m 维的向量,单词对应词典中位置的维度为 1,其他维度为 0。将一个句子中的每个"字"作为"词"表示,将得到每个"词"的向量表示,由于一共有 5 种词,所以将它们映射为 5 维的向量。

该方法虽然简单,并且适用于任意文本数据,但存在很多严重问题。

(1) 维度爆炸。由于每一个单词的词向量的维度都等于词汇表的长度,对于大规模语料训练的情况,词汇表将异常庞大,使模型的计算量剧增而造成维数灾难。

(2) 矩阵稀疏。有用的信息零散地分布在大量数据中。这会导致结果异常稀疏,使其难以进行优化,对于神经网络来说尤其如此。

(3) 向量正交。由于向量两两正交,无法表达两词向量之间的其他信息,造成了"语义鸿沟"的现象,此特点对于 NLP 任务是相当致命的。

可见,独热编码只是简单地将"词"进行了编号,并没有表达词语的含义,并不符合语言的自然规律。那么,如何能使一个词向量表达出更丰富的语义信息呢?

对于一个不理解的单词,如果知道了它在不同的上下文中是如何使用的,就能理解它的意思。根据经验,出现在相似上下文语境中的词语有相似的含义,所以可以将词语的上下文语境信息放入词向量中,也就说明获得了这个词语的语义。获取上下文信息一般有两种方式,一种是基于计数的,另一种是基于预测的。

2. 词袋模型

词袋（bag of words）模型是文本向量化的一个模型，这种模型不考虑语法、词的顺序，只考虑所有的词的出现频率，简单说，就是将分好的词放到一个袋子中，每个词都是独立的。

向量的维度根据词典中不重复词的个数确定，向量中每个元素顺序与原来文本中单词出现的顺序没有关系，与词典中的顺序一一对应，向量中每个数字是词典中每个单词在文本中出现的频率即词频表示。

词袋模型虽然实现简单，并且比独热编码模型增加了词频的信息，但仍然存在缺陷。由于词袋模型只是把句子看作单词的简单集合，忽略了单词出现的顺序，可能导致顺序不一样的两句话在机器看来是完全相同的语义。

3. N-gram 模型

N-gram 也是一种基于统计语言模型的算法[45]。它的基本思想是将文本里面的内容按照字节进行大小为 N 的滑动窗口操作，形成了长度是 N 的字节片段序列。每一个字节片段称为 gram，对所有 gram 的出现频度进行统计，并且按照事先设定好的阈值进行过滤，形成关键 gram 列表，也就是这个文本的向量特征空间，列表中的每一种 gram 就是一个特征向量维度[3]。

该模型基于这样一种假设，第 N 个词的出现只与前面 $N-1$ 个词相关，而与其他任何词都不相关，整句的概率就是各个词出现概率的乘积。这些概率可以通过直接从语料中统计 N 个词同时出现的次数得到。当 $N=1$ 时，称为 unigram 模型即一元模型，也叫上下文无关模型，上文提到的 bow 就是 unigram 模型；当 $N=2$ 时，称为 bigram 模型即二元模型；当 $N=3$ 时，称为 trigram 模型即三元模型。

N-gram 模型的基本原理是基于马尔可夫假设，在训练 N-gram 模型时，使用最大似然估计模型参数——条件概率。当 N 更大时，对下一个词出现的约束性信息更多，有更大的辨别力，但是更稀疏，并且 N-gram 的总数也更多；当 N 更小时，在训练语料库中出现的次数更多，有更可靠的统计结果，更高的可靠性，但是约束信息更少，并且 N-gram 模型无法避免零概率的问题，导致无法获得良好的语言模型[4]。

5.2.6 语言模型

语言模型（language model）是通过概率分布的方式来计算句子完整性的模型，广泛应用于各种自然语言处理问题，如语音识别、机器翻译、分词、词性标注等。例如：确定哪个词语序列的可能性更大，即句子的合法性判断；或者给定若干个词，预测下一个最可能出现的词语；也可计算某一句子中词语搭配是否合理。

对于一个由词语组成的句子 $S=\text{word}_1,\text{word}_2,\cdots,\text{word}_n$，它的概率表示为

$$P(S)=p(\text{word}_1,\text{word}_2,\cdots,\text{word}_n)=p(\text{word}_1)p(\text{word}_2 \mid \text{word}_1)\cdots$$

$$p(\text{word}_k \mid \text{word}_1,\text{word}_2,\cdots,\text{word}_n)$$

由于上式中的参数过多，计算复杂度过高，需要近似的计算方法。最常用的是 N-gram 模型方法，此外还有决策树、最大熵、马尔可夫模型和条件随机域等方法。

N-gram 模型也称为 n-1 阶马尔可夫模型，它是一个有限历史假设，即当前词的出现概率仅仅与前面 $n-1$ 个词相关。当 n 取 1、2、3 时，N-gram 模型分别称为 unigram、bigram 和 trigram 语言模型。n 越大，模型越准确，也越复杂，需要的计算量就越大。最常用的是

bigram,其次是 unigram 和 trigram,$n \geqslant 4$ 的情况较少。要评价一个语言模型的性能,通常可以将其应用到具体业务中,以查看其实际的运行效果。但是,这种方法标准不统一且费时费力。根据语言模型自身特性,一般使用困惑度(perplexity)指标进行评测。

语言模型的训练工具有 SRILM 和 rnnlm。其中,SRILM 支持语言模型的"估计"和"评测","估计"是从训练数据(训练集)中得到一个模型,包括最大似然估计和相应的平滑算法。而"评测"则是从测试集中选择句子计算其困惑度,一般通过核心模块 N-gram 来估计语言模型,并计算语言模型的困惑度,困惑度越小,表示语言质量越好。而 rnnlm 是利用循环神经网络来训练生成语言模型,对其感兴趣的读者可查阅相关资料深入研究。

5.2.7 向量空间模型

向量空间模型(VSM)又称为词组向量模型,俗称"词袋模型",是由索尔顿(Salton)等于 20 世纪 60 年代末提出的。它是一种简便、高效的文本表示模型,是文本的形式化表示最为经典的方法[46]。向量空间模型能够把文本表示成由多维特征构成的向量空间中的点,从而可以通过计算向量的距离来判定文档和查询关键词之间的相似程度。

对于任一文档 $d_j \in D$,D 为文档数据集,可将其表示成如下 n 维向量的形式:$d_j = (w_{j1}, w_{j2}, \cdots, w_{jn})$。其中,$w_{jn}$ 为第 n 个特征词在文档 d_j 中的权重,n 为文档 d_j 的总特征词数,则此时文档数据集 D 可以看作 n 维空间下的一定数量的向量集合。TF-IDF 值也常被选作为特征词的权重。而文档之间的相似度指两个文档内容相关程度的大小。当文档以向量来表示时,则可以使用文档内积或夹角余弦值来表示,两者夹角越小说明相似度越高。

用 VSM 将文档表示成向量形式后,在基于向量的文本相似度计算中,常用的相似度计算方案有内积、Dice 系数、Jaccard 系数和夹角余弦值。

假设存在两份文档 $D_i = \{(w_{i1}, w_{i2}, \cdots, w_{in})\}$,$D_j = \{(w_{j1}, w_{j2}, \cdots, w_{jn})\}$,则有以下公式。

(1)内积,文档 D_i、D_j 之间基于内积的相似度计算公式为

$$\text{sim}(D_i, D_j) = \sum_{k=1}^{n} w_{ik} w_{jk}$$

(2)Dice 系数,文档 D_i、D_j 之间基于 Dice 系数的相似度计算公式为

$$\text{sim}(D_i, D_j) = \frac{2 \sum_{k=1}^{n} w_{ik} w_{jk}}{\sum_{k=1}^{n} w_{ik}^2 + \sum_{k=1}^{n} w_{jk}^2}$$

(3)Jaccard 系数,文档 D_i、D_j 之间基于 Jaccard 系数的相似度计算公式为

$$\text{sim}(D_i, D_j) = \frac{\sum_{k=1}^{n} w_{ik} w_{jk}}{\sqrt{\sum_{k=1}^{n} w_{ik}^2 + \sum_{k=1}^{n} w_{jk}^2 + \sum_{k=1}^{n} w_{ik} w_{jk}}}$$

(4)余弦系数,文档 D_i、D_j 之间基于余弦系数的相似度计算公式为

$$\text{sim}(D_i, D_j) = \frac{\sum_{k=1}^{n} w_{ik} w_{jk}}{\sqrt{\sum_{k=1}^{n} w_{ik}^2 \times \sum_{k=1}^{n} w_{jk}^2}}$$

其中最常用的方法是基于余弦系数下的文档相似度计算。

在该向量空间模型中,通过向量的形式,把对文本的处理简化为向量空间中向量的计算,使问题的复杂度大大降低。而权重的计算既可以用规则的方法手工完成,又可以通过统计的方法自动完成,也可以选用常见的 TF-IDF 值作为特征词的权重。把文本以向量的形式定义到实数域中,使各种成熟的计算方法在模式识别和其他领域中得以应用,提高了自然语言文本的可计算性和可操作性。VSM 是基于文本处理的各种应用得以实现的基础和前提。

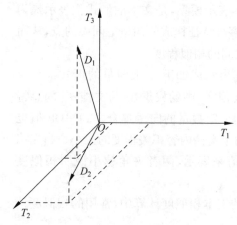

图 5.3　向量空间模型中的文档表示

VSM 最早起源于文本信息检索,是很多搜索引擎使用的基础模型。只要将用户的检索需求信息转化成为查询向量,用与文档向量类似的形式表示,再对比查询向量以及文档向量之间的相似度,也就是向量在向量空间中的相对距离,如图 5.3 所示。

在文本特征提取方面,VSM 起到了非常重要的作用,它极大地简化了数据预处理过程,使自然语言处理领域得以利用机器学习相关算法。

VSM 的优势主要有以下 3 点。

(1) 降低了文本处理的复杂度,提高了检索效率,主要通过改进特征词的权重计算方法,即计算 TF-IDF 值作为权重。

(2) 使用特征词及权重集合的向量表示一篇文档,这样不但减少了文档本身的复杂度,同时减少了文档间的相似度计算等运算量。

(3) 通过关键词与文档特征词的相似度比较实现文档快速检索,并实现结果排序(按相似度)和结果数量控制,这一技术在搜索引擎和日志处理等方面应用广泛。

由于 VSM 主要还是基于统计理论,所以在文本处理方面对语料库的样本数量、样本质量和丰富性等都有一定要求。除此之外,VSM 还有以下不足之处。

(1) VSM 没有考虑词序的影响,而这一特征是文本处理中的关键特征。

(2) VSM 的构建过程较慢,当文档数量较大时,对硬件资源要求较高。

(3) 由于 TF-IDF 算法原理上是基于词频,所以在特征词权重的计算中,重要性的计算在偏短的文档中效果较差。

5.3　TF-IDF 应用案例

TF-IDF 是一种用于信息检索和文本挖掘的常用技术,用于评估一个词在文档集合中的重要性。TF-IDF 是一个统计权重,用于衡量一个词在一个文档中的重要性相对于整个

文档集合的其他文档。TF-IDF 的主要思想是,一个词在当前文档中出现频繁(TF 高),并且在整个文档集合中出现不那么频繁(IDF 高),则该词对于当前文档的重要性就越高。TF-IDF 常用于文本挖掘、信息检索、文档相似性计算及聚类分析等任务。

5.3.1 关键词自动提取

关键词自动提取涉及数据挖掘、文本处理、信息检索等很多计算机前沿技术,但是出乎意料的是,TF-IDF 这个经典算法可以给出令人相当满意的结果。

假定现在有一篇长文《中国的蜜蜂养殖》,准备用计算机提取它的关键词。一个容易想到的思路就是找到出现次数最多的词。如果某个词很重要,它应该在这篇文章中多次出现,于是,可进行 TF 统计。出现次数最多的词是"的""是""在"这一类最常用的词,它们叫作"停用词"(stop words),表示对找到结果毫无帮助、必须过滤掉的词。

假设把它们都过滤掉了,只考虑剩下的有实际意义的词。这样又会遇到另一个问题,可能发现"中国""蜜蜂""养殖"这三个词的出现次数一样多。这是不是意味着,作为关键词,它们的重要性是一样的?

显然不是这样。因为"中国"是很常见的词,相对而言,"蜜蜂"和"养殖"不那么常见。如果这三个词在一篇文章的出现次数一样多,有理由认为,"蜜蜂"和"养殖"的重要程度要大于"中国",也就是说,在关键词排序上面,"蜜蜂"和"养殖"应该排在"中国"的前面。

所以,需要一个重要性调整系数,衡量一个词是不是常见词。如果某个词比较少见,但是它在这篇文章中多次出现,那么它很可能就反映了这篇文章的特性,正是所需要的关键词。

用统计学语言表达,就是在词频的基础上,要对每个词分配一个"重要性"权重。最常用的词("的""是""在")给予最小的权重,较常见的词("中国")给予较小的权重,较少见的词("蜜蜂""养殖")给予较大的权重。这个权重叫作 IDF,它的大小与一个词的常见程度成反比。

知道了 TF 和 IDF 以后,将这两个值相乘,就得到了一个词的 TF-IDF 值。某个词对文章的重要性越高,它的 TF-IDF 值就越大。所以,排在最前面的几个词,就是这篇文章的关键词。

下面就是这个算法的细节。

1. 计算词频(TF),并将"词频"标准化

TF=某个词在文章中出现的次数;

TF=某个词在文章中出现的次数/文章总词数;

或者 TF=某个词在文章中出现的次数/该文出现次数最多的词出现的次数。

2. 计算逆向文档频率(IDF)

IDF=log(语料库的文档总数/包含该词的文档数+1)

此时需要一个语料库(corpus),用来模拟语言的使用环境,如果一个词越常见,那么分母就越大,逆向文档频率就越小越接近零。分母之所以要加 1,是为了避免分母为零(即所有文档都不包含该词),其中 log 表示对得到的值取对数。

3. 计算 TF-IDF

$$\text{TF-IDF} = \text{TF} \times \text{IDF}$$

可以看到，TF-IDF 与一个词在文档中的出现次数成正比，与该词在整个语言中的出现次数成反比，所以自动提取关键词的算法就是计算出文档中每个词的 TF-IDF 值，然后按降序排列，取排在最前面的几个词。

以《中国的蜜蜂养殖》为例，假定该文长度为 1000 个词，"中国""蜜蜂""养殖"各出现 20次，则这三个词的 TF 都为 0.02。然后，通过 Google 搜索发现，包含"的"字的网页共有 250亿张，假定这就是中文网页总数；包含"中国"的网页共有 62.3 亿张，包含"蜜蜂"的网页为0.484 亿张，包含"养殖"的网页为 0.973 亿张，则它们的 IDF 值和 TF-ID 值见表 5.1。

表 5.1 IDF 和 TF-ID 的逆向文档频率

词	包含该词的文档数/亿张	IDF	TF-IDF
中国	62.3	0.603	0.0121
蜜蜂	0.484	2.713	0.0543
养殖	0.973	2.410	0.0482

从表 5.1 可见，"蜜蜂"的 TF-IDF 值最高，"养殖"其次，"中国"最低，如果还计算"的"字的 TF-IDF，那将是一个极其接近零的值，所以，如果只选择一个词，"蜜蜂"就是这篇文章的关键词。除了自动提取关键词，TF-IDF 算法还可以用于许多别的地方。比如，信息检索时，对于每个文档，都可以分别计算一组搜索词（"中国""蜜蜂""养殖"）的 TF-IDF，将它们相加，就可以得到整个文档的 TF-IDF。这个值最高的文档就是与搜索词最相关的文档。

TF-IDF 算法的优点是简单快速，结果比较符合实际情况。缺点是，单纯以"词频"衡量一个词的重要性不够全面，有时重要的词可能出现次数并不多，而且这种算法无法体现词的位置信息，出现位置靠前的词与出现位置靠后的词，都被视为重要性相同，这种问题的解决方案就是对全文的第一段和每一段的第一句话，给予较大的权重。

5.3.2 找相似文章

在找相似文章（文本相似性检测）的任务中，TF-IDF 可以用于度量文档之间的相似性。对于每篇文章，使用 TF-IDF 计算每个词的权重，构建一个 TF-IDF 特征向量。这个特征向量将文章中的每个词映射到一个数字，表示该词的重要性，形成一个高维的稀疏向量。使用TF-IDF 特征向量计算文档之间的相似性。一种常见的计算方式是使用余弦相似度（cosine similarity）。余弦相似度通过计算两个向量之间的夹角来度量它们的相似性，夹角的余弦值越接近 1，表示其相似度越高。根据相似性阈值，决定何时认为两篇文章相似。这个阈值的选择取决于具体的任务和应用场景。一般来说，相似性大于阈值的文章被认为是相似的。在应用 TF-IDF 之前，通常需要进行文本预处理，包括分词、去除停用词（常见但对文本分析无帮助的词汇）、词干提取等，以确保 TF-IDF 计算的准确性。TF-IDF 适用于大规模文本集合，因为它可以有效地捕捉每篇文章中的关键词，并在计算相似性时处理大量的文档。通过这样的方法，TF-IDF 可以帮助找到在文本内容上相似的文章，是一种常见的文本相似性匹配方法，被广泛应用于信息检索、文本挖掘和相关领域。

5.3.3 自动摘要

自动摘要是指从指定文档中抽取要点句子，并对其进行提炼和总结，形成文档摘要。自

动摘要一般用于新闻类应用中,生成短新闻的文摘,有助于用户快速了解新闻内容,提升用户体验。自动摘要也可用于搜索引擎中的文本特征提取,如改进 VSM 中的关键词权重值。

自动摘要方法分为抽取式摘要、抽象式摘要和生成式摘要等。抽取式方法不对句子进行修改,首先对文档结构中的句子或段落进行权重评价,然后选择权重高的句子或段落进行组合生成摘要。抽象式摘要需要理解文本的语义,对其产生抽象的、解释性的内容,但是由于其实现难度较高,目前应用较少。而生成式摘要利用语法、语义分析,确定主题并进行句子规划,基于自然语言生成技术生成新的摘要句子,但是这类方法基本上采用模板式的生成方式,需要建立基础句子特征知识库,扩展性较差,且句式变化较少。所以目前主流自动摘要主要采用抽取式摘要的方法。

抽取式摘要的实现过程:首先将原始文本表示为便于后续处理的表达方式,然后由模型对不同的句子进行重要性计算,再根据重要性权重筛选,最后经过内容组织形成摘要。

句子的重要性得分由其组成部分的重要性来衡量。由于词汇在文档中的出现频次可以在一定程度上反映其重要性,所以可使用每个句子中出现某词的概率作为该词的得分,将所有包含词的得分求和得到句子得分。

目前主要采用 TF-IDF 和文档主题生成模型(LDA)[47] 实现关键词的权重分析,特别是在多文档摘要时,基于 TF-IDF 的原理,选择的重要的句子一般在其他文档中较少出现,且在本文档中较多出现,具有较高的合理性。而 LDA 采用主题概率模型对文本内容提取文档中包含的主题,每个主题由关键词及其权重组成,不仅适合于文本的降维,通过关键词找到关键句即可实现句子重要性的度量。

除此之外,在传统的文本摘要技术研究中,还有将句法语义信息引入图排序模型,通过监督学习得到句子得分,或者采用隐马尔可夫模型(HMM)、条件随机场(CRF)等算法对文本内容进行结构性分析。随着深度学习技术的发展,最近几年在文本摘要领域主要研究目标是基于大数据与深度学习相结合的文本摘要,例如,采用循环神经网络的 R2N2 模型,在不需要人工添加特征的条件下取得了较好的效果。除此之外,从摘要系统的评价指标 ROUGE 的结果来看,序列到序列的 seq2seq 和编码器-解码器的 Encoder-Decoder 等端到端的生成式摘要模型,以及在 seq2seq 中引入注意力机制(attention mechanism)等,这些方法较传统的摘要方式都有较大的改进,有兴趣的读者可以查阅相关文献深入研究。

5.3.4 文献检索

在机器学习中,文件检索(document retrieval)是指通过计算机自动从大量文档集合中检索和提取相关文件的过程。文件检索是信息检索领域的一个重要任务,它应用广泛,包括搜索引擎、文档管理系统、情报分析等领域。

在文件检索中,机器学习算法可以用来训练模型,以理解和捕捉文档的语义和语境。常见的文件检索方法包括基于关键词匹配的方法和基于向量空间模型的方法。

基于关键词匹配的方法通过比较查询关键词与文档中的关键词的匹配程度来进行文档检索。这种方法简单直观,但在面对大型文档集合和复杂的查询时可能效果不佳。

基于向量空间模型的方法中,文档和查询都被表示为向量,根据计算向量之间的相似度来进行检索。常见的向量表示方法包括词袋模型和词嵌入模型。机器学习算法可以用来训练模型,提取文档和查询的特征向量,并计算它们之间的相似度,从而实现准确的文件检索。

文件检索在实际应用中涉及许多细节问题,如查询扩展、排名算法和评估指标等。因此,文件检索是机器学习领域中一个重要且具有挑战性的研究方向。

当涉及文件检索时,还有一些其他的技术和方法可以提高检索的准确性和效率。

(1) 倒排索引(inverted indexing):是一种常用的文件检索技术,它建立了每个关键词与包含该关键词的文件的映射关系。这种索引结构可以有效地查找包含给定关键词的文件,提高查询的速度。

(2) 自然语言处理(NLP):通过利用自然语言处理技术可以进一步提升文件检索中的关键词匹配。例如,在查询扩展中,可以使用词干提取或者同义词替换来扩展查询的范围。

(3) 聚类和分类:在文件检索中,聚类和分类算法可以对文档进行分组或分类,从而能更方便地定位到目标文件。这些算法可以通过对文档的属性或特征进行分析和训练来实现。

(4) 深度学习方法:近年来,深度学习在文件检索任务中取得了重大突破。使用深度学习模型,如卷积神经网络(convolutional neural network,CNN)或循环神经网络(recurrent neural network,RNN),可以学习复杂的语义和特征表示,从而提高文件检索的准确性。

(5) 效果评估:为了评估文件检索系统的性能,需要定义一些评估指标,例如准确率、召回率、F1 值等。同时,建立测试数据集和标注数据也是评估文件检索系统的重要步骤。

综上所述,文件检索是一个涉及许多技术和方法的复杂任务。机器学习和自然语言处理等技术可以应用于文件检索中,以提高检索的准确性和效率。不同的方法可以依据具体的需求和数据特点进行选择和组合。

以下是使用自然语言处理(NLP)和信息检索技术实现文件检索的一般步骤。

(1) 建立索引:首先需要对文档进行预处理,包括分词、去除停用词(常见但对理解无帮助的词语)等。然后使用这些预处理的文档构建一个索引结构,以便能够快速检索文档。

(2) 向量表示:将文档转换为向量表示是一种常见的方法。这可以通过词袋模型或词嵌入模型等技术实现。这些向量表示允许计算文档之间的相似度。

(3) 查询处理:当用户提出一个查询时,系统需要将查询转换为与文档相似的向量表示。这通常涉及与索引中的文档进行类似的文本预处理。

(4) 相似度计算:使用文档向量和查询向量之间的相似度计算方法(如余弦相似度),以确定哪些文档与查询最相关。

(5) 排序和返回:根据相似度分数对文档进行排序,并将最相关的文档返回给用户。

文件检索在许多应用中都很重要,如搜索引擎、文档管理系统、信息检索系统等。机器学习方法可以用于提高检索的准确性和效率,尤其是在处理大规模文本数据时。

5.4 词法分析

词法分析(lexical analysis),也被称为扫描或词法扫描,是自然语言处理(NLP)和编译原理中的一个重要步骤。它是指将输入的字符序列(文本)转化为一系列有意义的单词序列的过程。词法分析是文本处理的第一步,它通过对输入文本进行扫描和分析,将文本拆分成一系列标记(token),每个标记代表一个词位(lexeme),是文本的基本单位。这些标记可能是单词、数字、符号或其他语言元素。

词法分析是自然语言处理和编译原理中的一个关键步骤,为后续的语义分析、句法分析和语言理解提供了基础。它能够帮助人们将文本转化为可以进行进一步处理和分析的结构化表示形式,从而支持文本理解、信息检索、数据挖掘等任务的实现。

5.4.1 文本分词

文本分词(text tokenization)是将自然语言文本切分成独立的词语或标记的过程。它是自然语言处理(NLP)中的一项基本任务,也是文本预处理的重要步骤。

在不同的语言中,一个词可以被定义为连续的字符序列(如英文中的单词),或者根据语法和语义规则确定单词的边界(如中文中的词)。文本分词可以将一段连续的字符序列切分成多个独立的词语,称为词法单元或标记(token)。

文本分词的目标是将文本中的词语进行拆分,并产生一个由这些词语构成的有意义的序列,以便于后续的处理和分析。分词可以帮助人们理解文本的含义、提取文本的特征、进行文本分类、机器翻译以及许多其他自然语言处理任务。

根据不同的应用和需求,文本分词可以使用不同的方法和工具。常见的分词方法包括以下 4 种。

(1) 基于规则(rule-based):基于预定义的规则、词典或模板进行分词。这些规则可能包括空格、标点符号、语法规则等。例如,在英文中,可以使用空格作为分隔符来分割单词。

(2) 基于统计(statistical-based):基于大规模语料库的统计信息进行分词。这包括使用 N-gram 模型、最大匹配法、条件随机场(CRF)等方法进行分词。

(3) 基于机器学习(machine learning-based):训练模型使用机器学习算法从语料库中学习词语的分布和上下文信息,进而进行分词。这包括使用支持向量机(SVM)、循环神经网络(RNN)等模型。

(4) 混合方法(hybrid methods):结合多种不同的分词方法,利用它们的优点进行分词。

文本分词在自然语言处理领域有着广泛的应用,对于提取语义信息、构建文本表示、进行文本分类和情感分析等任务非常重要。正确和准确的文本分词可以为后续的处理和分析提供有价值的语言特征基础。

下面是几种常见的中英文分词系统。

(1) 中文分词系统。

① 哈工大(HIT)的 LTP(language technology platform):是哈工大社会计算与信息检索研究中心开发的中文语言处理平台。该平台提供了成熟的中文分词功能,并支持其他自然语言处理任务,如词性标注、命名实体识别等。

② 结巴分词(jieba):是一种基于统计的中文分词工具,具有较快的速度和良好的效果。它支持精确模式、全模式和搜索引擎模式,并提供用户自定义词典功能。

③ THULAC(THU lexical analyzer for chinese):是清华大学推出的中文分词系统。它采用了基于字符的前向最大匹配算法,并在性能和效果之间提供了一个平衡点。

(2) 英文分词系统。

① NLTK(natural language toolkit):是一个流行的 Python 库,提供了丰富的自然语

言处理工具和语料库。其中包括英文分词器,可用于将英文文本切分成独立的词语。

② Stanford CoreNLP:是斯坦福大学开发的自然语言处理工具包,提供了许多 NLP 任务的工具,包括英文分词器。它基于规则和机器学习模型来进行分词。

③ SpaCy:是一个现代化的自然语言处理工具库,提供了高效、准确的英文分词功能。它具有较快的速度和出色的性能,并支持其他 NLP 任务,如词性标注、命名实体识别等。

这些分词系统具有各自的特点和优势,可以根据具体的应用需求和任务来选择合适的系统。

5.4.2 命名实体识别

近几年来,基于神经网络的深度学习方法在计算机视觉、语音识别等领域取得了巨大成功,另外在 NLP 领域也取得了不少进展。在 NLP 的关键性基础任务——命名实体识别(named entity recognition,NER)的研究中,深度学习也获得了不错的效果。NER 又称专名识别,是 NLP 中的一项基础任务,应用范围非常广泛。命名实体一般指的是文本中具有特定意义或者指代性强的实体,通常包括人名、地名、组织机构名、日期时间、专有名词等。NER 系统就是从非结构化的输入文本中抽取出上述实体,并且可以按照业务需求识别出更多类别的实体,如产品名称、型号、价格等。因此,实体这个概念可以很广,只要是业务需要的特殊文本片段,都可以称为实体。

学术上 NER 所涉及的命名实体一般包括 3 大类(实体类、时间类、数字类)和 7 小类(人名、地名、组织机构名、时间、日期、货币、百分比)。实际应用中,NER 模型通常只要识别出人名、地名、组织机构名、日期、时间即可,一些系统还会给出专有名词结果(如缩写、会议名、产品名等)。货币、百分比等数字类实体可通过正则给定。另外,在一些应用场景下会给出特定领域内的实体,如书名、歌曲名、期刊名等。

NER 是 NLP 中一项基础性关键任务。从自然语言处理的流程来看,NER 可以看作词法分析中未登录词识别的一种,是未登录词中数量最多、识别难度最大、对分词效果影响最大的问题。同时 NER 也是关系抽取、事件抽取、知识图谱、机器翻译、问答系统等诸多 NLP 任务的基础。NER 一直是 NLP 领域中的研究热点,从早期基于词典和规则的方法,到传统机器学习的方法,再到近年来基于深度学习的方法,NER 研究进展的大概趋势如图 5.4 所示。

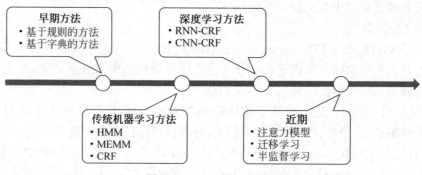

图 5.4　NER 的研究进展

在基于机器学习的方法中,NER 被当作序列标注问题。利用大规模语料来学习标注模型,从而对句子的各个位置进行标注。NER 任务中的常用模型包括生成式模型 HMM、判别式模型 CRF[48]等。条件随机场(conditional random field,CRF)是 NER 中目前的主流模型。它的目标函数不仅考虑输入的状态特征函数,而且还包含了标签转移特征函数。在训练时可以使用 SGD 学习模型参数。在已知模型中,给输入序列求预测输出序列即求使目标函数最大化的最优序列,是一个动态规划问题,可以使用 Viterbi 算法解码来得到最优标签序列。CRF 的优点在于其为一个位置进行标注的过程中可以利用丰富的内部及上下文特征信息。CRF 的示意图如图 5.5 所示。

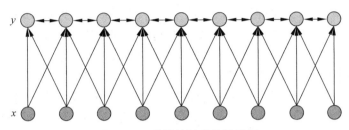

图 5.5 一种线性链条件随机场

近年来,随着硬件计算能力的发展以及词的分布式表示(word embedding)的提出,神经网络可以有效处理许多 NLP 任务。这类方法对于序列标注任务(如 CWS、POS、NER)的处理方式是类似的:将标记(token)从离散独热(one-hot)表示映射到低维空间中成为稠密的嵌入(embedding),随后将句子的 embedding 序列输入 RNN 中,用神经网络自动提取特征,用 Softmax 来预测每个 token 的标签。

目前使用最广泛的是基于统计的方法(对语料库的依赖比较大),利用大规模的语料学习标注模型来对各个位置进行标注。在已知模型时,给输入序列求预测输出序列即求使目标函数最大化的最优序列,是一个动态规划问题,可以使用 Viterbi 算法解码来得到最优标签序列。CRF 的优点在于其为一个位置进行标注的过程中可以利用丰富的内部及上下文特征信息。CRF 的上下文标注如图 5.6 所示。

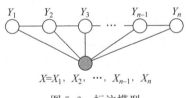

图 5.6 标注模型

5.4.3 词义消歧

词义消歧(word-sense disambiguation,WSD)是区分同一词在不同上下文语境下的真实语义。例如,"老师说,校服上除了校徽,别别别的。"句中的"别"分别表示"不要""卡住、插着""其他的"三种意思。一词多义不仅针对词语,在句义和篇章含义层次也有类似的现象,消歧的过程就是根据上下文来确定对象的真实含义。词义消歧一般要用到词典、知识库等消歧语料。根据所使用的资源类型不同,可以将词义消歧方法分为以下 3 类。

1. 基于词典的词义消歧

基于词典的词义消歧方法主要基于覆盖度的实现,即通过计算语义词典中各词与上下文之间合理搭配程度,选择与当前语境最合适的词语。但由于词典中词义的定义通常比较简洁,粒度较粗,造成消歧性能不高,并且,如果词项缺失,就会出现问题。目前常用的消歧词典有 WordNet、HowNet,以及 2017 年 Google 发布的基于新牛津美语词典(NOAD)进行标记的词义消歧词典,后者是目前最大的全词义标注英文语料库。

2. 有监督词义消歧

有监督的消歧方法使用已经标记好的语义资料集构建模型,通过建立相似词语的不同特征表示来实现去除歧义的目的。常见的上下文特征可以归纳为3种类型。

(1)词汇特征:借助语言模型等词语共现统计信息来量化词语间的相关关系。

(2)句法特征:词汇之间的句法关系特征,例如,主谓关系、动宾关系等。

(3)语义特征:应用语义特征可分析同形多义的原因,并对歧义句式进行分化。

由于上述方法均要求大量的标记语料,扩展性较差,随着深度学习的发展,最近基于深度学习方法的词义消歧逐渐成为热门研究方向,这种方法能自动地提取分类特征,减少了对样本进行特征工程的工作量,在模型泛化能力方面也有较大改进。

3. 无监督和半监督词义消歧

有监督词义消歧方法需要大量人工标注语料,费时费力。无监督或半监督词义消歧方法仅需要少量或不需要人工标注语料,克服了对大规模语料的要求。一般来说,虽然无监督方法不需要大量的人工标注数据,但依赖于大规模的未标注语料和语料上的句法分析结果。

5.5　句法分析

句法分析(parsing)就是指对句子中的词语语法功能进行分析,如"我来晚了",这里"我"是主语,"来"是谓语,"晚了"是补语。

句法分析主要应用在中文信息处理中,如机器翻译等。它是语块分析(chunking)思想的一个直接实现,语块分析通过识别出高层次的结构单元来简化句子的描述。从不同的句子中找到语块规律的一条途径是学习一种语法,这种语法能够解释所找到的分块结构。这属于语法归纳的范畴。

句法分析有三种不同的途径利用概率进行以下分析任务。

(1)利用概率来确定句子:一种可能的做法是将句法分析器看成是一个词语网络上的语言模型,用来确定什么样的词序列经过网络时会获得最大概率。

(2)利用概率来加速语法分析:第二个目标是利用概率对句法分析器的搜索空间进行排序或剪枝。这使得句法分析器能够在不影响结果质量的情况下尽快找到最优的分析途径。

(3)利用概率选择句法分析结果:句法分析器可以从输入句子的众多分析结果中选择可能性最大的。

句法分析是决定自然语言处理进度的关键部分。句法分析主要有两个障碍:歧义和搜索空间。自然语言区别于人工语言的一个重要特点就是它存在着大量的歧义现象。人们可以依靠大量的先验知识有效地消除掉歧义,而在机器学习中,机器在表示和获取方面存在严重的不足,所以很难像人一样进行语句的歧义消除。句法分析是一个极为复杂的任务,候选树的个数会随着句子增多而呈现指数级别的增长,使搜索空间巨大。因此,必须要有合适的解码器,才能够做到在规定的时间内搜索到模型定义的最优解。

句法分析是通过词语组合分析得到句法结构的过程,而实现该过程的工具或程序被称为句法分析器。句法分析的种类很多,这里根据其侧重目标分为完全句法分析和局部句法分析两种。两者的差别在于：完全句法分析以获取整个句子的句法结构为目的；而局部句法分析只关注局部的一些成分。

句法分析中所用方法可以简单地分为基于规则和基于统计两个类别。基于规则的方法在处理大规模真实文本时，会存在语法规则覆盖有限的缺陷。随着基于统计学习模型的句法分析方法兴起，句法分析器的性能不断地提高。典型的就是 PCFG，它在句法分析领域得到了很广泛的应用。基于统计句法分析模型本质上是一套面向候选树的评价方法，正确的句法树会被赋予一个较高的分值，对不合理的句法树则赋予较低的分值，最终将会选择分值最高的句法树作为最终句法分析的结果。

基于统计句法分析方法是离不开语料数据集和评价体系作基础的。

句法分析的数据集：统计学习方法需要语料数据的支撑，相较于分词和词性标注，句法分析使用的数据集更复杂，它是一种树形的标注结构，也可以称为树库，如图 5.7 所示。

英文宾州树库（Penn tree bank，PTB），是目前使用最多的树库，具有很好的一致性和标注准确率。中文的树库起步建设较晚，目前比较著名的有中文宾州树库、清华树库、台湾中研院树库。宾夕法尼亚大学标注的汉语句法树库是绝大多数中文句法分析研究的基准语料库，见表 5.2。

图 5.7 句法树模型

表 5.2 树库汉语成分标记集

序号	标记代码	标记名称	序号	标记代码	标记名称
1	np	名词短语	9	mbar	数词短语
2	tp	时间短语	10	mp	数量短语
3	sp	空间短语	11	dj	单句句型
4	vp	动词短语	12	f	复句句型
5	ap	形容词短语	13	zj	整句
6	bp	区别词短语	14	jp	句群
7	dp	副词短语	15	dlc	独立成分
8	pp	介词短语	16	yj	直接引语

句法分析的评测方法：句法分析评测的主要任务是评测句法分析器生成的树结构与手工标注的树结构之间的相似度。它主要通过两个方面评测其性能：满意度和效率。满意度指的是测试句法分析器是否适合某个特定的自然语言处理任务；而效率主要是对比句法分析器的运行时间。

目前主流的句法分析评测方法是 PARSEVAL 评测体系，这是一种粒度适中、较为理想的评测方法，主要指标有准确率、召回率、交叉括号数。其中，准确率表示分析正确的短语个数在句法分析结果中占据的比例，也就是分析结果中与标准句法树中相匹配的短语个数占分析结果中所有短语个数的比例；召回率可以理解为分析得到的正确短语个数占标准分析树全部短语个数的比例；交叉括号表示分析得到的某一个短语的覆盖范围与标准句法分析结果的某个短语的覆盖范围存在重叠但不存在包含关系，即构成一个交叉括号。

5.6 语义分析

语义分析是自然语言处理(NLP)领域的一个重要任务,它涉及理解和解释文本的语义含义。语义分析旨在使计算机能够理解文本中的语义信息,而不仅仅是词汇和句法结构。

语义分析分为 2 个部分:词汇级语义分析和句子级语义分析。

1. 词汇级语义分析

词汇级语义分析的内容主要分为 2 块:①词义消歧;②词语相似度。

二者的字面意思都很好理解。其中:词义消歧是自然语言处理中的基本问题之一,在机器翻译、文本分类、信息检索、语音识别、语义网络构建等方面都具有重要意义;而词语语义相似度计算在信息检索、信息抽取、词义排歧、机器翻译、句法分析等处理中有很重要的作用。

词义消歧。自然语言中一个词具有多种含义的现象非常普遍。如何自动获悉某个词的多种含义;或者已知某个词有多种含义,如何根据上下文确认其含义,是词义消歧研究的内容。

在英语中,bank 这个词可能表示银行,也可能表示河岸;而在汉语中,这样的例子多到可怕,如图 5.8 所示。

(1) 他打鼓很在行。	(9) 她会用毛线打毛衣。
(2) 他会打家具。	(10) 他用尺子打个格。
(3) 他把碗打碎了。	(11) 他打开了箱子盖。
(4) 他在学校打架了。	(12) 她打着伞走了。
(5) 他很会与人打交道。	(13) 他打来了电话。
(6) 他用土打了一堵墙。	(14) 他打了两瓶水。
(7) 用面打浆糊贴对联。	(15) 他想打车回家。
(8) 他打铺盖卷儿走人了。	(16) 他以打鱼为生。

图 5.8 示例

于是,基于这样的现状,词义消歧的任务就是给定输入,根据词语的上下文对词语的意思进行判断,例如,给定输入:他善与外界打交道。期望的输出是可以确定这句话中的"打"和图 5.10 中的义项(5)相同。

语义消歧的方法大概分为 4 类:①基于背景知识的语义消歧;②监督的语义消歧方法;③半监督的学习方法;④无监督的学习方法。其中,第一种方法是基于规则的方法(也称为词典方法),后三种都是机器学习方法。

基于背景知识的语义消歧方法基本思想是这样的:通过词典中词条本身的定义作为判断其语义的条件。举个例子,cone 这个词在词典中有两个定义:一个是指"松树的球果";另一个是指"用于盛放其他东西的锥形物,比如,盛放冰激凌的锥形薄饼"。如果在文本中,"树(tree)"或者"冰(ice)"与 cone 出现在相同的上下文中,那么,cone 的语义就可以确定了,

tree 对应 cone 的语义 1, ice 对应 cone 的语义 2。可以看出,这种方法完全是基于规则的。

监督的语义消歧方法就是,数据的类别在学习之前已经知道。在语义消歧的问题上,每个词所有可能的义项都是已知的。有监督的语义消歧方法是通过一个已标注的语料库学习得到一个分类模型。常用的方法有 3 种:①基于贝叶斯分类器的词义消歧方法;②基于最大熵的词义消歧方法;③基于互信息的消歧方法。

词语相似度的意思很容易理解,在这里用一种复杂但是稍微正式的方式说明词语相似度的含义,就是:两个词语在不同的上下文中可以互相替换使用而不改变文本的句法语义结构的程度。在不同的上下文中可以互相替换且不改变文本句法语义结构的可能性越大,二者的相似度就越高,否则相似度就越低。相似度以一个数值表示,一般取值范围在[0,1]。一个词语与其本身的语义相似度为 1;如果两个词语在任何上下文中都不可替换,那么其相似度为 0。

值得注意的是,相似度涉及词语的词法、句法、语义,甚至语用等方面的特点。其中,对词语相似度影响最大的应该是词的语义。

词语距离是度量两个词语关系的另一个重要指标,用一个 $[0, \infty)$ 之间的实数表示。可以想象,词语距离和词语相似度之间一定是存在某种关系的。

(1) 两个词语距离为 0 时,其相似度为 1。即一个词语与其本身的距离为 0。

(2) 两个词语距离为无穷大时,其相似度为 0。

(3) 两个词语的距离越大,其相似度越小(单调下降)。

2. 句子级语义分析

句子级语义分析主要分为 2 个部分:浅层语义分析和深层语义分析。

提到浅层语义分析,就离不开语义角色标注(semantic role labeling,SRL)这个概念。语义角色标注主要围绕着句子中的谓词来分析各成分与其之间的结构关系,并用语义角色来描述这些结构关系。

基于格文法,提出了一种语义分析的方法——语义角色标注(SRL)。正如句法分析需要基于词法分析的结果进行一样,语义角色标注需要依赖句法分析的结果进行。因此,语义角色标注方法分为如下三种。

(1) 基于完全句法分析的语义角色标注。

(2) 基于局部句法分析的语义角色标注。

(3) 基于依存句法分析的语义角色标注。

句法分析是语义角色标注的基础:在统计方法中后续步骤常常会构造的一些人工特征,这些特征往往也来自句法分析;在神经网络方法中可以用神经网络自动提取特征来实现分类(标注)任务——神经网络在 NLP 领域,一大重要的作用就是代替了人工构建特征。

到了这里可以发现,其实语义角色标注任务和之前所介绍的分类标注任务可以用相同的套路来解决(例如,最大熵模型、隐马尔可夫模型、条件随机场等)。

格语法是从语义的角度出发,即从句子的深层结构来研究句子的结构,着重探讨句法结构与语义之间关系的文法理论。

在分析句子的过程中,有一种很常见的方法是找出句子中的主语、宾语等语法关系。可以联想一下初高中的英语阅读题,特别是完形填空,就是类似的套路。然而,格文法认为,这些都只是句子表层结构上的概念。

在语言的底层,所需要的不是这些表层的语法关系,而是用施事、受事、工具、受益等概念表示句法语义关系,这些句法语义关系经过各种变换之后才在表层结构中成为主语或宾语,如图 5.9 所示。

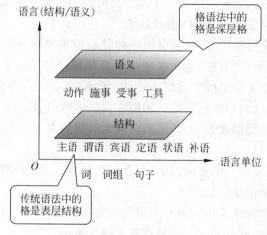

图 5.9　句法语义关系

在传统语法中,"格"是指某些屈折语中特有的用于表示词语间语法关系的名词和代词的形态变化,如主格、宾格等。

然而,在格文法中,格是深层格,是指句子中的体词(名词、代词等)和谓词(动词、形容词等)之间的及物性关系。如动作和施事者的关系、动作和受事者的关系等,这些关系是语义的,是一切语言中普遍存在的。

深层格由底层结构中名词与动词之间的句法语义关系来确定,不管表层句法结构如何变化,底层格语法不变;底层的"格"与任何具体语言中的表层结构上的语法概念,如主语、宾语等,没有对应关系。

利用格文法分析的结果可用格框架表示。一个格框架由一个主要概念和一组辅助概念组成,这些辅助概念以一种适当定义的方式与主要概念相联系。在实际应用中,主要概念一般是动词,辅助概念为施事格、方位格、工具格等语义深层格。

这样描述可能有些抽象,具体而言,把格框架中的格映射到输入句子中的短语上,识别一句话所表达的含义,即要弄清楚"干了什么""谁干的""行为结果是什么",以及发生行为的时间、地点和所用工具等。

5.7　文本分析的应用

文本分析是利用自然语言处理技术处理文本数据的过程,在多个领域有广泛应用;文本分类将文本按类别进行归类,如新闻分类、垃圾邮件过滤等;信息抽取从文本中提取有用信息,如从文章中抽取人名、日期等;问答系统能够理解自然语言问题并给出答案,如智能助手、在线客服。情感分析分析文本情感倾向,用于舆情监控、产品评价等;摘要生成将长文本压缩为精练的摘要,用于新闻摘要、文档总结等。这些应用展示了文本分析在理解、处理和利用文本数据方面的多样性和价值。

5.7.1 文本分类

文本分类,也称为自动文本分类,是计算机科学和自然语言处理领域中的一个重要任务。它指的是将载有信息的一篇文本映射到预定义的类别中。伴随着信息的爆炸式增长,人工标注数据已经变得耗时、质量低下,且受到标注人主观意识的影响。因此,利用机器自动化地实现对文本的标注变得具有现实意义,将重复且枯燥的文本标注任务交由计算机进行处理能够有效克服以上问题,同时所标注的数据具有一致性、高质量等特点。

文本分类有诸多应用场景,包括情感分析(sentiment analyse)、主题分类(topic labeling)、问答任务(question answering)、意图识别(dialog act classification)、自然语言推理(natural language inference)等。

文本分类包含两大基础结构:特征分类和分类模型。文本特征表示的目的是将文本转变成一种能够让计算机更容易处理的形式,同时减少信息的损失。常见的文本特征表示方法包括 BOW、N-gram、TF-IDF、word2vec、Glove。文本分类结构如图 5.10 所示。

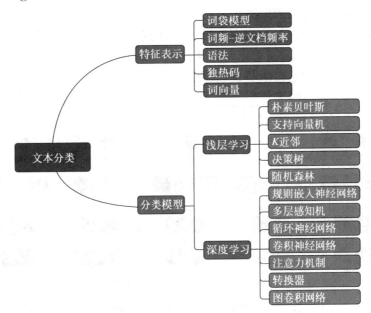

图 5.10 文本分类结构

分类模型包括浅层学习模型和深度学习模型两种。浅层学习模型结构较为简单,依赖于人工获取的文本特征,虽然模型参数相对较少,但是在复杂任务中往往能够表现出较好的效果,具有很好的领域适应性。一些常见的浅层模型有概率图模型(PGM)、K 近邻(KNN)、NWKNN、支持向量机(SVM)、TSVM、决策树(DT)、随机森林(RF)、Adaboost、XGBoost、stacking 等。总体来讲:浅层学习模型学习预定义的特征表示,其中人工特征是问题难点;不过,浅层学习模型在小规模数据上表现要优于深度学习模型。

深度学习模型结构相对复杂,不依赖于人工获取的文本特征,可以直接对文本内容进行学习、建模,但是深度学习模型对于数据的依赖性较高,且存在领域适应性不强的问题。下面介绍一些深度学习模型。

(1) ReNN-based 模型(recursive nueral network,递归神经网络):递归地学习文本语

义和句法树结构,而不需要人为设置人工特征,这是相较于浅层网络的一大进步。文本当中的单词被视作树的叶子节点,所有节点基于权值计入父节点当中,如此递归计算,最终形成整篇的文章表征,用于预测类别标签。

(2) MLP-based 模型(multi layer perceptron,多层感知机):由三层网络结构构成,包括输入层、包含激活函数的隐藏层、输出层,每层均由全连接(full connection layer)构成。其中一个重要的应用是文档向量(paragraph vector)的引入,由谷歌公司的 Le 和 Mikolov 等提出,在 CBOW 语言模型的预测过程中,引入段落向量来保存段落信息,将前三个词语的词向量与段落向量取平均或拼接,送入 MLP 来预测下一位置的词语。

(3) RNN-based 模型(recurrent neural network,循环神经网络):被广泛应用于自然语言处理领域,其独特的时间序列处理方式与文本阅读方式具有一致性。该模型结构能够有效学习历史信息和位置信息,有助于解决长距离依赖问题(long-range dependency)。

(4) CNN-based 模型(convolution neural network,卷积神经网络):含有卷积滤波器能够提取图片特征,最早应用于图片分类任务。与 RNN 不同的是,CNN 能够同时使用不同的卷积核对文本序列进行卷积操作。

(5) attention-based 模型(注意力机制):在注意力机制中,自注意力(self-attention)机制通过构建 $\boldsymbol{K}$、$\boldsymbol{Q}$、$\boldsymbol{V}$ 表征句子中各个单词之间的权重分布,能够捕获文本分类任务当中的长距离依赖信息。其模型结构如图 5.11 所示。

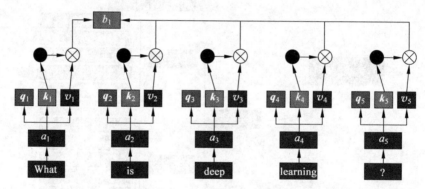

图 5.11　attention-based 模型

(6) transformer-based 模型:预训练语言模型能够有效学习全局语义表征并显著提升 nlp 任务效果。模型通过无监督的方式自动地挖掘语义知识,通过构建预训练目标使得机器能够理解语义信息。主流预训练模型包含 ELMo、GPT、BERT[49]、RoBERT、ALBERT、XLNet 等。

(7) GNN-based 模型(graph neural network,图神经网络):深度神经网络如 CNN 能够在常规结构的数据上取得较好的效果,但是在结构较为不规则的图结构上则效果不佳。随着人们将注意力放在图神经网络上,以图神经网络为基础的模型通过编码句子中的句法结构在语义角色标注、关系分类、机器翻译等任务中表现极为出色。GNN-based 模型能够学习句子当中的语义结构,这使得研究人员开始将 GNN 应用到文本分类任务当中。

5.7.2　信息抽取

信息抽取(information extraction,IE)是指从自然语言文本中,抽取出特定的事件或事

实信息,帮助人们将海量内容自动分类、提取和重构。这些信息通常包括实体(entity)、关系(relation)、事件(event)。信息抽取主要包括三个子任务:关系抽取(RE)、命名实体识别(NER)、事件抽取(EE)。

1. 关系抽取

关系抽取(RE)是从文本中识别抽取实体及实体之间的关系。例如,从句子"A 是 B 的儿子"中识别出实体"A"和"B"之间具有"父子"关系。目前,常用的关系抽取方法有 5 类,分别是基于模式匹配、基于词典驱动、基于机器学习、基于本体和混合的方法。基于模式匹配和基于词典驱动的方法都是依靠人工制定规则,耗时耗力,而且可移植性较差。基于本体的方法构造比较复杂,理论尚不成熟。基于机器学习的方法以自然语言处理技术为基础,结合统计语言模型进行关系抽取,方法相对简单,并具有不错的性能,成为当下关系抽取的主流方法。

根据使用的机器学习方法不同,可以将关系抽取划分为三类:基于特征向量的方法、基于核函数的方法及基于神经网络的方法。

(1) 基于特征向量的方法,从包含特定实体对的句子中提取出语义特征,构造特征向量,然后使用支持向量机、最大熵、条件随机场等模型进行关系抽取。

(2) 基于核函数的方法,其重点是巧妙地设计核函数来计算不同关系实例特定表示之间的相似度。缺点:如何设计核函数需要大量的人类工作,不适用于大规模语料上的关系抽取任务。

(3) 基于神经网络的方法,通过构造不同的神经网络模型来自动学习句子的特征,减少了复杂的特征工程及领域专家知识,具有很强的泛化能力。在学习过程中,根据所用的神经网络基本结构的不同,可将基于神经网络的关系抽取方法分为基于递归神经网络(recursive neural network,Rv-NN)的方法、基于卷积神经网络的方法、基于循环神经网络(RNN)的方法和基于混合网络模型的方法 4 类。

基于递归神经网络的关系抽取方法:首先,利用自然语言处理工具对句子进行处理,构建特定的二叉树;然后,解析树上所有的相邻子节点,以特定的语义顺序将其组合成一个父节点。这个过程递归进行,最终计算出整个句子的向量表示。向量计算过程可以看作是将句子进行一个特征抽取过程,该方法对所有的邻接点采用相同的操作。

基于卷积神经网络的关系抽取方法:接受一个特定的向量矩阵作为输入,通过卷积层和池化层的操作将输入转换成一个固定长度的向量,并使用其他特征进行语义信息汇总,再进行抽取。基于卷积神经网络的关系抽取方法框架除了输入层、数据表示层之外,还有窗口层、卷积层、池化层、语义信息汇总层、分类层。

基于循环神经网络的方法在模型设计上使用不同的循环神经网络来获取句子信息,然后对每个时刻的隐状态输出进行组合,在句子层级学习有效特征。在关系抽取问题中,对每一个输入,关系的标记一般只在序列的最后得到。在双向循环神经网络中某一时刻的输出不仅依赖序列中之前的输入,也依赖于后续的输入。

基于混合网络模型的方法是为了更好地抽取句子中的特征,研究人员使用递归神经网络、卷积神经网络与循环神经网络 3 种网络及其他机器学习方法进行组合建模来进行关系抽取的方法。基于文本扩展表示的 ECNN 模型和基于链接的 UniBRNN 模型,将每个神经网络得到的多个结果根据投票机制得到关系的最终抽取结果。另外,也可以将注意力机制引入一个多级的循环神经网络,该方法使用文本序列作为输入,根据标记实体的位置将句子分为 5 部分,使用同一个双向 LSTM 网络在 3 个子序列上独立学习,然后引入词层级的注意力机制关注重要的单词表示,分别得到子序列的向量表示;随后,使用双向 RNN 网络进一步抽取子序列和实体的特征,并再次使用注意力机制将其转换成句子的最终向量表示,并送入分类器中。使用递归神经网络和卷积神经网络组合来进行联合学习,也是一种共享底层网络参数的方法。

2. 命名实体识别

命名实体识别(NER)是从文本中检测出命名实体,并将其分到预定义的类别中,如人物、组织、地点、时间等。在一般情况下,命名实体识别是知识抽取其他任务的基础。其实现过程可分为三步:①定义待标记实体种类;②准备训练数据集(即给训练集数据打上定义的实体标记);③构建并训练命名实体识别模型。命名实体识别任务的目的是预测出输入序列文本中,每个标记(token)所属于的实体类别,它可以是已定义的某一实体类别,也可以是非实体类别。因此,命名实体识别可以抽象成一种文本分类任务,其预测模型可采用以下4 类:规则模型、统计模型、非时序模型、时序模型。

(1) 基于规则模型的命名实体识别有两种常见方法。第一种,正则匹配法:根据已知命名实体特点,制定正则匹配规则,然后在预测时通过正则表达式匹配来进行实体识别。像邮编、电话号码等具有统一规律的实体,多适用这种识别方法。第二种,词库匹配法:将已知命名实体收入数据库中,预测时通过数据库匹配来进行实体识别。像国家、地区、组织等可有限穷举的实体,多适用于这种方法。基于规则的实体识别方法虽然简单,实际上也比较实用,特别是对于一些垂直领域的应用,或者数据量比较少或者没有标签数据时。如果有一个足够丰富的词典库,那么仅仅根据词库也能做到不错的准确率。另外,基于规则的识别方法是一套非常有效的基准(baseline)。

(2). 基于统计模型的命名实体识别方法:一种特别的词库匹配方法。它基于已有的语料实体识别结果,统计每一个 token 被标记为每一种实体的频数,然后取频数最高的类别作为此 token 的实体标记存入数据库;在命名实体识别时通过数据库匹配的方式,查找文本token 的实体类别。这种方法对于某一类单词(可以同时属于多个实体类别,而且不确定性较高)有效性会比较弱。

(3) 基于非时序模型的命名实体识别方法:非时序模型不考虑 token 出现的先后顺序,它独立预测文本中每个 token 属于哪个实体类别。常用的有随机森林、SVM 和神经网络等非时间序列模型。

(4) 基于时序模型的命名实体识别方法:时序模型是命名实体识别的最常用方法,一般生产中多通过人工特征工程+CRF 或 LSTM/Bert 等深度学习方法、自动特征工程方法+CRF 来进行预测。

3. 事件抽取(EE)

就是识别文本中关于事件的信息,并以结构化的形式呈现,例如,从交通事故中识别发生的地点、时间、受害人等信息。大多数基于深度学习的事件提取通常采用监督学习方法,这意味着需要高质量的大数据集。依赖人工标注语料库数据耗时耗力,导致现有事件语料库数据规模小、类型少、分布不均匀。事件提取任务可能非常复杂,一个句子中可能有多个事件类型,不同的事件类型将共享一个事件元素。同样的论点在不同事件中的作用也是不同的。根据抽取范式,基于模式的抽取方法可分为基于流水线(pipeline)的抽取方法和基于联合的抽取方法。基于流水线的抽取方法将事件提取任务转化为多阶段分类问题。它首先检测触发器,并根据触发器判断事件类型。元素提取模型根据事件类型和 2 触发器的预测结果提取元素并对元素角色进行分类。它考虑了触发因素作为事件的核心。然而,这一阶段性战略将导致错误传播。触发器的识别错误将被传递到元素分类阶段将导致整体性能下降。因此,为了克服流水线方法的缺点,研究人员提出了联合方法。联合方法构造了一个联合学习模型来实现触发识别和元素识别,其中触发和元素可以相互促进提取效果。实验证明,联合学习方法的效果优于流水线学习方法。联合事件提取方法避免了事件元素提取中的触发器识别,但不能利用触发器信息。联合事件提取方法认为事件中的触发器和元素同等重要。然而,无论是基于流水线的事件提取,还是基于联合的事件提取,都无法避免事件类型预测错误对元素提取性能的影响。此外,这些方法不能在不同的事件类型之间共享信息,不能独立地学习每种类型,这不利于仅使用少量标记数据的事件提取。传统的事件提取方法对深度特征的学习具有挑战性,使得依赖于复杂语义关系的事件提取任务难以改进。最新的事件提取工作基于深度学习体系结构,如卷积神经网络(CNN)、循环神经网络(RNN)、图形神经网络(GNN)、Transformer 或其他网络。深度学习方法可以捕获复杂的语义关系,显著改善多事件提取数据集。

5.7.3　问答系统

自动问答(question answering,QA)是指利用计算机自动回答用户所提出的问题,以满足用户知识需求的任务。不同于现有搜索引擎,问答系统是信息服务的一种高级形式,系统返回用户的不再是基于关键词匹配排序的文档列表,而是精准的自然语言答案。问答系统基本框架如图 5.12 所示。

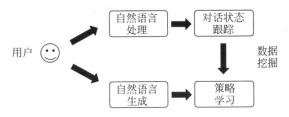

图 5.12　问答系统基本框架

构建问答系统的过程通常包括三个关键步骤:首先,对提问内容进行识别和提取关键语义信息。其次,通过查询现有的知识库来获取现成的答案,或者进行简单的推理以得出结论。最后,将答案以文本形式输出。为了实现这一过程,需要运用多项关键技术,包括分词、句法分析、语义分析、推理、知识工程和自然语言生成等。

问答系统通常包括两个主要组件:问题理解和答案生成。问题理解组件负责将用户提出的问题转化为机器可理解的形式,通常涉及问题分类、实体识别、关键词提取等技术。答案生成组件则根据问题的理解结果,从预定义的知识库、文档集合或其他数据源中提取相关信息,并生成最合适的答案。

1. 问题理解

在问答系统中,问题理解是一个关键步骤,其目标是确保系统准确理解用户提出的问题,以便能够有效地检索或生成合适的答案。问题理解涉及以下几个方面。

（1）语法和词法分析：系统需要进行语法和词法分析，以理解问题的基本结构和单词含义。这包括识别词性、短语结构和语法规则。

（2）实体识别：在问题理解阶段，系统通常会尝试识别问题中的实体，如人名、地名、日期等。这有助于更好地理解问题的上下文和含义。

（3）问题类型分类：将问题分为不同的类型有助于系统更好地理解问题的本质。例如，问题可以分为事实型、推理型、描述型等，不同类型的问题可能需要不同的处理方法。

（4）意图识别：问题理解还涉及识别用户的意图。理解用户提问的目的有助于系统更好地定位答案的信息来源。

（5）关键词抽取：识别问题中的关键词对于后续的信息检索至关重要。系统需要确定哪些词是问题的关键信息，以便更好地匹配答案。

（6）上下文考虑：有些问题的理解需要考虑上下文信息，特别是在对话式问答系统中。系统需要理解之前的对话历史，确保对当前问题的理解是基于正确的语境的。

（7）问题重述：在一些情况下，系统可能需要对问题进行重述或澄清，以确保准确理解用户的意图。这可以通过对用户提问进行追问或解释来实现。

综合来看，问题理解是一个多层次、多方面的过程，需要综合考虑语法、语义、上下文和用户意图等因素。现代的问答系统通常使用深度学习和自然语言处理技术，例如循环神经网络（RNN）、长短时记忆网络（LSTM）和注意力机制，来提高问题理解的准确性和效率。

2. 答案生成

问答系统中的答案生成是指系统根据理解用户提出的问题，产生一个合适的答案的过程。这个过程可以基于事先存储的知识库进行检索，也可以通过语言生成模型生成全新的答案。以下是答案生成的主要步骤和方法。

（1）信息检索（retrieval）：在许多问答系统中，首先会进行信息检索的步骤。系统会根据问题在预定义的知识库或语料库中进行检索，以找到可能包含答案的文档、文章或段落。检索可以基于关键词匹配、相似性分数等方法进行。

（2）答案抽取（answer extraction）：如果系统在信息检索阶段找到了包含答案的文本片段，接下来就是从这些文本片段中抽取出具体的答案。这可能涉及实体识别、关系抽取等技术，以确保抽取的信息是准确的、相关的答案。

（3）生成式方法（generative approaches）：另一种答案生成的方法是使用生成式模型，例如，循环神经网络（RNN）、长短时记忆网络（LSTM）或最新的 Transformer 模型。这些模型可以接收问题作为输入，然后生成自然语言形式的答案。这种方法的优势在于可以生成灵活、具体的答案，而不仅仅是从先前的文本中抽取信息。

（4）注意力机制（attention mechanism）：在答案生成的过程中，注意力机制是一个关键的技术。注意力机制允许模型在生成每个单词时"注意"输入序列的不同部分，以便更好地捕捉相关的上下文信息。这对于处理长文本和复杂问题特别有帮助。

（5）后处理（post-processing）：生成的答案可能需要进行后处理，以确保其流畅性、一致性和可读性。这可能包括语法修正、指代消解（解决代词引用）等步骤。

（6）评估和反馈：生成的答案需要经过评估，以确定其质量和准确性。一些系统可能会利用用户反馈来不断改进答案生成的模型。

总体而言,答案生成是问答系统中一个复杂而关键的步骤。不同系统可能采用不同的方法和技术,这取决于其设计目标、应用场景和可用的数据。近年来,深度学习技术的发展为答案生成提供了更强大的工具,使系统能够更好地理解和回应用户提出的问题。

5.7.4 情感分析

情感分析是机器学习在文本分析应用中的一项重要任务,旨在自动识别和分析文本中所表达的情感或情绪状态。它可以帮助人们了解用户对产品、服务、观点等的情感倾向,从而支持决策制定、市场研究、舆情监测等应用。

情感分析通常包括以下 5 个关键步骤。

(1) 数据预处理:在进行情感分析之前,需要对文本数据进行预处理。这包括文本清洗、分词、去除停用词等操作。文本清洗可以去除噪声数据和特殊字符,分词将文本分割成独立的词语,去除停用词可以过滤掉常见但没有情感倾向的词汇。

(2) 特征提取:目标是将文本数据转化为机器学习算法可以处理的数值特征。常用的特征提取方法包括词袋模型、词频-逆向文档频率和词嵌入等。这些方法可以将文本表示为向量形式,以便进行后续的情感分析任务。

(3) 模型训练:在情感分析中,常用的机器学习算法包括支持向量机、朴素贝叶斯(naive Bayes)、逻辑回归(logistic regression)和深度学习模型如循环神经网络(RNN)和卷积神经网络(CNN)等。这些算法可以使用标注的情感标签进行训练,学习文本与情感之间的关联。

(4) 模型评估:训练完成后,需要对情感分析模型进行评估。常用的评估指标包括准确率、召回率、F1 值等。评估的过程可以使用交叉验证等技术来确保模型的泛化能力和鲁棒性。

(5) 情感分类:在模型训练和评估完成后,可以使用情感分析模型对新的文本进行情感分类。根据模型的输出,文本可以被划分为正面情感、负面情感或中性情感等。

通过一个具体的例子说明了 Text-CNN 的模型架构,如图 5.13 所示。输入是具有 11 个词元的句子,其中每个词元由 6 维向量表示。因此,有一个宽度为 11 的 6 通道输入。定义两个宽度为 2 和 4 的一维卷积核,分别具有 4 个和 5 个输出通道。它们产生 4 个宽度为 $11-2+1=10$ 的输出通道和 5 个宽度为 $11-4+1=8$ 的输出通道。尽管这 9 个通道的宽度不同,但最大时间汇聚层给出了一个连接的 9 维向量,该向量最终被转换为用于二元情感预测的 2 维输出向量。

在实际应用中,情感分析可以帮助企业和组织了解用户的情感倾向,对产品或服务进行改进和优化。它可以应用于社交媒体分析、在线评论分析、舆情监测、品牌管理等领域。此外,情感分析还可以与其他文本分析任务结合,如主题分类、实体识别等,以获取更全面的文本分析结果。

总体而言,机器学习在文本分析应用中的情感分析任务旨在自动识别和分析文本中的情感倾向。它涉及数据预处理、特征提取、模型训练和评估等步骤,以实现对文本情感的分类和分析。情感分析可应用于多个领域,帮助企业和组织了解用户情感反馈,从而作出相应的决策和改进。

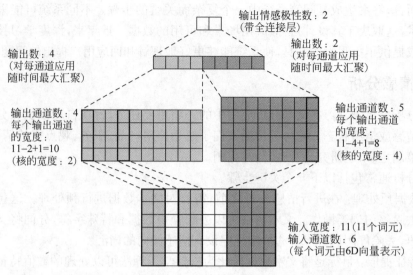

图 5.13　Text-CNN 的模型架构

5.7.5　摘要生成

摘要的目的是帮助读者快速了解原文的主题和重点,而无须阅读原文的全部内容。在文本分析中,摘要生成是指从一段长篇文本中自动提取主要内容和关键信息,生成一段较短的文本摘要。摘要生成系统会通过计算词频、位置、语法关系等特征,自动识别原文本中的主题句和重要句子,然后根据这些句子的相关性和重要性进行排序,选择排名前几的关键句组成新的摘要文本。一般来说,自动生成的摘要长度通常控制在原文长度的 $10\%\sim30\%$,摘要应保留原文的主旨和重点,同时删除无关细节和重复信息。常见的摘要生成算法包括统计方法、深度学习方法及基于知识图谱的方法等。生成的摘要质量取决于原文质量和算法模型的训练效果,总体来说,文本摘要生成就是通过计算机自动学习和分析原文,提取关键信息并生成简短摘要的过程,目的是帮助读者快速理解原文主旨。它在文本分析和理解中具有重要应用价值。

(1) 统计方法。这是最早和最简单的方法,通过统计词频、位置等特征来评估句子的重要性。包括:TF-IDF,根据词频(TF)和逆向文档频率(IDF)来衡量词的重要性;TextRank,基于图论[50],将文本建模为词之间的关联图,采用 PageRank 算法[51]来评估句子重要性。

(2) 生成式方法。利用神经网络生成新的摘要句子,而不是直接从原文中提取。如 seq2seq 模型[52]将原文编码成向量,解码成摘要。

(3) 提取式方法。直接从原文中抽取关键句子组成摘要。如 Pointer Network 通过注意力机制选择原文关键句。

(4) 深度学习方法。利用 RNN/CNN 等深度模型学习文本特征,如 BERT、Transformer 等预训练语言模型也常用于摘要任务。

(5) 基于知识图谱的方法。利用外部知识库如 ConceptNet 等构建文本知识图谱,辅助识别主题和提取重要信息。

（6）混合方法。结合上述多种方法的优点，如先提取候选句子再生成新摘要等。

综上，统计方法简单但效果一般；深度学习方法效果好但计算成本高；生成式方法可以产生新的语言；提取式方法保留原文信息等。实际应用也常结合多种方法。

习题

1. 请简述文本分析的一般过程。
2. 计算 TF-IDF 的公式是什么？
3. 如何计算信息熵？
4. 互信息有哪些特性？
5. 如何解决卡方公式出现单元格理论数据过小的问题？
6. 请概述 One-Hot 模型存在的问题。
7. 请描述 VSM 模型的优缺点。
8. 常用的相似度计算方法有哪些？
9. 计算余弦系数的相似度公式是什么？
10. 请描述实现文献检索的一般步骤。
11. 在文本分析中，问题理解会涉及哪些方面问题？

第6章 神经网络

6.1 神经网络的工作方式和分类

  神经网络是一种计算模型,受人类神经系统的启发而设计。它是一种用于机器学习和人工智能的重要工具,可以通过学习和适应数据来执行各种任务,如分类、预测、识别模式等。神经网络由大量相互连接的人工神经元(也称为节点或单元)组成,这些神经元模拟了生物神经元之间的连接。每个神经元接收输入、执行计算并生成输出。这些神经元按照层次结构排列,形成一个网络。典型的神经网络包括输入层、隐藏层和输出层。输入层接收原始数据,如图像像素值或传感器读数。隐藏层是位于输入层和输出层之间的一层或多层,它们执行中间计算并提取数据的特征。输出层产生最终的预测结果或执行特定的任务。神经网络的关键组成部分是权重和激活函数。权重是连接神经元之间的参数,它们决定了输入信号在网络中传播时的重要性。激活函数定义了神经元的输出,将输入信号转换为非线性的响应。

  神经网络的工作方式是通过前向传播和反向传播来实现的。在前向传播中,输入数据从输入层传递到输出层,每个神经元根据权重和激活函数计算并传递信号。然后,比较输出结果和预期结果,通过反向传播算法来调整权重,以使网络的预测结果更接近预期结果。神经网络的优点之一是它们可以从数据中学习并进行自适应。使用大量的标记数据训练神经网络,它们可以捕捉数据中的复杂模式和关联,并进行预测和决策。神经网络在各种领域都有广泛的应用,包括图像和语音识别、自然语言处理、推荐系统、机器翻译、医学诊断、金融预测等。深度学习是神经网络的一个重要分支,它使用具有多个隐藏层的深层神经网络来处理更复杂的任务。

  总的来说,神经网络是一种强大的计算模型,通过模拟生物神经系统的工作原理,可以从数据中学习和进行预测。它们在人工智能和机器学习领域发挥着重要的作用,并在许多实际应用中取得了显著的成果。在接下来的章节中,将深入探讨不同类型的神经网络,包括前馈神经网络、反馈神经网络和自组织神经网络,揭示它们在不同领域和任务中的独特应用和优势。

6.1.1 前馈神经网络

给定一组神经元,可以以神经元为节点来构建一个网络。不同的神经网络模型有着不同网络连接的拓扑结构。一种比较直接的拓扑结构是前馈网络。前馈神经网络(feedforward neural network,FNN)是最早发明的简单人工神经网络[53]。在前馈神经网络中,不同的神经元属于不同的层,每一层的神经元可以接收前一层的神经元信号,并产生信号输出到下一层。第 0 层叫作输入层,最后一层叫作输出层,中间层叫作隐藏层,整个网络中无反馈,信号从输入层到输出层单向传播,可用一个有向无环图表示。前馈神经网络也称为多层感知器(multi-layer perceptron,MLP)。但是多层感知器的叫法并不准确,因为前馈神经网络其实是由多层 Logistic 回归模型(连续的非线性模型)组成,而不是由多层感知器模型(非连续的非线性模型)组成。简单的前馈神经网络如图 6.1 所示。

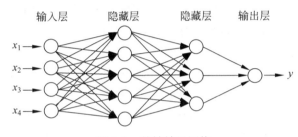

图 6.1 前馈神经网络

一般地,前馈神经网络即神经网络模型,其结构由三个主要部分组成,它们是输入层、隐藏层和输出层。

输入层:数据进入网络的地方,如图片的像素信息,或者是语句的词向量。

隐藏层:在输入层和输出层之间,可以包含一个或多个。隐藏层的主要任务是对输入进行一系列计算和转换,使网络能学习和表示更复杂的函数。每个隐藏层都由很多神经元(也称为节点)组成,每个神经元都有一个激活函数,如 Sigmoid、Relu 和 Tanh 等。

输出层:产生网络对输入数据的响应。例如,在分类任务中,每个节点可能会对应一个类别,节点输出的概率最大的那个类别就是网络的预测结果。

前馈神经网络是最初的深度学习模型,虽然其结构相对简单,但在许多问题上仍可表现出良好的性能。例如,多层感知器(MLP)就是典型的前馈神经网络。

神经网络的信息传播公式如下:

$$z^l = W^l \cdot a^{l-1} + b^l$$
$$a^l = f_l(z^l)$$

上式也可以合并写为

$$z^l = W^l \cdot f_{l-1}(z^{l-1}) + b^l$$

这样神经网络可以通过逐层的信息传递,得到网络最后的输出 a^L。整个网络可以看作一个复合函数:

$$\phi(\boldsymbol{x}; W, b)$$

将向量 $\boldsymbol{x}$ 作为第 1 层的输入 a^0,将第 L 层的输出 a^L 作为整个函数的输出。

$$\boldsymbol{x} = a^0 \to z^1 \to a^1 \to z^2 \cdots \to a^{L-1} \to z^L \to a^L = \phi(\boldsymbol{x}; W, b)$$

其中，W、b 表示网络中所有层的连接权重和偏置。

当涉及更复杂数学建模和预测问题时，前馈神经网络的表现可能受限。为了解决更复杂的问题，研究人员开发了其他类型的神经网络模型，这些模型在某些方面对前馈神经网络进行了扩展和改进。

6.1.2 反馈神经网络

反馈神经网络（feedback neural network，FBNN）是一种具有环路结构的人工神经网络，能够实现从输出到输入的反馈连接。这种网络结构可以增强信息的内部循环，使得网络能够更好地捕捉时间序列数据中的长程依赖关系。反馈神经网络首先由 Hopfield 提出，因此通常把反馈神经网络称为 Hopfield 网络。在这种网络模型的研究中，首次引入了网络能量函数的概念，并给出了网络稳定性的判据。1984 年，Hopfield 提出了网络模型实现的电子电路，为神经网络的工程实现指明了方向。这种网络是反馈网络的一种，所有神经单元之间相互连接，具有丰富的动力学特性。现在，Hopfield 网络已经广泛应用于联想记忆和优化计算，取得了很好的效果。

反馈神经网络是一种自我反馈的神经网络系统。它就像一个不断运转的机器，输入信息后，通过一系列的神经元之间的连接和相互作用，最终产生输出。这个输出会被反馈回来，与新的输入一起再次进行处理，直到网络的输出达到一个稳定的状态。

反馈神经网络的基本结构包括输入层、输出层和隐藏层。输入层负责接收外部的信息，隐藏层负责将输入转化为有意义的特征，输出层则负责将隐藏层的信息转化为人们需要的结果。在隐藏层和输出层之间，有一个或多个反馈连接，使得网络的输出可以反馈到输入层。如图 6.2 所示。

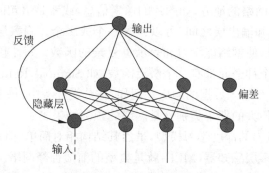

图 6.2 反馈神经网络

反馈神经网络的学习是通过调整神经元之间的连接权重来实现的。这种学习过程可以看作是一种记忆过程。当网络接收到一个输入时，它会尝试联想之前学过的模式，从而产生一个输出。如果这个输出与期望的输出有误差，那么网络就会调整权重，使得下次遇到相同或类似的输入时，能够产生更准确的输出。

反馈神经网络的动态行为是其另一个重要特点。当网络接收到一个输入后，它会经过一系列的连接和作用，最终产生一个输出。这个输出会被反馈回来，与新的输入一起再次进行处理。这个过程会不断重复，直到网络的输出达到一个稳定的状态。这种动态行为使得反馈神经网络能够处理那些随时间变化的问题，如时间序列分析、预测等。

相比前馈神经网络，反馈神经网络更适合应用在联想记忆和优化计算等领域。这是因为反馈神经网络具有自我反馈的机制，能够将自身的输出反馈回来，与新的输入一起再次进行处理，从而具有更强的联想和记忆能力。此外，反馈神经网络的学习主要采用 Hebb 学习规则，该规则根据神经元之间的连接强度来调整神经元的权重。在训练过程中，网络会根据目标输出和实际输出之间的误差来调整权重，使得网络能够逐渐适应不同的输入模式。

典型的反馈神经网络有：Hopfield 网络、Elman 网络[54]、CG 网络模型、盒中脑（BSB）模型和双向联想记忆（BAM）[55]等。下面以 Hopfield 模型为例作简要介绍。

Hopfield 网络分为离散型（DHNN）和连续型（CHNN）两种模式。最初提出的 Hopfield 网络是离散网络，输出是只能取 0 和 1，分别表示是神经元的抑制和兴奋状态。如图 6.3 所示。

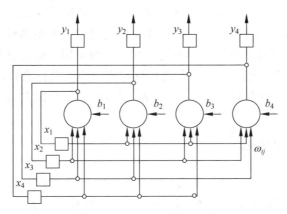

图 6.3　Hopfield 网络示意

x_i 为输入神经元，没有实际功能，即无函数计算。y_i 为输出神经元，其功能是使用阈值函数对计算结果进行二值化，即前面在单层感知机使用过的函数。b_i 为中间层，输入和输出层的存在连接权值为 w_{ij}。b 为偏置。于是，在 t 时刻，有如下公式

$$x_i(t) = \sum_{\substack{j=1 \\ j \neq 1}}^{N} \omega_{ij} y_j(t) + b_i$$

在 $t+1$ 时刻，输出的 y 值满足如下公式：

$$y_i(t+1) = f(x_i(t))$$

Hopfield 网络按神经动力学的方式运行，工作过程为状态的演化过程，对于给定的初始状态，按"能量"减少的方式演化，最终达到稳定状态。对于反馈神经网络来说，稳定性是至关重要的性质，但是反馈网络不一定都能收敛。网络从初态 $Y(0)$ 开始，经过有限次递归之后，如果状态不再发生变化，即 $y(t+1)=y(t)$，则称该网络是稳定的。对于不稳定系统，它往往是从发散到无穷远的系统，对于离散网络来说，由于输出只能取二值化的值，因此不会出现无穷大的情况，此时，网络出现有限幅度的自持振荡，在有限个状态中反复循环，称为有限环网络。在有限环网络中，系统在不确定的几个状态中循环往复。系统也不可能收敛于一个确定的状态，而是在无限多个状态之间变化，但是轨迹并不发散到无穷远，这种现象称为混沌。

Hopfield 网络可以用于联想记忆，因此又称联想记忆网络，和人脑的联想记忆功能类似。它分为两个阶段。

（1）记忆阶段。在记忆阶段中，外界输入数据，使系统自动调整网络的权值，最终用合适的权值使系统具有若干个稳定状态，即吸收子。其吸收域半径定义为吸收子所能吸收的状态的最大距离。吸收域半径越大，说明联想能力越强。联想记忆网络的记忆容量，定义为吸收子的数量。

（2）联想阶段。网络中神经元的个数与输入向量长度相同。初始化完成后，反复迭代直到神经元的状态不再发生变化为止，此时输出的吸收子就是对应输入进行联想的返回结果。在联想阶段，网络使用反馈连接来迭代更新神经元的状态，直到网络的状态达到一个稳定的吸收子。这个吸收子可以看作是网络对于输入的联想记忆结果。通过调整网络的权重，可以实现对于不同输入的联想记忆和模式识别的功能。

反馈神经网络是一种具有自我反馈和动态行为的神经网络系统。它通过调整神经元之间的连接权重来学习和记忆输入模式，并通过反馈连接动态地更新输出。反馈神经网络在联想记忆、优化计算和时间序列分析等领域具有广泛的应用。通过联想记忆和优化计算等功能，反馈神经网络能够将输入的信息与之前学习到的模式进行关联，并产生准确而有意义的输出。这使得反馈神经网络成为一种强大的工具，可以处理随时间变化的问题并具有联想和记忆能力。

6.1.3　自组织神经网络

自组织映射（SOM）神经网络是无监督学习方法中一类重要的方法[56]，可以用作聚类、高维可视化、数据压缩、特征提取等多种用途。在深度神经网络大为流行的今天，谈及自组织映射神经网络依然是一件非常有意义的事情，这主要是由于自组织映射神经网络融入了大量人脑神经元的信号处理机制，有着独特的结构特点。该模型由芬兰赫尔辛基大学教授Teuvo Kohonen 于 1981 年提出，因此也被称为 Kohonen 网络。

在生物神经系统中，存在着一种侧抑制现象，即一个神经细胞兴奋以后，会对周围其他神经细胞产生抑制作用。这种抑制作用会使神经细胞之间出现竞争，其结果是某些获胜，而另一些则失败。表现形式是获胜神经细胞兴奋，失败神经细胞抑制。自组织（竞争型）神经网络就是模拟上述生物神经系统功能的人工神经网络。

自组织（竞争型）神经网络的结构及其学习规则与其他神经网络相比具有自己的特点。在网络结构上，它一般是由输入层和竞争层构成的两层网络；两层之间各神经元实现双向连接，而且网络没有隐含层。有时，竞争层各神经元之间还存在横向连接（注：上面说的特点只是根据传统网络设计来说的一般情况，随着技术发展，尤其是深度学习技术的演进，这种简单的自组织网络也会有所改变，比如，变得更深，或者引入时间序列（time series，概念）。在学习算法上，它模拟生物神经元之间的兴奋、协调与抑制、竞争作用的信息处理的动力学原理来指导网络的学习与工作，而不像多层神经网络（MLP）那样以网络的误差作为算法的准则。自组织（竞争型）神经网络构成的基本思想是网络的竞争层各神经元竞争对输入模式响应的机会，最后仅有一个神经元成为竞争的胜者。这一获胜神经元则表示对输入模式的分类。因此，很容易把这样的结果和聚类联系在一起。

1. 概念与原理

一种自组织神经网络的典型结构由输入层和竞争层组成，如图 6.4 所示。它主要完成的任务基本还是"分类"和"聚类"，前者有监督，后者无监督。

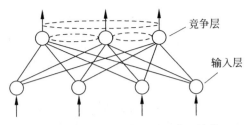

图 6.4 自组织神经网络的典型结构

(1) 分类：在类别知识等导师信号的指导下，将待识别的输入模式分配到各自的模式类中去。

(2) 聚类：无导师指导的分类称为聚类。聚类的目的是将相似的模式样本划归一类，而将不相似的分离开，其结果实现了模式样本的类内相似性和类间分离性。由于无导师学习的训练样本中不含有期望输出，因此对于某一输入模式样本应属于哪一类没有任何先验知识。对于一组输入模式，只能根据它们之间的相似性程度分为若干类，因此，相似性是输入模式的聚类依据。竞争学习的步骤如下。

(1) 向量归一化。

(2) 寻找获胜神经元。

(3) 网络输出与权值调整。

步骤(3)完成后回到步骤(1)继续训练，直到学习率衰减到零。学习率处于(0,1]，一般随着学习的进展而减小，即调整的程度越来越小，神经元(权重)趋于聚类中心。

典型的 SOM 网络共有两层，输入层模拟感知外界输入信息的视网膜，输出层模拟作出响应的大脑皮层。SOM 网络的获胜神经元对其邻近神经元的影响是由近及远，由兴奋逐渐转变为抑制，因此其学习算法中不仅获胜神经元本身要调整权向量，它周围的神经元在其影响下也要程度不同地调整权向量。这种调整可用三种函数表示，如图 6.5 所示。

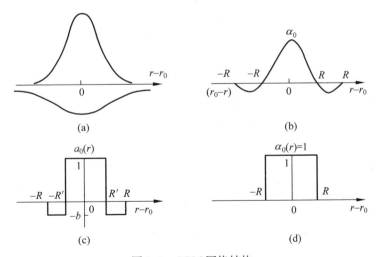

图 6.5 SOM 网络结构

Kohonen 算法的基本思想是获胜神经元对其邻近神经元的影响是由近及远，对附近神经元产生兴奋影响逐渐变为抑制。在 SOM 中，不仅获胜神经元要训练调整权向量，它周围的神经元也要不同程度调整权向量。

常见的调整方式有如下几种。

墨西哥草帽函数：获胜节点有最大的权值调整量，邻近的节点有稍小的调整量，离获胜节点距离越大，权值调整量越小，直到某一距离 O_d 时，权值调整量为零；当距离再远一些时，权值调整量稍负，更远又回到零。如图 6.5(b)所示。

大礼帽函数：墨西哥草帽函数的一种简化，如图 6.5(c)所示。

厨师帽函数：大礼帽函数的一种简化，如图 6.5(d)所示。

2. SOM Kohonen 学习算法

Kohonen 学习算法步骤如下。

(1) 初始化，对竞争层（也是输出层）各神经元权重赋予随机数初值，并进行归一化处理，得到 $W_j, j=1,2,3,\cdots,n$；建立初始优胜领域 $N_j(0)$；学习率 η 初始化；

(2) 对输入数据进行归一化处理，得到 x^p，总共有 p 个数据；

(3) 寻找获胜神经元：从 x^p 与所有 w^j 的内积中找到最大 j；

(4) 定义优胜邻域 $N_j(t)$ 为以 j 为中心确定 t 时刻的权重调整域，一般初始邻域 $N_j(0)$ 较大，训练时 $N_j(t)$ 随训练时间逐渐收缩；

(5) 调整权重，对优胜邻域 $N_j(t)$ 内的所有神经元调整权重：

$$W_{i,j}(t+1)=W_{i,j}(t)+\eta_{t,n}[x_{pi}-W_{i,j}(t)]$$

其中，i 是一个神经元所有输入边的序标。式中，$\eta_{t,n}$ 是训练时间 t 和邻域内第 j 个神经元与获胜神经元 j 之间的拓扑距离 n 的函数，该函数一般有如下规律：

$$t\uparrow \eta\downarrow, \quad n\uparrow \rightarrow \eta\downarrow$$

(6) 结束检查，查看学习率是否减小到零，或者已小于阈值。

6.2 神经网络的相关概念

下面是一些与神经网络相关的重要概念。

(1) 人工神经元(artificial neuron)：人工神经网络的基本单元，也称为节点或神经元。它接收输入信号，并通过加权和激活函数对输入信号进行处理，产生输出信号。

(2) 权重(weight)：神经网络中连接的强度，用于调整输入信号的相对重要性。每个连接都有一个关联的权重，决定了输入信号对神经元输出的影响程度。

(3) 激活函数(activation function)：应用于神经元输出的非线性函数。它将加权和的结果转换为神经元的最终输出。常见的激活函数包括 Sigmoid、ReLU、Tanh 等。

(4) 前向传播(forward propagation)：神经网络中信号从输入层经过各层传递到输出层的过程。在前向传播中，每个神经元将其输入与权重相乘并通过激活函数产生输出。

(5) 反向传播(back propagation)：神经网络中用于训练的一种算法。它通过比较网络的输出和预期输出来计算误差，并将误差沿着网络反向传播，以调整权重，使网络的输出逐渐接近预期结果。

(6) 层(layer)：神经网络中的神经元可以组织成多个层次。常见的层次包括输入层、隐藏层和输出层。输入层接收原始数据，隐藏层执行中间计算和特征提取，输出层产生最终的预测结果。

(7) 深度神经网络(deep neural network)：具有多个隐藏层的神经网络。深度神经网

络在处理复杂任务和学习高级特征方面具有优势,如图像识别、自然语言处理等。

（8）训练集和测试集（training set and test set）：用于训练和评估神经网络的数据集。训练集用于调整网络的权重和参数,测试集用于评估网络的性能和泛化能力。

（9）过拟合（overfitting）：当神经网络过度适应训练集数据时,可能会导致过拟合问题。过拟合指的是网络在训练集上表现很好,但在未见过的数据上表现较差。

（10）正则化（regularization）：一种用于减少过拟合的技术。正则化方法通过添加正则项或限制网络的复杂度来控制权重的大小,从而防止网络过度拟合训练数据。

这些概念是神经网络中的基本要素,了解它们对于理解神经网络的工作原理和应用至关重要。

6.2.1　激活函数

激活函数是神经网络中的重要组成部分,用于对神经元的输出进行非线性变换。激活函数的作用是引入非线性,使得神经网络能够学习和表示更复杂的函数关系。如果没有激活函数,那么再多层的神经网络也只能处理线性可分问题。常用的激活函数有 Sigmoid、tanh、ReLU、Softmax 等。

1. Sigmoid 函数

Sigmoid 函数将输入变换为 $(0,1)$ 上的输出。它将范围 $(-\inf, \inf)$ 中的任意输入压缩到区间 $(0,1)$ 中的某个值:

$$\mathrm{Sigmoid}(x) = \frac{1}{1 + \mathrm{e}^{-x}}$$

Sigmoid 函数是一个自然的选择,因为它是一个平滑的、可微的阈值单元近似。当想要将输出视作二元分类问题的概率时,Sigmoid 仍然被广泛用于输出单元上的激活函数(可以将 Sigmoid 视为 Softmax 的特例)。然而,Sigmoid 在隐藏层中已经较少使用,它在大部分时候为更简单、更容易训练的 ReLU 所取代。图 6.6 为 Sigmoid 函数的图像表示,当输入接近 0 时,Sigmoid 更接近线形变换。

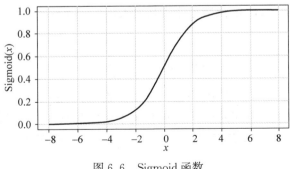

图 6.6　Sigmoid 函数

演示代码如下:

```
import torch
from d2l import torch as d2l
```

```
%matplotlib inline
x = torch.arange( − 8.0,8.0,0.1,requires_grad = True)
sigmoid = torch.nn.Sigmoid()
y = Sigmoid(x)
d2l.plot(x.detach(),y.detach(),'x','Sigmoid(x)',figsize = (5,2.5))
```

Sigmoid 函数的导数为

$$\frac{\mathrm{d}}{\mathrm{d}x}\mathrm{Sigmoid}(x) = \frac{\mathrm{e}^{-x}}{(1+\mathrm{e}^{-x})^2} = \mathrm{Sigmoid}(x)(1-\mathrm{Sigmoid}(x))$$

Sigmoid 函数的导数图像如图 6.7 所示。当输入值为 0 时,Sigmoid 函数的导数达到最大值 0.25;而输入在任一方向上越远离 0 点时,导数越接近 0。

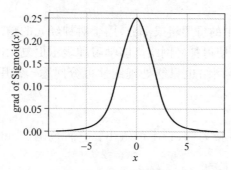

图 6.7　Sigmoid 函数导数

演示代码如下:

```
♯清除以前的梯度
♯retain_graph 如果设置为 False,计算图中的中间变量在计算完后就会被释放。
y.backward(torch.ones_like(x),retain_graph = True)
d2l.plot(x.detach(),x.grad,'x','grad of sigmoid')
```

2. tanh 函数

与 Sigmoid 函数类似,tanh 函数也能将其输入压缩转换到区间(−1,1)上,tanh 函数的公式如下:

$$\tanh(x) = \frac{1-\mathrm{e}^{-2x}}{1+\mathrm{e}^{-2x}}$$

tanh 函数的图像如图 6.8 所示,当输入在 0 附近时,tanh 函数接近线形变换。函数的形状类似于 Sigmoid 函数,不同的是 tanh 函数关于坐标系原点中心对称。

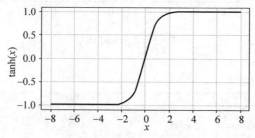

图 6.8　tanh 函数

演示代码如下：

```
import torch
from d2l import torch as d2l
% matplotlib inline
x = torch.arange(-8.0,8.0,0.1,requires_grad=True)
tanh = torch.nn.Tanh()
y = tanh(x)
d2l.plot(x.detach(),y.detach(),'x','tanh(x)',figsize=(5,2.5))
```

tanh 函数的导数为

$$\frac{\mathrm{d}}{\mathrm{d}x}\tanh(x) = 1 - \tanh^2(x)$$

tanh 函数的导数如图 6.9 所示，当输入接近 0 时，tanh 函数的导数接近最大值 1。与 Sigmoid 函数图像中看到的类似，输入在任一方向上远离 0 点，导数越接近 0。

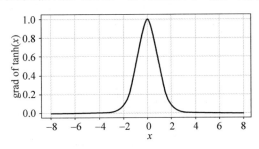

图 6.9　tanh 函数导数

演示代码如下：

```
y.backward(torch.ones_like(x),retain_graph=True)
d2l.plot(x.detach(),x.grad,'x','grad of tanh',figsize=(5,2.5))
```

3. ReLU 函数

线性整流单元(ReLU)提供了一种非常简单的非线性变换。给定元素 x，ReLU 函数被定义为该元素与 0 的最大值，即

$$\mathrm{ReLU}(x) = \max(x,0)$$

ReLU 函数通过将相应的活性值设为 0，仅保留正元素并丢弃所有负元素。图 6.10 为 ReLU 函数的曲线图。

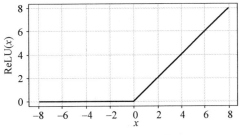

图 6.10　ReLU 函数

演示代码如下：

```
import torch
from d2l import torch as d2l
% matplotlib inline
x = torch. arange( − 8.0,8.0,0.1,requires_grad = True)
relu = torch. nn. ReLU( )
y = relu(x)
d2l.plot(x.detach(),y.detach(),'x','relu',figsize = (5,2.5))
```

当输入为负时，ReLU 函数的导数为 0，而当输入为正时，ReLU 函数的导数为 1。当输入值等于 0 时，ReLU 函数不可导。图 6.11 为 ReLU 函数的导数，表示为

$$f'(x) = \begin{cases} 1, & x \geqslant 0 \\ 0, & x < 0 \end{cases}$$

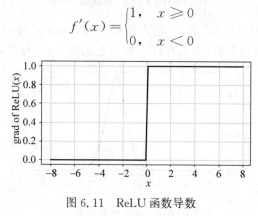

图 6.11　ReLU 函数导数

演示代码如下：

```
# retain_graph 如果设置为 False,计算图中的中间变量在计算完后就会被释放。
y. backward( torch. ones_like(x),retain_graph = True)
d2l.plot(x.detach(),x.grad,'x','grad of relu',figsize = (5,2.5))
```

ReLU 函数求导后形式直观：要么让参数消失，要么让参数通过。ReLU 减轻了神经网络的梯度消失问题。ReLU 函数有很多变体，如 LeakyReLU、pReLU 等。

4. Softmax 函数

在二分类任务时，经常使用 Sigmoid 激活函数。而在处理多分类问题时，需要使用 Softmax 函数。它的输出有两条规则。每一项的区间范围为 $(0,1)$，所有项相加的和为 1。假设有一个数组 V，V_i 代表 V 中的第 i 个元素，那么这个元素的 Softmax 值的计算公式为

$$S_i = \frac{e^i}{\sum_j e^j}$$

Softmax 函数为

$$y'_i = \frac{\exp(y_i)}{\sum_j \exp(y_i)}, \quad \begin{cases} 1 > y'_i > 0 \\ \sum_i y'_i = 1 \end{cases}$$

图 6.12 为更为详细的计算过程。

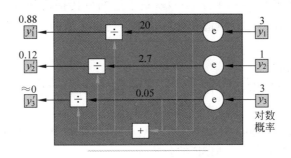

图 6.12 Softmax 函数

如图 6.12 所示,输入的数组为 $[3,1,-3]$。那么每项的计算过程如下。

当输入为 3 时,计算公式为

$$\frac{e^3}{e^3+e^1+e^{-3}} \approx 0.88$$

当输入为 1 时,计算公式为

$$\frac{e^1}{e^3+e^1+e^{-3}} \approx 0.12$$

当输入为 -3 时,计算公式为

$$\frac{e^{-3}}{e^3+e^1+e^{-3}} \approx 0$$

综上所述,在搭建神经网络时,应该从以下两个方面选择激活函数。

如果搭建的神经网络的层数不多时,选择 Sigmoid、tanh、ReLU 都可以;如果搭建的网络层数较多时,选择不当会造成梯度消失的问题,此时一般不宜选择 Sigmoid、tanh 函数,最好选择 ReLU 函数。

在二分类问题中,网络的最后一层适合使用 Sigmoid 函数;而多分类任务中,网络的最后一层适合使用 Softmax 函数。

6.2.2 损失函数

1. 什么是损失函数

损失函数(loss function)是用来衡量神经网络在训练过程中预测结果与实际结果之间的差异的函数。它是神经网络优化的目标函数,通过最小化损失函数的值来调整网络的权重和参数,使网络能够更准确地预测目标值。

2. 为什么需要损失函数

在机器学习中,人们想让预测值无限接近于真实值,所以需要将差值降到最低(在这个过程中就需要引入损失函数)。而在此过程中,损失函数的选择是十分关键的,在具体的项目中,有些损失函数计算的差值梯度下降得快,而有些下降得慢,所以选择合适的损失函数也是十分关键的。

3. 损失函数通常使用的位置

在机器学习中,知道输入的特征(feature)(或称为 x)需要通过模型(model)预测出 y,此过程称为前向传播,而要将预测与真实值的差值减小需要更新模型中的参数,这个过程称为后向传播,其中损失函数(loss function)就基于这两种传播之间,起到一种有点像承上启下的作用,即分别接收模型的预测值和计算预测值与真实值的差值,为下一层的反向传播提供输入数据。

4. 常用的损失函数

选择适当的损失函数取决于任务类型和网络的输出类型。以下是 6 种常见的损失函数。

(1) 均方误差(mean squared error,MSE):是回归任务中常用的损失函数,即计算预测值与实际值之间的平均平方差。MSE 的公式为

$$\text{MSE} = (1/n) \times \sum (y\_pred - y\_actual)^2$$

其中,y_pred 是预测值;y_actual 是实际值;n 是样本数量。

(2) 交叉熵损失(cross-entropy loss)[57]:常用于分类任务,特别是多类别分类。它基于预测类别和实际类别之间的差异来计算损失值。交叉熵损失的公式根据问题的具体情况而有所不同,常见的有二元交叉熵和多类别交叉熵。其代价函数表示为

$$J = -\frac{1}{n} \sum_x \left[y\ln a + (1-y)\ln(1-a) \right]$$

其中,J 表示代价函数;x 表示样本;y 表示实际值;a 表示输出值;n 表示样本的总数。权值 w 和偏置 b 的梯度分别为

$$\frac{\partial J}{\partial w_j} = \frac{1}{n} \sum_x x_j (\sigma(z) - y)$$

$$\frac{\partial J}{\partial b} = \frac{1}{n} \sum_x (\sigma(z) - y)$$

当误差越大时,梯度就越大,权值 w 和偏置 b 调整就越快,训练的速度也就越快。

(3) 对数损失(log loss):是二元分类任务中常用的损失函数,也称为二元交叉熵。它衡量了预测概率与实际标签之间的差异。对数损失的公式为

$$\log \text{loss} = -(y\_actual \quad \log(y\_pred) + (1 - y\_actual) \quad \log(1 - y\_pred))$$

其中,y_pred 是预测的概率;y_actual 是实际的标签。

$$L(Y, P(Y \mid X)) = -\log P(Y \mid X) = -\frac{1}{N} \sum_{i=1}^{N} \sum_{j=1}^{M} y_{ij} \log(p_{ij})$$

(4) KL 散度(Kullback-Leibler divergence):用于衡量两个概率分布之间差异的函数,常用于生成模型和无监督学习任务中。KL 散度的公式为

$$\text{KL}(P \parallel Q) = \Sigma(P(x) \times \log(P(x)/Q(x)))$$

其中,P 和 Q 分别表示两个概率分布。

(5) Hinge 损失:用于支持向量机(SVM)中,适合处理线性可分的二分类问题。

(6) 绝对值损失(absolute error loss):也称为 L1 损失,定义为预测值与真实值之间差值的绝对值的均值,表示为

$$L(Y, f(x)) = \mid Y - f(x) \mid$$

以上 6 种函数是常见的损失函数,但根据任务的特定需求,还可以使用其他类型的损失函数。在选择损失函数时,需要考虑任务类型、输出类型、数据分布等因素,并根据实际情况进行选择和调整。

6.2.3 学习率

神经网络的权重无法使用分析方法来计算,必须通过随机梯度下降的经验优化过程来寻找权重。神经网络的随机梯度下降法所解决的优化问题极具挑战性,解空间(权重集)可能包含许多好的解(全局最优解),而且容易找到,但是更容易找到局部最优解。在此搜索过程的每个步骤中,模型的变化量或步长称为学习率(learning rate),它可能是神经网络最重要、最需要调整的超参量,以实现模型对特定问题的良好性能。

1. 什么是学习率

深度学习神经网络是使用随机梯度下降算法训练的。随机梯度下降法是一种优化算法,它使用训练数据集中的示例为模型的当前状态估算误差梯度,然后使用误差的反向传播算法(简称反向传播)更新模型的权重。训练过程中,权重的更新量称为步长或"学习率",每步更新的步长由一个超参量学习率决定。具体而言,学习率是用于神经网络训练的可配置超参量,为一个确定步长的正标量,值域为 $[0.0, 1.0]$,经验值为 0.001 或 0.01。通常用小写的希腊字母 η 表示。

在训练期间,误差的反向传播估计网络中节点权重所负责的错误量。不是更新全部权重,而是根据学习率来缩放。0.1 的学习率意味着每次更新权重时,网络中的权重将更新 $0.1 \times$(估计的权重误差)或估计的权重误差的 10%。

2. 学习率的影响

神经网络学习或近似一个函数,以最佳地将输入映射到训练数据集中示例的输出。

超参量学习率控制模型学习的速率或速度。具体来说,它控制模型权重随其每次更新而更新的分配误差量,例如,在每批训练示例的末尾,给定一个完美配置的学习率,该模型将学习在给定数量的训练时期(通过训练数据)中,在给定可用资源(层数和每层节点数)的情况下,对函数进行最佳近似。

通常,较高的学习率可使模型学习更快,但代价是要获得次优的最终权重集。较小的学习率可以使模型学习更优化的甚至是全局最优的权重集,但是训练时间可能会更长。在极端情况下,学习率过大将导致权重更新过大,模型的性能(如训练损失)在训练期间会发生振荡。振荡是由发散的权重引起的。太小的学习率可能永远不会收敛或陷入局部最优解。在最坏的情况下,权重更新太大会导致权重爆炸(即导致数值溢出)。当使用较高的学习率时,可能会遇到一个正反馈循环,其中较大的权重会导致较大的梯度,然后导致较大的权重更新。如果这些更新持续增加权重的大小,则权重会迅速远离原点,直到发生数值溢出为止。

3. 如何设置学习率

在训练数据集上为模型找到合适的学习率是非常重要的。实际上,学习率可能是模型配置的最重要的超参量。如果时间仅允许调整一个超参量,那就调整学习率。

一般来说,不可能先验地计算出最佳学习率。相反地,必须通过反复试验找到一个好的(或足够好的)学习率。学习率的范围通常为 $10^{-6} \leqslant \eta \leqslant 1.0$。

学习率将与优化过程的许多其他方面相互作用,并且相互作用可能是非线性的。一般而言,较低的学习率将需要更多的训练时间,较高的学习率将需要较少的训练时间。此外,考虑到误差梯度的噪声估计,较小的批次更适合较小的学习率。学习率的选择非常关键,如果其值太小,则误差的减小将非常缓慢,而如果其值太大,则可能导致发散而振荡。

另一种方法是对所选模型的学习率进行敏感性分析，也称为网格搜索。这可以找到一个好的学习率可能存在的数量级范围，以及描述学习率和性能之间的关系。网格搜索学习率通常是 0.1 到 10^{-5} 或 10^{-6} 之间。例如测试集合 $\{0.1、0.01、10^{-3}、10^{-4}、10^{-5}\}$ 中的学习率在模型上的表现。

4. 为学习过程添加动量

将历史记录添加到权重更新过程中，可以使训练神经网络变得更加容易。

具体来说，当权重被更新时，可以包括权重的先前更新的指数加权平均值（exponentially weighted average）。随机梯度下降的这种变化称为动量（momentum），并在更新过程中增加了惯性（inertia），从而导致一个方向上的许多过去更新在将来继续朝该方向发展。

动量可以加速对这些问题的学习，在这些问题上，通过优化过程导航的高维空间（weight space）具有误导梯度下降算法的结构，如平坦曲率（flat curvature）或陡峭曲率（steep curvature）。动量法旨在加速学习，尤其是在面对高曲率（high curvature），较小但一致的梯度或噪声梯度（noisy gradient）时。过去更新的惯性量（amount of inertia）通过添加新的超参量（通常称为动量（momentum）或速度（velocity））进行控制，并使用小写希腊字母 α 表示。动量算法引入了一个变量 v，表示参数在参数空间中移动的方向和速度。速度设置为负梯度的指数衰减平均值（exponentially decaying average of the negative gradient）。

它具有平滑优化过程，减慢更新速度以继续前一个方向而不会卡住或振荡（oscillating）的作用。解决特征值差异很大（widely differing eigenvalues）的一种非常简单的技术是在梯度下降公式中添加动量项。这有效地增加了权重空间的运动的惯性，并消除了振荡。

动量设置为大于 0 且小于 1 的值，在实践中通常使用 0.5、0.9 和 0.99 等常用值。Keras 默认配置为 0.99。动量不能使配置学习率变得容易，因为步长与动量无关。相反，动量可以与步长一致地提高优化过程的速度，从而提高在更少的训练时期中发现更好的权重集合（解空间）的可能性。

5. 使用学习率时间表

与使用固定学习率相比，另一种更好的方法是在训练过程中改变学习率。学习率随时间变化的方式（训练时期）称为学习率时间表（learning rate schedule）或学习率衰减（learning rate decay）。最简单的学习率衰减方式是将学习率从较大的初始值线性减小到较小的值。这允许在学习过程开始时进行较大的权重更改，并在学习过程结束时进行较小的权重更改或微调。

在实践中，有必要逐渐降低学习率，这是因为随机梯度下降（SGD）估算器（estimator）引入了噪声源（m 个训练样本的随机采样），即使达到最小化也不会消失。实际上，在训练神经网络时，使用学习率时间表可能是最佳实践。代替选择固定的超参量学习率，配置挑战包括选择初始学习率和学习率时间表。考虑到学习率时间表可能允许的更好性能，初始学习率的选择可能不如选择固定学习率敏感。

学习率可以衰减到接近零的较小值。或者，可以在固定数量的训练时期内衰减学习速率，然后将剩余的训练时期保持在较小的恒定值，以利于进行更多的时间微调。

在 Keras 中可以设置学习率回调，通过监视验证损失或者其他指标，来决定学习率衰减的程度。举一个简单的例子：

```
# snippet of using the ReduceLROnPlateau callback
from tensorflow.keras.callbacks import ReduceLROnPlateau
…
rlrop = ReduceLROnPlateau(monitor = 'val_loss', factor = 0.1, mode = 'auto', patience = 100)
model.fit(…, callbacks = [rlrop])
```

以上代码的意思是,如果验证损失连续在 100 个回合(epoch)内减小值小于 0.1,则降低学习率。

6. 自适应学习率(adaptive LR)

训练数据集上模型的性能可以通过学习算法进行监控,并且可以相应地调整学习率,这称为自适应学习率。合理的优化算法选择是 SGD,其动量具有学习率下降的趋势(在不同问题上表现较好或较差的流行衰减方法,包括线性衰减,直到达到固定的最小学习率,然后呈指数衰减,或将学习率每次 2~10 个 epoch 降低一定比例)。如果在固定数量的训练时期内性能没有提高,则可以再次提高学习率。

自适应学习率方法通常会优于配置错误学习率的模型。自适应学习率方法如此有用和流行的原因之一是先验地选择好的学习率很困难。一个好的自适应算法通常会比简单的反向传播收敛速度快得多,而固定学习率选择得不好。尽管没有任何一种方法可以最好地解决所有问题,但是已经证明了三种自适应学习率方法在许多类型的神经网络和问题上均具有较强的鲁棒性。它们是 AdaGrad、RMSProp 和 Adam,并且都针对模型中的每个权重来维持和调整学习率。最常用的是 Adam,因为它在 RMSProp 之上增加了动量。

实际上,选择何种优化器没有固定的标准,需要针对不同的问题进行试验,最流行的优化算法包括 SGD、带动量的 SGD、RMSProp[58]、带动量的 RMSProp、AdaDelta[59] 和 Adam[60]。

6.2.4 过拟合与网络正则化

1. 过拟合

在训练数据过少时,或者过度训练时,经常会导致过拟合。其直观的表现如图 6.13 所示,其中,$J_{train}(\theta)$ 为训练误差,$J_{cv}(\theta)$ 为交叉验证误差。

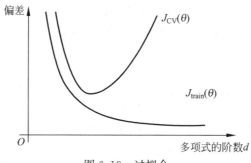

图 6.13 过拟合

随着训练过程的进行,模型复杂度,在训练数据上的误差渐渐减小。可是在验证集上的误差却反而渐渐增大——由于训练出来的网络过拟合了训练集,对训练集以外的数据却不工作。验证集它事实上就是用来避免过拟合的,在训练过程中,我们通常使用它来确定一些超参数(如依据验证数据上的准确率来确定提前终止(early stopping)的回合(epoch)大小、依据验证数据确定学习率等）。那为什么不直接在测试数据上做这些呢？假设在测试数据上做这些，那么随着训练的进行，我们的网络实际上就是在一点一点地拟合我们的测试数据，导致最后得到的测试准确率没有什么参考意义。因此，训练数据的作用是计算梯度更新权重，测试数据则给出一个准确率以推断网络的好坏。

防止过拟合的方法主要有：①正则化（regularization）（L1 和 L2）；②数据增强（data augmentation），也就是增加训练数据样本；③Dropout；④提前终止（early stopping）。

2. 正则化

正则化（regularization）是通过给模型的假设空间施加限制来解决模型过拟合的一类方法，它包含 L1 正则化和 L2（L2 regularization 也叫权重衰减）正则化。

（1）L1 正则化，在原始的代价函数后面加上一个 L1 正则化项，即全部权重 w 的绝对值的和，再乘以 λ/n（这里不像 L2 正则化项那样，需要再乘以 1/2）。即

$$C = C_0 + \frac{\lambda}{n}\sum_w |w|$$

式中，C_0 代表原始的代价函数，等号右边第 2 项就是 L1 正则化项。

先计算导数：

$$\frac{\partial C}{\partial w} = \frac{\partial C_0}{\partial w} + \frac{\lambda}{n}\mathrm{sgn}(w)$$

式中，$\mathrm{sgn}(w)$ 表示 w 的符号，那么权重 w 的更新规则为

$$w \rightarrow w' = w - \frac{n\lambda}{n}\mathrm{sgn}(w) - \eta\frac{\partial C_0}{\partial w}$$

原始的更新规则多出了 $\frac{n\lambda}{n}\mathrm{sgn}(w)$ 这一项。

当 w 为正时，$\mathrm{sgn}(w) > 0$，则更新后的 w 变小。

当 w 为负时，$\mathrm{sgn}(w) < 0$，则更新后的 w 变大，因此它的效果就是让 w 往零靠，使网络中的权重尽可能为零，也就相当于减小了网络复杂度，防止出现过拟合现象。

另外，上面没有提到一个问题，当 w 为零时怎么办？当 $w = 0$ 时，$|w|$ 是不可导的。所以仅仅能依照原始的未经正则化的方法更新 w，这就相当于去掉 $\eta\lambda\mathrm{sgn}(w)/n$ 这一项，所以能够规定 $\mathrm{sgn}(0) = 0$，这样就把 $w = 0$ 的情况也统一进来了。

（2）L2 正则化（权重衰减），L2 正则化就是在代价函数后面再加上一个正则化项：

$$C = C_0 + \frac{\lambda}{2n}\sum_w w^2$$

C_0 代表原始的代价函数，后面那一项就是 L2 正则化项。它是这样来的：全部参数 w 的平方和，除以训练集的样本大小 n。

λ 就是正则项系数，权衡正则项与 C_0 项的比重。另一个系数 1/2 经常会看到，主要是为了后面求导的结果方便，后面那一项求导会产生一个 2，与 1/2 相乘刚好凑整。L2 正则化项是怎么防止过拟合的呢？下面进行推导，先求导：

$$\frac{\partial C}{\partial w} = \frac{\partial C_0}{\partial w} + \frac{\lambda}{n}w$$

$$\frac{\partial C}{\partial b} = \frac{\partial C_0}{\partial b}$$

能够发现 L2 正则化项对 b 的更新没有影响,可是对于 w 的更新有影响:

$$w \to w - \eta \frac{\partial C_0}{\partial w} - \frac{n\lambda}{n}w = \left(1 - \frac{n\lambda}{n}\right)w - \eta \frac{\partial C_0}{\partial w}$$

在不使用 L2 正则化时,求导结果中 w 前面系数为 1,经变化后 w 前面系数为 $1 - \frac{n\lambda}{n}$,由于 η、λ、n 都是正的,所以 $1 - \frac{n\lambda}{n}$ 小于 1,它的效果是减小 w,这也就是权重衰减(weight decay)的由来。当然考虑到后面的导数项,w 最终的值可能增大也可能减小。

值得一提的是,对于基于 mini-batch 的随机梯度下降,w 和 b 更新的公式跟上面给出的有点不同:

$$w \to \left(1 - \frac{n\lambda}{n}\right)w - \frac{\eta}{m}\sum_x \frac{\partial C_x}{\partial w}$$

$$b \to b - \frac{\eta}{m}\sum_x \frac{\partial C_x}{\partial b}$$

对照上面 w 的更新公式,能够发现后面那一项变了,变成全部导数求和,乘以 η 再除以 m,m 是一个 mini-batch 中样本的个数。在此仅仅是解释了 L2 正则化项有让 w"变小"的效果,可是还没解释为什么 w"变小"能够防止过拟合? 一个所谓"显而易见"的解释就是: 更小的权值 w,从某种意义上说,表示网络的复杂度更低,对数据的拟合刚刚好(这个法则也叫作奥卡姆剃刀法则),而在实际应用中,也验证了这一点,L2 正则化的效果往往好于未经正则化的效果。过拟合时,拟合函数的系数往往非常大,为什么? 过拟合,就是拟合函数需要顾及每个点,最终形成的拟合函数波动非常大。在某些非常小的区间里,函数值的变化非常剧烈。这就意味着函数在某些小区间里的导数值(绝对值)非常大,由于自变量值可大可小,所以只有系数足够大,才能保证导数值非常大。而 L2 正则化是通过约束参数的范数使其不要太大,所以能够在一定程度上降低过拟合情况。

(3) 什么情况下使用 L1 正则化或 L2 正则化?

L1 和 L2,一个让绝对值最小,一个让平方值最小,为什么会有那么大的差别呢? 有两种几何上直观的解析如下。

下降速度: L1 和 L2 都是规则化的方式,将权值参数以 L1 或者 L2 的方式放到代价函数里面去。然后模型就会尝试去最小化这些权值参数。而这个最小化就像一个下坡的过程,L1 和 L2 的差别就在于这个"坡"不同,如图 6.14 所示: L1 就是按绝对值函数的"坡"下降的,而 L2 是按二次函数的"坡"下降,所以实际上在零附近,L1 的下降速度比 L2 的下降速度要快,所以会非常快得降到零,如图 6.14 所示。

L1 称 Lasso,L2 称 Ridge。

总结就是: L1 会趋向于产生少量的特征,而其他的特征都是零;而 L2 会选择更多的特征,这些特征都会接近于零。Lasso 在特征选择时非常有用,而 Ridge 只是一种规则化而已。

3. 数据增强

数据增强(data augmentation)能够在原始数据上做些改动,得到很多其他的数据。以图片数据集举例,数据增强能够对图片作出各种变换,如将原始图片旋转一个小角度;加入

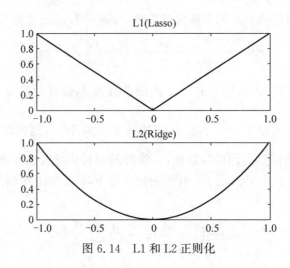

图 6.14　L1 和 L2 正则化

随机噪声；一些有弹性的畸变（elastic distortions）等。

　　大量训练数据意味着什么？用 50000 个 MNIST 的样本训练 SVM 得出的准确率为 94.48%，用 5000 个 MNIST 的样本训练 KNN 得出的准确率为 93.24%，所以很多其他的数据能够使算法表现得更好。在机器学习中，算法本身并不能决出胜负，不能武断地说这些算法谁优谁劣，因为数据对算法性能的影响非常大。

4. Dropout

　　L1、L2 正则化是通过改动代价函数来实现的，而 Dropout 则是通过改动神经网络本身来实现的，它是在训练网络时用的一种技巧（trick），它的流程如下。

　　假设要训练如图 6.15 所示的这个网络，在训练开始时，随机地"删除"一部分的隐层单元，视它们为不存在，得到如图 6.16 所示的网络。

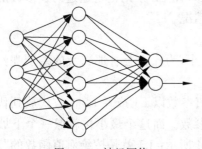

图 6.15　神经网络

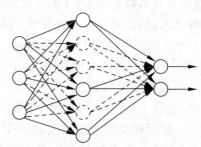

图 6.16　改进后神经网络

　　保持输入层、输出层不变，依照 BP 算法更新图 6.16 神经网络中的权值（虚线连接的单元不更新，因为它们被"暂时删除"了）。以上就是一次迭代的过程，在第 2 次迭代中，也用相同的方法，只是这次删除的那一部分隐层单元，跟上一次删除掉的肯定是不一样的。由于每一次迭代都是"随机"地删掉一部分。第 3 次、第 4 次……都是这样，直至训练结束。

　　以上就是 Dropout，它为什么有助于防止过拟合呢？能简单地这样解释，运用了 Dropout 的训练过程，相当于训练了非常多个有部分隐层单元的神经网络，每个这种半数网络，都能够给出一个分类结果，这些结果有的是正确的，有的是错误的。

　　随着训练的进行，大部分半数网络都能够给出正确的分类结果。那么少数的错误分类结果就不会对最终结果造成大的影响。

删除神经单元,通常 keep_prob 取 0.5,在编程时可以利用 TensorFlow 中 DropoutWrappera 函数在训练过程引入 Dropout 策略,其 Dropout 层保留节点比(keep_prob),每批数据输入时神经网络中的每个单元会以 1－keep_prob 的概率不工作,防止过拟合。

5. 提前终止(early stopping)

对模型进行训练的过程即是对模型的参数进行学习更新的过程,这个参数学习的过程往往会用到一些迭代方法,如梯度下降(gradient descent)学习算法。Early stopping 是一种防止过拟合的方法,即在模型对训练数据集迭代收敛之前停止迭代来防止过拟合。

early stopping 的具体做法是,在每一个回合(epoch)结束时(一个 epoch 集为对所有的训练数据的一轮遍历)计算验证数据(validation data)的准确率(accuracy),当准确率不再提高时,就停止训练。这种做法很符合直观感受,因为准确率都不再提高了,再继续训练也是无益的,只会增加训练的时间。那么该做法的一个重点便是怎样才被认为验证准确率(validation accurary)不再提高了呢?并不是说验证准确率一降下来便认为不再提高了,因为可能经过这个 epoch 后,准确率降低了,但是随后的 epoch 又让准确率上去了,所以不能根据一两次的连续降低就判断为不再提高。一般的做法是,在训练的过程中,记录到目前为止最好的验证准确率,当连续 10 次 epoch(或者更多次)没达到最佳准确率时,则可以认为准确率不再提高了。此时便可以停止迭代,即提前终止(early stopping)。这种策略也称"no-improvement-in-*n*",*n* 即 epoch 的次数,可以根据实际情况选取,如 10、20、30……

6. 数据预处理

(1) 对原始数据通过 PCA、t-SNE 等降维技术进行降维处理;

(2) 平衡不同类数据的权重等。

6.2.5 预处理

预处理(preprocessing)在机器学习和深度学习中是一个重要的步骤,它涉及对原始数据进行清洗、转换和规范化,以使数据适用于训练和评估模型。预处理有助于提高模型的性能和稳定性,并帮助模型更好地捕捉数据中的模式和特征。

以下是一些常见的数据预处理技术。

(1) 数据清洗:涉及处理数据中的噪声、缺失值和异常值。这包括删除包含缺失值的样本、使用插值方法填充缺失值,以及检测和处理异常值。

(2) 特征缩放:是将不同特征的值缩放到相似的范围,以避免某些特征对模型的影响过大。常见的特征缩放方法包括标准化(将特征值转化为均值为零、标准差为 1 的分布)和归一化(将特征值缩放到 0 和 1 之间)。

① 最小-最大缩放(min-max scaling):

$$X_{norm} = \frac{X - X_{min}}{X_{max} - X_{min}}$$

描述:将数据缩放到[0,1]范围内的技术。

场景:当数据分布不是高度偏斜,并且不包含极端值时。

② 标准化（standardization）：

$$X_{\text{standard}} = \frac{X - \mu}{\sigma}$$

描述：使数据的平均值为零，标准差为 1 来缩放数据。

场景：当算法需要数据的标准差为 1，且偏差很小时。

③ 鲁棒缩放（robust scaling）

$$X_{\text{robust}} = \frac{X - Q_1}{Q_3 - Q_1}$$

描述：缩放技术，可以减少离群值的影响。

场景：当数据包含许多离群值或异常值时。

④ L2 normalization（欧几里得范数）

$$X_{l2} = \frac{X - \mu}{\| X \|_2}$$

描述：使特征向量的欧几里得长度为 1 来缩放特征。

场景：在图像处理和文本分类中，当数据的方向比其大小更重要时。

⑤ L1 normalization

$$X_{l1} = \frac{X - \mu}{\| X \|_1}$$

描述：使特征向量的欧几里得长度为 1 来缩放特征。

场景：在图像处理和文本分类中，当数据的方向比其大小更重要时。

（3）特征编码：对于分类变量，需要将其转换为数值形式才能在模型中使用。常见的特征编码方法包括独热编码（one-hot encoding）和标签编码（label encoding）等，如图 6.17 所示。

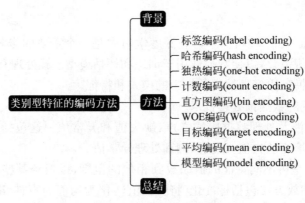

图 6.17　特征编码方法

（4）特征选择：从原始特征集中选择与模型最相关或最具有代表性的特征，以减少模型的复杂性和提高泛化能力，如图 6.18 所示。常见的特征选择方法包括过滤法、包装法和嵌入法。

（5）数据转换：某些模型要求数据满足特定的分布或形式，需要进行数据转换，如图 6.19 所示。对于偏态分布的数据，可以应用对数变换或指数变换来使其更接近正态分布。

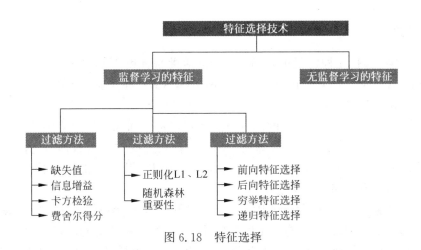

图 6.18　特征选择

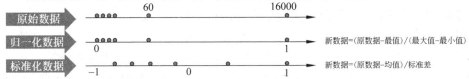

对特征进行归一化、标准化，以保证同一模型的不同输入变量的值域相同

比如分析一个人的身高、体重对健康的影响，一个人的身高范围在1～2m，一个人的体重范围在50～100kg，如果不做归一化处理，那么必然范围更大的体重对结果的影响会更加明显。为了得到更精准的结果，需要对数值进行归一化，使得各个指标的数据在同一数量级，方便AI比较分析。
假设：A语文第一次90 第二次90 第三次考90 平均分90；B语文第一次95 第二次85 第三次考90。标准化之后能发现A语文水平相较于B的语文水平要稳定，标准化让AI容易发现数据之间的波动特征。

图 6.19　数据转换

（6）数据增强：在训练集中生成新的样本，以增加样本的多样性和数量。这对于改善模型的泛化能力和抗过拟合性能很有帮助。数据增强可以包括旋转、平移、缩放、翻转等操作，如图 6.20 所示。

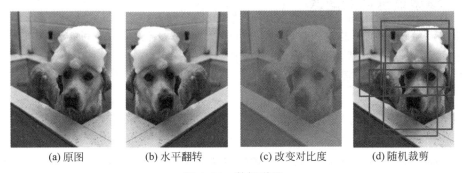

(a) 原图　　　　(b) 水平翻转　　　　(c) 改变对比度　　　　(d) 随机裁剪

图 6.20　数据增强

这些是常见的数据预处理技术，具体的预处理步骤和方法取决于数据的类型、特征和任务的要求。在进行预处理之前，建议对数据进行探索性数据分析，了解数据的特点和问题，然后选择适当的预处理方法。

6.2.6 训练方式

在神经网络中,有几种常见的训练方式,包括批量梯度下降(batch gradient descent, BGD)、随机梯度下降(stochastic gradient descent, SGD)和小批量梯度下降(mini-batch gradient descent, MGD)。

(1) 批量梯度下降:一种基本的训练方法。它在每个训练迭代中使用整个训练数据集来更新模型的参数。具体而言,它计算整个训练数据集上的损失函数,并计算参数的梯度,然后使用梯度来更新参数。批量梯度下降的优点是可以获得全局最优解,但计算代价较高,特别是对于大型数据集和复杂模型而言。

(2) 随机梯度下降:一种每次使用单个样本来更新模型参数的方法。它在每个训练迭代中随机选择一个样本,计算该样本上的损失函数,并计算参数的梯度,然后使用梯度来更新参数。相较于批量梯度下降,随机梯度下降的计算代价更低,但更新的方向可能更加噪声化,导致收敛过程不够稳定。

(3) 小批量梯度下降:介于批量梯度下降和随机梯度下降之间的一种方法。它在每个训练迭代中使用一小批(通常为 2~256 个)样本来更新模型参数。小批量梯度下降综合了批量梯度下降的稳定性和随机梯度下降的计算效率,是训练神经网络的常用方法。

在训练神经网络时,通常会将数据集划分为训练集、验证集和测试集。训练集用于模型的参数更新,验证集用于调整模型的超参量和监控模型的性能,测试集用于评估最终模型的泛化能力。

除了梯度下降的变种,还有其他一些优化算法用于训练神经网络,如动量优化(momentum optimization)[61]、自适应学习率方法(如 AdaGrad[62]、RMSprop 和 Adam)等。这些算法旨在加速收敛过程、克服局部最优和鞍点等问题,并提高训练效果。选择适当的训练方式和优化算法对于训练神经网络的成功至关重要。

6.2.7 模型训练中的问题

在机器学习模型训练的过程中,研究人员和数据科学家面临着各种挑战和问题。这些问题可能涉及数据质量、算法选择、超参量调整等方面。

1. 数据质量问题

1) 缺失值问题

产生原因:数据采集过程中的错误、传感器故障、用户填写不完整等原因可能导致某些数据字段为空值。

解决方法:删除或填充缺失值,可以删除包含缺失值的样本,或者使用插值方法(均值、中位数、回归模型预测等)填充缺失值。收集更多数据,如果缺失值占比较大,可以收集更多数据以减少缺失值对模型的影响。

2) 异常值问题

产生原因:数据采集中的错误、记录错误或传感器故障可能导致异常值存在。

解决方法:异常值处理,可以通过统计方法(如 3σ 原则)、截断、替换为特定值或通过更复杂的方法(如孤立森林(iForest)、基于密度的离群点检测)来处理异常值。

3）标签或标注错误

产生原因：人为错误、标注失误、标签不准确等问题可能导致标签数据质量低下。

解决方法：标签验证，定期对标签数据进行验证和审核，利用交叉验证等技术评估标签的质量。

4）样本不平衡

产生原因：在分类任务中，不同类别的样本数量差异过大可能导致模型对少数类别预测效果较差。

解决方法：过/欠采样，对于样本不平衡问题，可以进行过采样（增加少数类样本）或欠采样（减少多数类样本）。使用加权损失函数，对于分类算法，使用加权损失函数，给予不同类别的样本不同的权重。

2. 过拟合与欠拟合问题

1）过拟合（over-fitting）

产生原因：训练数据不足，当训练数据量较小时，模型可能学到了训练数据中的噪声而非真实模式。或是因为模型复杂度过高，如果模型过于复杂，它可能记住了训练数据中的每个细节，而无法泛化到新数据。特征选择不当。如果使用了过多的特征或者选择了与目标无关的特征，模型可能过于拟合训练数据。

解决方法：增加数据量，收集更多的训练数据，以减轻过拟合问题。添加正则化项，如L1 或 L2 正则化，以惩罚过大的权重。特征选择，确保选择与目标相关的、最重要的特征。减小模型复杂度，使用简单的模型结构，避免使用过于复杂的模型。

2）欠拟合（underfitting）

产生原因：模型复杂度不足，如果模型的复杂度不够，它可能无法捕捉到数据中的复杂模式；特征不足或选择不当，如果使用的特征数量过少或者选择了与目标相关性较低的特征，模型可能无法有效学习。

解决方法：增加模型复杂度，使用更复杂的模型，例如，增加神经网络的层数或决策树的深度；增加特征数量，确保选择足够且与目标相关的特征；调整超参量，调整学习率、批次大小等超参量，以提高模型的性能；使用集成学习方法，如随机森林或梯度提升，可以减轻欠拟合问题。

3. 超参量调优问题

1）过度拟合超参量选择

产生原因：有时候，为了在训练数据上达到最佳性能，会选择过于复杂的模型或者使用太多的正则化，导致模型在验证集或测试集上的性能下降。

解决方法：使用交叉验证，通过交叉验证来评估不同超参量设置在不同数据子集上的性能，以更好地估计模型的泛化性能；引入正则化，在损失函数中加入正则化项，如L1 或 L2 正则化，以控制模型的复杂度。

2）计算成本高昂

产生原因：超参量搜索空间较大时，进行全面搜索需要大量计算资源和时间。

解决方法：使用随机搜索，相较于网格搜索，随机搜索从超参量空间中随机选择一组参数进行评估，有时候能更高效地找到良好的超参量；使用贝叶斯优化方法来自适应地选择下一组可能的超参量，以减少搜索次数。

3）超参量相互影响

产生原因：某些超参量可能会相互影响，导致在调整一个超参量时，其他超参量的最优值发生变化。

解决方法：进行联合调优，考虑超参量之间的相互关系，可以使用联合优化技术，同时调整多个超参量；网格搜索边缘案例，在网格搜索时，尝试在可能产生相互影响的超参量周围增加更多的点，以更全面地探索超参量空间。

4）缺乏领域知识

产生原因：缺乏对问题领域的深刻理解可能导致选择不合适的超参量。

解决方法：增加领域知识，深入了解问题领域，了解不同超参量对模型的影响，有助于更有针对性地选择合适的超参量；尝试经典设置，有时候一些经典的超参量设置（如学习率、批次大小等）可能在多数情况下表现良好。

4. 计算资源与时间消耗问题

1）训练时间过长

产生原因：当使用大规模数据集时，模型的训练时间可能会显著增加。过于复杂的模型结构需要更多的时间来训练。缺乏足够的计算资源可能导致训练时间过长。

解决方法：可以考虑使用数据采样技术，选择子集进行训练，以减少数据规模；考虑使用较简单的模型结构或减小模型的规模，以降低计算负担；如果有多个 GPU 或 TPU，可以尝试使用并行化训练，将训练任务分配到不同的设备上。

2）训练过程中内存不足

产生原因：在训练大型模型时，可能会导致内存不足；批次过大，过大的批次可能导致内存耗尽。

解决方法：考虑使用更小的模型，减少参数数量；使用更小的批次，减少内存需求；尝试使用分布式训练，将训练任务分配到多个设备上，减轻每个设备的内存压力。

3）调试和优化困难

产生原因：缺乏实时反馈，训练时间过长，导致调试和优化困难。

解决方法：小规模训练，在调试阶段使用小规模的训练集，以获得更快的反馈；日志记录，记录关键信息，如损失和性能指标，以便在训练过程中进行监控。

6.2.8 神经网络效果评价

神经网络效果评价是指对神经网络模型的性能进行评估和比较的过程，通常包括以下6个方面。

1. 混淆矩阵

混淆矩阵（confusion matrix）是将模型的分类结果与实际分类结果进行比较的矩阵，可以用于计算准确率、精确率、召回率等指标。如图 6.21 所示。

在图 6.21 中，a 为真阳，d 为真阴，这两个都是代表模型的预测结果是对的；c 为假阴，d 为假阳，表示预测错误的数量。

$a+b$ 代表预测为阳的数量；$c+d$ 代表预测为阴的数量；$a+c$ 代表金标准中阳性标本数量；$b+d$ 代表金标准中阴性标本数量。

模型预测结果	金标准		合计
	阳性(+)	阴性(−)	
阳性(+)	a(真阳)	b(假阳)	$a+b$
阴性(−)	c(假阴)	d(真阴)	$c+d$
合计	$a+c$	$b+d$	

图 6.21　混淆矩阵

2. 准确率

准确率(accuracy)指模型在测试数据集上分类正确的样本数占总样本数的比例。准确率越高,模型的分类性能越好。

例如:在图 6.21 混淆矩阵的前提下,准确率即为预测正确的所有样本占所有测试样本的比例,具体计算公式为

$$Acc = \frac{a+d}{a+b+c+d}$$

3. 精确率

精确率(precision)指模型在预测为正例的样本中,实际为正例的样本数占预测为正例的样本数的比例。精确率越高,模型的误判率越低。

例如:在图 6.21 混淆矩阵的前提下,精确率即为真阳样本占所有预测中阳性样本的比例,具体计算公式为

$$precision = \frac{a}{a+b}$$

4. 召回率

召回率(recall)又名真阳率(true positive rate,TPR),指模型在实际为正例的样本中,预测为正例的样本数占实际为正例的样本数的比例。召回率越高,模型的漏判率越低。

例如:在图 6.21 混淆矩阵的前提下,召回率即为真阳标本占所有金标准中阳性标本的比例,具体计算公式为

$$recall = \frac{a}{a+c}$$

与之对应的还有假阳率(false positive rate,FPR):真阳标本占所有金标准中阴性标本的比例,具体计算公式为

$$specificity = \frac{b}{b+d}$$

5. F1 值

F1 值(F1-score)是综合考虑精确率和召回率的指标,是精确率和召回率的调和平均数。F1 值越高,模型的综合性能越好。

6. ROC 曲线和 AUC 值

(1) ROC 曲线是以假阳率(FPR)为横轴、真阳率(TPR)为纵轴绘制的曲线,横轴和纵轴随着阈值改变而改变的曲线图。比如,在二分类的任务中,网络最终输出一个判别概率,那么通过设定一个阈值如 0.6,概率大于等于 0.6 的为正类,小于 0.6 的为负类。对应的就可以算出一组(FPR,TPR),在平面中得到对应坐标点。随着阈值的逐渐减小,越来越多的实例被划分为正类,但是这些正类中同样也掺杂着真正的负实例,即 TPR 和 FPR 会同时增

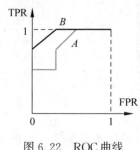

图 6.22 ROC 曲线

大。阈值最大时，对应坐标点为(0,0)，阈值最小时，对应坐标点为(1,1)。如图 6.22 所示，实线为 ROC 曲线，线上每个点对应一个阈值。

横轴 FPR：FPR 越大，金标准为阴性的样本被误判为阳性的概率越大。

纵轴 TPR：TPR 越大，金标准为阳性的样本被正确判为阳性的概率越大。

理想目标：TPR＝1，FPR＝0，即图中(0,1)点（所有的阳性都是真阳性，也就是说，不管分类器输出结果是阳性或阴性，都是100%正确）。

不难发现，越接近左上角，代表分类器越容易正确判断出真实样本和虚假样本；越接近右下角，则代表越容易将真实样本判断为虚假样本。

如图 6.22 所示，希望 TPR 尽可能大，而 FPR 尽可能小，因此曲线越靠近左上角效果越好，即 B 分类效果比 A 分类效果更好。

（2）AUC 值是 ROC 曲线下的面积，介于 0.1 和 1 之间，是评估分类模型性能的重要指标。AUC 值越大，模型的分类性能越好。

AUC 值是一个概率值，随机挑选一个正样本和一个负样本，当前的分类算法根据计算得到的 Score 值将这个正样本排在负样本前面的概率就是 AUC 值。AUC 值越大，当前分类算法越有可能将正样本排在负样本前面，从而能够更好地分类。

因此，在进行神经网络效果评价时，需要根据具体问题选择合适的评价指标，并采用交叉验证等方法对模型的性能进行评估和比较，以确保模型的有效性和泛化能力。

6.3 神经网络应用

神经网络在众多领域都发挥了重要作用。以下是一些常见的应用场景。

（1）图像识别：神经网络，尤其是卷积神经网络，被广泛用于图像分类、物体检测、语义分割等任务。如图 6.23 所示，Facebook 公司使用神经网络来自动识别和标记用户的照片；谷歌公司的感知引擎可以识别图像中的物体；医学图像分析也常用神经网络来识别病灶等。

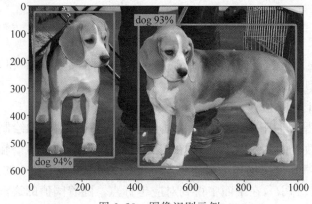

图 6.23 图像识别示例

（2）自然语言处理：神经网络在信誉分析、情感分析、自动翻译、语音识别、聊天机器人等许多自然语言处理领域都得到了广泛应用。例如,谷歌公司(Google)的神经机器翻译系统(GNMT)和 OpenAI 的 GPT-3 都是基于神经网络的。

（3）推荐系统：神经网络可以处理海量的用户和物品信息,用于预测用户的行为和兴趣,以提供个性化推荐。如图 6.24 所示,YouTube 的视频推荐就使用了深度神经网络。

图 6.24　推荐系统示例

（4）游戏 AI：神经网络也被应用于游戏 AI 系统的开发,图 6.25 为 AlphaGo 示例。通过深度学习和强化学习,神经网络可以学习如何玩游戏并提高其表现。

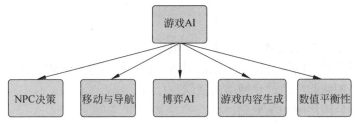

图 6.25　游戏 AI 系统 AlphaGo 示例

（5）音频和语音处理：神经网络被广泛用于语音识别、音乐生成、声音分离等任务。例如,苹果公司(Apple)的 Siri 和亚马逊公司(Amazon)的 Alexa 都使用了深度神经网络进行语音识别。

（6）安全性：神经网络也可以用于欺诈检测、网络入侵检测和恶意软件检测等领域,以增强安全性。

（7）无人驾驶：神经网络在无人驾驶汽车中发挥着关键作用。它可以帮助自动驾驶系统识别道路、行人、交通信号等,从而实现自动驾驶。图 6.26 为特斯拉公司(Tesla)的自动驾驶系统采用了深度神经网络进行感知和决策。

图 6.26　无人驾驶系统示例

（8）生物信息学：神经网络也被应用于生物信息学领域,例如,在基因序列分析、蛋白质结构预测和药物发现等方面。通过神经网络,研究人员可以更高效地分析大量生物数据,从而加速科学研究。

（9）机器人技术：神经网络在机器人技术领域的应用涵盖了感知、控制、人机交互等多个方面。例如，神经网络可以帮助机器人进行目标识别、路径规划和运动控制等任务。

（10）金融分析：神经网络被用于预测股票价格、信用评分、风险评估等金融领域任务。通过神经网络，金融机构和个人投资者可以更好地分析市场和制定策略。

（11）能源行业：神经网络可以用于优化能源系统，例如，电网负荷预测、智能电表数据分析和可再生能源资源评估等。这有助于提高能源效率和推动绿色能源的发展。

（12）工业制造：神经网络在制造业中的应用包括产品质量检测、设备故障预测、生产过程优化等。采用神经网络可以提高生产效率和降低成本。

习题

1. 请简要概述前馈神经网络的三个主要组成部分。
2. 为什么反馈神经网络又称联想记忆网络？它是如何进行联想记忆的？
3. 反馈神经网络和前馈神经网络的区别是什么？
4. 请概括神经网络的相关概念。
5. 常见的激活函数有哪些？
6. 请绘制 Sigmoid 函数图像。
7. 请描述损失函数的意义和常见的损失函数。
8. 请简述学习率的影响。
9. 什么是过拟合？如何防止过拟合？
10. 在神经网络中，常见的训练方式有哪些？
11. 在模型训练时可能会出现哪些问题？如何解决这些问题？
12. 如何进行神经网络效果评估？

第7章 贝叶斯网络

7.1 贝叶斯理论概述

贝叶斯理论是一个概率推理和统计推断的理论框架,其基础是贝叶斯公式,由18世纪的英国数学家托马斯·贝叶斯(Thomas Bayes)提出。该理论在处理不确定性和推断问题上具有广泛的应用,特别在机器学习、人工智能和数据分析领域中发挥着重要作用。

在贝叶斯理论中,概率的定义与经典概率学略有不同。在传统的频率派概率中,概率被视为事件在大量重复试验中发生的频率。而在贝叶斯概率中,概率被解释为对某一事件的信仰程度,是一种主观度量。这一特点使得贝叶斯理论能够有效地处理不确定性,并在面对新的证据时灵活地更新信念。

贝叶斯理论的核心是贝叶斯公式,该公式表达了在已知先验概率的基础上,通过考虑新的证据来更新概率。具体而言,对于事件 A 和 B,贝叶斯公式如下:

$$P(A \mid B) = \frac{P(B \mid A)P(A)}{P(B)}$$

其中,$P(A|B)$是在给定 B 的条件下 A 的后验概率;$P(B|A)$是在给定 A 的条件下 B 的概率;$P(A)$、$P(B)$分别是 A 和 B 的先验概率。

贝叶斯理论的应用不仅限于理论研究,还涉及估计参数、分类、聚类等实际问题。在朴素贝叶斯模型中,假设特征之间相互独立,通过计算后验概率来进行分类。此外,贝叶斯网络作为一种图模型,通过节点和有向边的组合表示变量之间的依赖关系,为推理提供了一种直观而有效的框架。

贝叶斯理论的强大之处在于其灵活性和适应性,使其成为处理不确定性和复杂问题的有力工具。通过深入理解贝叶斯理论的基本原理和应用方法,能够更好地利用数据进行推断和决策,为各个领域的问题提供创新而可靠的解决方案。本章将深入探讨贝叶斯概率基础、朴素贝叶斯模型、贝叶斯网络推理以及贝叶斯网络的应用,以便读者全面了解并应用贝叶斯理论。

7.2 贝叶斯概率基础

7.2.1 概率论

概率论是研究随机现象规律的一门数学分科。它主要研究随机事件的概率、随机变量的分布规律以及随机过程的性质和规律。概率论在统计学、计算机科学、经济学、物理学等各个领域都有着重要的应用。其基本概念包括随机试验、样本空间、事件、概率等。随机试验是指具有随机性质的实验,其结果不确定;样本空间是指随机试验所有可能结果的集合;事件是样本空间的子集,代表了某种可能发生的结果;概率则是描述事件发生可能性的数值,通常介于 0 和 1 之间。

概率论的重要工具包括概率分布、随机变量、期望、方差等。概率分布描述了随机变量取各个值的概率规律,常见的概率分布包括均匀分布、正态分布、泊松分布等。随机变量是指随机试验结果的数值表示,期望和方差则是描述随机变量分布特征的重要指标。概率论的核心思想是通过对随机现象进行建模和分析,从而揭示其中的规律和性质。它在现代科学和工程领域中有着广泛的应用,如在机器学习中用于建立模型,在金融领域用于风险管理,在通信领域用于信道建模等。

古典概率是指在具有有限个等可能结果的随机试验中,某一事件发生的概率。定义:在一个随机试验中,事件 A 发生的概率是指 A 发生的可能性与总体试验次数的比值。公式为

$$P(A) = n(A)/n(S)$$

其中,$P(A)$ 表示事件 A 发生的概率;$n(A)$ 表示事件 A 发生的次数;$n(S)$ 表示总体试验次数。

几何概率是指通过几何方法来计算概率的一种方法,通常用于连续型随机变量的概率计算。定义:在连续型随机变量的情况下,几何概率可以通过对随机变量的取值范围进行几何分析来计算。对于一个连续型随机变量 X,其取值范围在 $[a,b]$,事件 A 表示 X 落在区间 $[c,d]$ 的概率,则几何概率可以表示为

$$P(A) = (d-c)/(b-a)$$

这就是几何概率的基本公式,它表示了事件 A 发生的概率与事件 A 对应的区间长度与总体取值范围长度的比值。

条件概率是指在给定另一个事件发生的条件下,某一事件发生的概率。条件概率通常用 $P(A|B)$ 来表示,表示事件 B 发生的条件下事件 A 发生的概率。条件概率的公式为

$$P(A \mid B) = P(A \cap B)/P(B)$$

其中,$P(A \cap B)$ 表示事件 A 和事件 B 同时发生的概率;$P(B)$ 表示事件 B 发生的概率。

加法定理是指用于计算两个事件中至少一个发生的概率。对于两个事件 A 和 B,加法定理可以表示为

$$P(A \cup B) = P(A) + P(B) - P(A \cap B)$$

其中,$P(A \cup B)$ 表示事件 A 或事件 B 发生的概率;$P(A)$ 和 $P(B)$ 分别表示事件 A 和事件 B 单独发生的概率;$P(A \cap B)$ 表示事件 A 和事件 B 同时发生的概率。

乘法定理是指用于计算两个事件同时发生的概率。对于两个事件 A 和 B,乘法定理可

以表示为

$$P(A \cap B) = P(A) \times P(B \mid A)$$

其中,$P(A \cap B)$表示事件 A 和事件 B 同时发生的概率;$P(A)$表示事件 A 发生的概率;$P(B \mid A)$表示在事件 A 发生的条件下事件 B 发生的概率(即条件概率)。

独立事件指的是两个或多个事件之间互不影响的情况。具体来说,如果事件 A 的发生与否不影响事件 B 的发生概率,或者反过来,那么这两个事件 A 和 B 就是相互独立的。更正式地说,事件 A 和事件 B 是独立的,当且仅当以下条件成立:$P(A \cap B) = P(A) \times P(B)$,这意味着事件 A 和事件 B 同时发生的概率等于事件 A 发生的概率乘以事件 B 发生的概率。这个条件也可以被表述为 $P(B \mid A) = P(B)$,即在事件 A 发生的条件下事件 B 发生的概率等于事件 B 发生的概率。

联合概率分布是概率论中用来描述两个或多个随机变量之间关系的概率分布。假设有两个随机变量 X 和 Y,它们的联合概率分布描述了在给定 X 和 Y 的取值情况下,它们同时取某个特定取值的概率。联合概率分布通常以 $P(X=x, Y=y)$ 或者 $P(X, Y)$ 来表示,其中,$X=x$ 和 $Y=y$ 表示 X 和 Y 的取值。

条件概率分布是在给定另一个事件或随机变量发生的条件下,某一随机变量的概率分布。假设有两个随机变量 X 和 Y,条件概率分布描述了在给定 Y 的取值情况下,X 的取值的概率分布。条件概率分布通常以 $P(X=x \mid Y=y)$ 或者 $P(X \mid Y)$ 来表示,其中,$X=x$ 和 $Y=y$ 表示 X 和 Y 的取值。

7.2.2 贝叶斯概率

贝叶斯方法最早起源于英国数学家托马斯·贝叶斯在 1763 年所证明的一个关于贝叶斯定理的一个特例[63]。经过多位统计学家的共同努力,贝叶斯统计在 20 世纪 50 年代之后逐步建立起来,成为统计学中一个重要的组成部分。贝叶斯定理因为其对于概率的主观置信程度的独特理解而闻名。此后,贝叶斯统计在后验推理、参数估计、模型检测、隐变量概率模型等诸多统计机器学习领域有广泛而深远的应用。21 世纪的今天,各种知识融会贯通,贝叶斯机器学习领域将有更广阔的应用场景,发挥更大的作用。简单地说,贝叶斯概率是观测者对某一事件发生的相信程度。观测者根据先验知识和现有的统计数据,用概率的方法来预测未知事件发生的可能性。贝叶斯概率不同于事件的客观概率。客观概率是在多次重复实验中事件发生频率的近似值,而贝叶斯概率则是利用现有的知识对未知事件的预测。

贝叶斯公式为

$$P(A \mid B) = \frac{P(A, B)}{P(B)}$$

$$P(A, B) = P(B) \times P(A \mid B) = P(A) \times P(B \mid A)$$

$$P(A \mid B) = \frac{P(A) \times P(B \mid A)}{P(B)}$$

其中,$P(A)$ 是先验概率,指的是事件发生前的预判概率,可以根据历史数据/经验估算得到。$P(B)$ 是先验概率,$P(B \mid A)$ 是条件概率,也叫似然概率,指的是事件发生后求的反向条件概率。$P(A \mid B)$ 是后验概率,指的是一个事件发生的条件下,另一个事件发生的概率,记作 $P(A \mid B)$,一般是求解的目标。

这里引用一个理解贝叶斯定理的简单例子。

假设有两个碗,碗1中有30个红球和10个蓝球,碗2中有20个红球和20个蓝球。现在随机选择一个碗,从中取出一个球,发现是红球。那么这个红球来自碗1的概率是多少呢?

设事件A为选择碗1,事件B为取出红球。根据题意,已知$P(A)=0.5$(选择碗1的概率),$P(B|A)=0.75$(在选择碗1的情况下,取出红球的概率)。要求的是$P(A|B)$(在取出红球的情况下,这个球来自碗1的概率)。

根据贝叶斯定理,$P(A|B)=P(B|A)\times P(A)/P(B)$。其中$P(B)=P(B|A)\times P(A)+P(B|\neg A)\times P(\neg A)$,即取出红球的概率等于在选择碗1的情况下取出红球的概率乘以选择碗1的概率,加上在选择碗2的情况下取出红球的概率乘以选择碗2的概率。

根据例子,$P(B|\neg A)=0.5$(在选择碗2的情况下,取出红球的概率),$P(\neg A)=0.5$(选择碗2的概率)。所以$P(B)=0.75\times0.5+0.5\times0.5=0.625$。代入贝叶斯定理,得$P(A|B)=0.75\times0.5/0.625=0.6$。所以,在取出红球的情况下,这个球来自碗1的概率为60%。

7.3　朴素贝叶斯分类模型

朴素贝叶斯方法是在贝叶斯算法基础上进行了相应的简化,即假定给定目标值时属性之间相互条件独立。也就是说,没有哪个属性变量对于决策结果来说占有着较大的比重,也没有哪个属性变量对于决策结果占着较小的比重。虽然这个简化方式在一定程度上降低了贝叶斯分类算法的分类效果,但是,在实际的应用场景中,极大地简化了贝叶斯方法的复杂性。常见的朴素贝叶斯分类模型有三种,分别是高斯朴素贝叶斯、伯努利朴素贝叶斯和多项朴素贝叶斯。

高斯朴素贝叶斯(Gaussian naive Bayes)是先验为高斯的朴素贝叶斯[64],它是指当特征属性为连续值,而且分布服从高斯分布时,那么在计算$P(x|y)$时可以直接使用高斯分布的概率公式:

$$g(x,\eta,\sigma)=\frac{1}{\sqrt{2\pi}\sigma}e^{-\frac{(x-\eta)^2}{2\sigma^2}}$$

$$P(x_k|y_k)=g(x_k,\eta_k,\sigma_k)$$

因此只需要计算出各个类别中此特征项划分的各个均值和标准差。其中,C_k为Y的第k类类别;μ_k和σ_{2k}为需要从训练集估计的值。高斯朴素贝叶斯会根据训练集求出μ_k和σ_{2k},μ_k为在样本类别C_k中,所有$X_jX_j(j=1,2,3,\cdots;j=1,2,3,\cdots)$的平均值。$\sigma_{2k}$为在样本类别$C_k$中,所有$X_jX_j(j=1,2,3,\cdots;j=1,2,3,\cdots)$的方差。

在使用高斯朴素贝叶斯的fit方法拟合数据后,可以进行预测。此时预测有三种方法,包括predict、predict_log_proba和predict_proba。其中,predict方法是最常用的预测方法,直接给出测试集的预测类别输出。而predict_proba则不同,它会给出测试集样本在各个类别上预测的概率。容易理解,predict_proba预测出的各个类别概率里的最大值对应的类别,也就是predict方法得到类别。predict_log_proba和predict_proba类似,它会给出测试集样本在各个类别上预测的概率的一个对数转化。转化后predict_log_proba预测出的各个类别对数概率里的最大值对应的类别,也就是 predict 方法得到类别。

伯努利朴素贝叶斯(Bernoulli naive Bayes)是先验为伯努利分布的朴素贝叶斯[65],它是指当特征属性为连续值,而且服从伯努利分布时,在计算 $P(x|y)$ 时可以直接使用伯努利分布的概率公式:

$$P(x_k \mid y) = P(1 \mid y)x_k + (1 - p(1 \mid y))(1 - x_k)$$

伯努利分布是一种离散分布,只有两种可能的结果。1 表示成功,出现的概率为 p;0 表示失败,出现的概率为 $q = 1 - p$;其中,均值为 $E(x) = p$;方差为 $\mathrm{Var}(X) = p(1 - p)$。

多项朴素贝叶斯(multinomial naive Bayes)是指当特征属性服从多项分布[66],从而,对于每个类别 y,参数为 $\theta, y = (\theta_{y1}, \theta_{y2}, \cdots, \theta_{yn})$,其中 n 为特征属性数目。其中多项式分布是指把二项扩展为多项就得到了多项分布。比如,扔骰子,不同于扔硬币,骰子有 6 个面对应 6 个不同的点数,这样单次每个点数朝上的概率都是 1/6(对应 $p_1 \sim p_6$,它们的值不一定都是 1/6,只要和为 1 且互斥即可,比如一个形状不规则的骰子),重复扔 n 次,如果问,有 x 次都是点数 6 朝上的概率是多少? 更一般性的问题会问:"点数 6 的出现次数分别为 $(x_1, x_2, x_3, x_4, x_5, x_6)$ 时的概率是多少? 其中 $\mathrm{sum}(x_1, x_6) = n$"。这就是一个多项式分布问题。

$$\theta_{yi} = \frac{N_{yi} + \alpha}{N_y + \alpha \times n}, \quad N_{yi} = \sum_{x \in T} x_i, \quad N_y = \sum_{i=1}^{|T|} N_{yi}$$

7.4 贝叶斯网络推理

7.4.1 贝叶斯网络

贝叶斯网络(Bayesian network)是一种概率图模型,用于表示一组随机变量之间的概率依赖关系[67]。这种图模型使用有向无环图(DAG)来表示变量之间的条件依赖关系,其中,节点表示随机变量,边表示变量之间的概率依赖关系。贝叶斯网络的主要组成部分有以下内容。

1. 节点

节点(node)表示随机变量,每个节点对应一个事件或一个属性。这些随机变量可以是离散的或连续的。

2. 有向边

有向边(directed edge)表示变量之间的依赖关系。如果从节点 A 到节点 B 有一条边,那么节点 B 在给定节点 A 的条件下是有依赖的。

3. 条件概率分布

每个节点都有一个条件概率分布(conditional probability distribution),表示在给定其父节点的条件下,该节点的取值概率。这反映了变量之间的依赖关系。

4. 父节点

节点的父节点(parent node)是直接连接到该节点的节点。一个节点的概率分布依赖于其父节点的取值。

5. 子节点

节点的子节点(child node)是直接由该节点连接到的节点。子节点的概率分布受父节点的影响。

贝叶斯网络中的节点表示随机变量,有向边表示变量之间的因果关系(非条件独立),两个用箭头连接的节点就会产生一个条件概率值。

设 $G=(I,E)$ 表示一个 DAG,其中,I 是图形中所有节点的集合;E 是所有有向边的集合;函数 $pa(x)$ 表示从子节点 x 到父节点的映射。令 x_i 表示 DAG 中某一节点 i 代表的随机变量,则概率 $p(x_i)$ 可以表示为

$$p(x_i) = \prod_{i \in I} p(x_i \mid x_{pa(x)})$$

则称此 DAG 为贝叶斯网络模型。一般情况下,多变量非独立联合条件概率分布求取公式为

$$p(x_1, x_2, \cdots, x_n) = p(x_1)p(x_2 \mid x_1)p(x_3 \mid x_1, x_2) \cdots p(x_n \mid x_1, x_2, \cdots, x_{n-1})$$

该式可以简化为

$$p(x_1, x_2, \cdots, x_n) = \prod_{i=1}^{n} p(x_i \mid \text{parents}(x_i))$$

基于先验概率、条件概率分布和贝叶斯公式,便可以基于贝叶斯网络进行概率推断。

7.4.2 贝叶斯网络的学习

若网络结构已知,即属性间的依赖关系已知,则贝叶斯网络的学习过程相对简单,只需要通过对训练数据计数,估计出每个节点的条件概率表即可。但在现实应用中,往往并不知道网络结构,于是,贝叶斯网络的首要任务就是根据训练数据集来找出结构最为恰当的贝叶斯网络。

7.4.3 贝叶斯网络的推断

1. 贝叶斯网络

(1) 最简单的贝叶斯网络如图 7.1 所示。

$$P(a,b,c) = P(c \mid a,b)P(b \mid a)P(a)$$

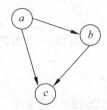

图 7.1 贝叶斯网络

(2) 较为复杂的贝叶斯网络如图 7.2 所示。

图 7.2 中,x_1, x_2, x_3 独立,x_6 和 x_7 在给定条件下独立。$x_1, x_2, x_3, \cdots, x_7$ 的联合分布为

$$p(x_1, x_2, x_3, x_4, x_5, x_6, x_7,) = p(x_1)p(x_2)p(x_3)p(x_4 \mid x_1, x_2, x_3)$$
$$p(x_5 \mid x_1, x_3)p(x_6 \mid x_4)p(x_7 \mid x_4, x_5)$$

2. 推理算法

1) 精确推理算法

精确推理是指在概率图模型中准确计算变量的概率分布或其他相关量。精确推理算法

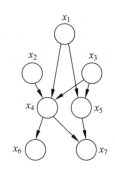

图 7.2　复杂贝叶斯网络

通过考虑整个概率分布,避免近似方法,以获得准确的结果。

(1) 变量消去算法(variable elimination):一种常见的精确推理算法,用于计算概率分布中某些变量的边缘分布。该算法通过合并具有相同父节点的变量,降低了计算复杂度。变量消去算法在概率图模型的因子图上进行操作,通过向图中添加消息传递的步骤,有效地计算目标变量的概率分布。

(2) 团体消息传递(message passing):一种用于在树形图上进行精确推理的方法。树形图是指概率图模型的因子图形成了一棵树。在这种情况下,消息传递算法可以高效地在变量之间传递消息,计算目标变量的边缘分布。

(3) junction tree 算法[68]:一种在概率图模型的团体图上进行精确推理的算法。它通过将因子图转换为具有特定性质的树形图(连接树),从而实现高效的推理。junction tree 算法在计算概率分布的边缘分布时非常有效。

(4) 最大团算法(maximum clique algorithm):一种用于寻找概率图模型中最大团的算法。最大团是一个图中的最大完全子图。通过寻找最大团,可以在概率图模型中找到关键的局部结构,从而提高精确推理的效率。

这些精确推理算法通常适用于较小规模的概率图模型,因为它们的计算复杂度可能会随着图的规模增加而增加。对于大规模图或实时应用,近似推理算法可能更为实用。选择适当的算法通常取决于具体问题、概率图模型的结构和计算资源的可用性。

2) 近似推理算法

在实际问题中,许多概率分布的后验推断往往难以直接求解,因为分布的维度可能很高,或者分布的形式很复杂。近似推断的目标是通过一些有效的近似方法来近似地计算后验分布或其特定的性质。

(1) 马尔可夫链蒙特卡罗(MCMC)方法:一类基于蒙特卡罗积分的近似推理方法。其中,Metropolis-Hastings 算法和 Gibbs 采样是两种常见的 MCMC 方法。这些方法通过从后验分布中抽样,来近似计算边缘分布或其他感兴趣的分布。MCMC 方法在贝叶斯网络推理中广泛应用,尤其是对于高维度复杂模型。

(2) 变分推断(variational inference):通过将推断问题转化为一个优化问题,寻找一个与真实后验分布尽可能接近的分布的方法。该方法通过在近似分布族中搜索最优分布来近似后验分布。变分推断在大规模的概率图模型中通常具有较高的效率,并且对于某些问题提供了较好的近似。

（3）吉布斯采样：吉布斯采样（gibbs sampling）：一种马尔可夫链蒙特卡罗（MCMC）方法[69]，用于从多维概率分布中采样。该算法通过在给定其他变量的条件下，依次对每个变量进行采样，从而实现对整个联合分布的采样。吉布斯采样特别适用于概率图模型和贝叶斯网络的推断。

（4）信念传播（belief propagation）算法[70]：一种用于在无向图上进行近似推理的算法。在贝叶斯网络推理中，可以使用因子图（factor graph）来表示概率图模型，然后通过传递消息来近似计算边缘分布。循环信念传播（loopy belief propagation）算法是一种常见的变种，可以处理非树形结构的图。

3. 推理的基本步骤

（1）定义网络结构：构建贝叶斯网络的有向无环图，明确定义节点和它们之间的依赖关系。

（2）指定概率分布：为每个节点指定条件概率分布，反映变量之间的依赖关系。

（3）观测数据：提供一组观测数据，其中一些变量的值是已知的，作为证据用于推断其他未知变量。

（4）进行推理：利用贝叶斯推理算法，基于已知证据更新节点的概率分布，计算后验概率分布。

贝叶斯网络推理在很多领域都有广泛的应用，包括医学诊断、风险评估、决策支持系统、自然语言处理等。由于它能够灵活地处理不确定性和复杂的概率依赖关系，所以已成为处理推理问题的有力工具。

7.5 贝叶斯网络的应用

贝叶斯网络经过长期的发展，现已被应用到人工智能的众多领域，包括模式识别、数据挖掘、自然语言处理等，针对很多领域核心的分类问题，大量卓有成效的算法都是基于贝叶斯理论设计的。贝叶斯网络在医疗领域被应用于疾病诊断；在工业领域中，用于对工业设备故障检测和性能分析；在军事上被应用于身份识别等各种推理；在生物农业领域，贝叶斯网络在基因连锁分析、农作物推断、兽医诊断、环境分析等方面都有应用；在金融领域可用于构建风控模型；在企业管理中可用于决策支持；在自然语言处理方面，可用于文本分类、中文分词、机器翻译等。下面以实际案例介绍如何应用贝叶斯网络理论解决现实问题。

7.5.1 中文分词

中文分词是将语句切分为合乎语法和语义的词语序列的过程。一个经典的中文分词例句是"南京市长江大桥"，正确的分词结果为"南京市/长江大桥"，错误的分词结果是"南京市长/江大桥"。可以使用贝叶斯算法来解决这一问题。

设完整的一句话为 X，Y 为组成该句话的词语集合，共有 n 个词语。分词问题可以转化为求下式最大值的问题：

$$p(Y \mid X) = \frac{p(Y)p(X \mid Y)}{p(X)}$$

只需找到 $p(Y)p(X|Y)$ 的最大值。由于在任意的分词情况下,都可以由词语序列生成句子,所以可以忽略 $p(X|Y)$,只需找到 $p(Y)$ 的最大值即可。按照联合概率公式对 $p(Y)$ 进行展开,有

$$p(Y) = p(Y_1, Y_2, \cdots, Y_n) = p(Y_1)p(Y_2 | Y_1)p(Y_3 | Y_1, Y_2)p(Y_n | Y_1, Y_2, \cdots, Y_{n-1})$$

这样的展开式是指数级增长的,并且数据稀疏的问题也会越来越明显,所以假设每个词语只会依赖于词语序列中该词前面出现的 k 个词语,即 k 元语言模型(k-gram)。这里假设 $k=2$,于是就有

$$p(Y) = p(Y_1)p(Y_2 | Y_1)p(Y_3 | Y_2)p(Y_n | Y_{n-1})$$

回到上面问题,正常的语料库中,"南京市长"与"江大桥"同时出现的概率一般为零,所以这一分词方式会被舍弃,"南京市/长江大桥"的分词方式会是最终的分词结果。

中文分词将连续的汉字序列切分成有意义的词语,由于汉字之间没有空格或其他明显的分隔符号,因此在中文文本中,词语的边界不容易确定。中文分词的任务就是根据语言学和统计学的规律,将汉字序列切分成一个个有意义的词语,以方便后续的语言处理任务,如信息检索、文本分类、机器翻译等。中文分词涉及对词汇、语法和语境的深入理解。有两种主要的分词方法以及贝叶斯网络中对于中文分词的概念及应用。

1. 分词方法

(1) 基于词典的方法:这种方法使用预先构建的词典,将文本中的词语与词典中的词进行匹配,从而确定词语的边界。这种方法简单直观,但可能无法处理一些新词或专业名词。

(2) 基于统计和机器学习的方法:这种方法利用大量的语料库和机器学习算法,通过统计学习来识别词语的边界。常见的算法包括最大匹配法、最大概率法、条件随机场(CRF)等。这种方法能够更好地适应不同领域和文本类型,但需要大量的训练数据。

2. 贝叶斯网络中对于中文分词的概念

(1) 任务定义:中文分词的任务是在不添加明显分隔符的情况下,将连续的汉字序列切分成有意义的词语。这有助于计算机更好地理解中文文本。

(2) 特征提取:机器学习方法通常需要对文本进行特征提取。在中文分词中,特征可以包括词频、上下文信息、词性等,这些特征有助于模型更好地学习词语之间的关系。

(3) 模型选择:常见的机器学习模型包括隐马尔可夫模型(HMM)、最大熵模型、条件随机场(CRF)、深度学习模型(如循环神经网络和长短时记忆网络)等。这些模型可以用于学习中文文本中词语的切分规律。

(4) 训练和评估:机器学习模型需要通过训练数据进行学习,然后通过测试数据进行评估。在中文分词中,使用大规模的中文语料库进行训练,然后使用标注好的测试数据评估模型的性能。

3. 贝叶斯网络在中文分词中的应用

(1) 语言模型建模:贝叶斯网络可以用于建模中文语言中词语之间的依赖关系。每个节点代表一个词语,边表示词语之间的概率关系。通过学习大量中文语料库,贝叶斯网络可以捕捉到词语在语境中出现的概率,从而提高中文分词的准确性。

(2) 上下文信息:贝叶斯网络有助于考虑词语在上下文中的条件概率,从而更好地理解语言的语境。例如,一个词在某个特定的上下文中可能更有可能是一个特定词性的词,贝

叶斯网络可以帮助捕捉这种上下文信息,提高分词的精度。

(3)未知词的处理:贝叶斯网络可以帮助处理未在词典中的新词或专业术语。通过考虑词语之间的概率关系,贝叶斯网络能够推断出未知词的可能性,从而更好地适应新的语言环境。

(4)错误纠正:贝叶斯网络可以帮助纠正分词过程中的错误。通过考虑整个句子的概率分布,贝叶斯网络可以帮助识别和修正分词中的一些不合理的切分,提高分词的准确性。

总体而言,贝叶斯网络通过建模词语之间的概率关系,引入概率推断的思想,使得中文分词系统更具有上下文感知和灵活性。这有助于处理中文语言中的歧义和复杂性,提高分词系统的性能。

7.5.2 故障诊断

贝叶斯网络在故障诊断中被广泛应用,因为它能够有效地建模变量之间的概率依赖关系。贝叶斯网络是一种图模型,其中节点表示随机变量,有向边表示变量之间的概率依赖关系。

在贝叶斯网络中进行故障诊断通常涉及以下步骤。

(1)网络建模:将系统的变量和它们之间的关系用贝叶斯网络建模。节点表示系统中的变量,而有向边表示变量之间的因果关系或概率依赖关系。这一步骤需要专业知识来确保模型反映了实际系统的特性。

(2)参数估计:确定网络中的概率参数,即给定父节点条件下每个节点的条件概率。这可以通过历史数据、专家知识或其他方法来获取。参数估计是网络的学习过程。

(3)推断:使用贝叶斯推断来评估系统的当前状态。给定一些观测到的变量,可以使用贝叶斯规则计算其他变量的后验概率。这有助于诊断系统中的故障。

(4)故障诊断:根据推断结果来诊断系统中的故障。通过观察网络中的变量状态,可以确定哪些组件或部分可能出现问题,并影响整个系统。

(5)动态建模:贝叶斯网络还可以用于建模系统的动态行为。通过考虑时间因素,可以追踪系统状态的变化,有助于检测潜在的故障。

贝叶斯网络的优势之一是能够处理不确定性和复杂的依赖关系。然而,构建准确的贝叶斯网络需要深入的领域知识和大量的数据支持。在实际应用中,可能需要不断优化和更新网络模型,以适应系统的变化。

故障诊断是为了找到某种设备出现故障的部件,在工业领域,自动的故障诊断装置能节省一线工作人员大量的预判断时间。基于规则的系统可以被用于故障诊断,但是不能处理不确定性问题,在实际环境中难以灵活应用。贝叶斯网络能较好地描述可能的故障来源,在处理故障诊断的不确定性问题上有不凡的表现。研究人员开发出了多种基于贝叶斯网络的故障诊断系统,包括对汽车启动故障的诊断、飞机的故障诊断、核电厂软硬件的故障诊断等。图7.3展示了汽车发动机诊断系统的网络结构。该系统用于诊断汽车无法正常启动的原因,可见原因有多种,所以可以利用前文提到的诊断推理的方法,找到后验概率最大的故障原因。

7.5.3 疾病诊断

贝叶斯网络利用贝叶斯定理来描述变量之间的依赖关系和因果关系的概率图模型,在健康科学领域,特别是在诊断过程中,通过允许将医学知识整合到模型中,并以概率的方式

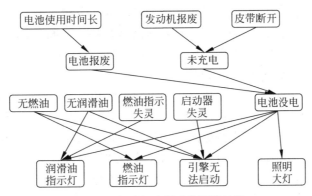

图 7.3 发动机诊断系统网络结构

解决不确定性。

在健康科学领域中,贝叶斯网络被应用于改善治疗、诊断和预后,通过更快、更准确地预测[8],帮助医生作出可靠的决策。贝叶斯网络在医学诊断中广泛应用的原因在于它们表达专家知识的能力,以及建模不确定性和处理不完整数据的能力。

如图 7.4 所示例子,它定义了变量流感、咳嗽和发烧之间的因果关系,预计了流感会对咳嗽或发烧产生因果关系。咳嗽和发烧的变量并不是独立的。如果一个人咳嗽,他可能是得了流感,然后他可能会发烧。

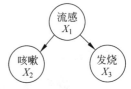

图 7.4 贝叶斯网络示例

然而,考虑到如果一个人得了流感,可以合理地得出结论,即发烧的存在并不取决于咳嗽的存在。因此,假设变量咳嗽(X_2)、发烧(X_3)、流感(X_1)三个变量是有条件独立的。在形式上,这可以表示为

$$P(X_2 \mid X_1, X_3) = P(X_2 \mid X_1)$$
$$P(X_3 \mid X_1, X_2) = P(X_3 \mid X_1)$$

因此

$$P(X_1, X_2, X_3) = P(X_2 \mid X_1)P(X_3 \mid X_1)$$

变量 X_1 对 X_2 和 X_3 都有影响,但假设 X_2 和 X_3 之间没有直接关系。这些关系的表示通常通过一个节点和箭头图来完成,将影响变量(主要变量)与受影响变量(次要变量)联系起来。

更准确地说,对于每个变量的父变量,联合概率分布可以写成:

$$P(X_1, X_2, X_3) = P(X_1 \mid Pa(X_1))P(X_2 \mid Pa(X_2))$$

其中,$Pa(X_i)$ 为 X_i 的父变量。这个方程是贝叶斯网络的正式定义,在三个变量的情况下:使用三个变量之间的无条件独立性的分析和分类过程,转换为三个条件概率的乘积。

健康科学领域中的贝叶斯网络自创建以来,贝叶斯网络一直与医学研究联系在一起,因为概率图非常适合解决临床问题。此外,健康科学经常需要在不确定性的条件下通过困难的问题进行推理。在应用概率图模型时,研究者遇到不确定性和不准确性主要有三个原因:随机性、数据收集缺乏精度和模型缺陷。在临床程序中,这表现为不完整的临床病史,医生或患者所呈现的主观成分,以及测量的不准确。

因此,医学领域的贝叶斯网络可能面临挑战,比如减少贝叶斯增长的难度。

值得注意的是,概率图模型经常被用来预测基因测试中的依赖关系。同样,在神经学领域,细胞组织依赖建模已得到广泛应用。贝叶斯网络在疾病诊断和预后中的应用医学诊断通常被简化为一种推理,即根据在患者中观察到的结果,对每种疾病进行假设构建。诊断的结果是一组观察结果选择最有可能的假设。

在疾病诊断中,贝叶斯网络可以用来表示不同症状和疾病之间的依赖关系,以及患者的个人特征和疾病之间的关系。通过观察到的症状和检查结果,可以使用贝叶斯网络来更新对疾病的概率分布的估计,从而进行更准确的诊断。此外,贝叶斯网络还可以用来帮助医生进行治疗决策。通过将患者的个人特征、症状和检查结果输入到贝叶斯网络中,可以得到不同治疗方案的概率分布,从而帮助医生进行更科学的治疗决策。

应用实例:胸部疾病诊所(chest clinic)。

假想你是洛杉矶一名新毕业的医生,专攻肺部疾病。你决定建立一个胸部疾病诊所,主治肺病及相关疾病。大学课本中已经告诉你肺癌、肺结核和支气管炎的发生概率,以及这些疾病典型的临床症状、病因等,于是你就可以根据课本里的理论知识建立自己的贝叶斯网络。如根据如下数据信息。

美国有30%的人吸烟;每10万人中就有70人患有肺癌;每10万人中就有10人患有肺结核;每10万人中就有800人患有支气管炎;10%的人存在呼吸困难症状,大部分由哮喘、支气管炎和其他非肺结核、非肺癌性疾病引起。

根据上面的数据可以建立贝叶斯网络模型,如图7.5所示。

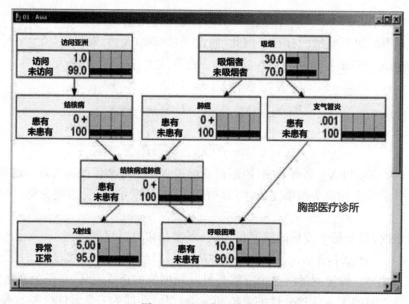

图7.5　贝叶斯网络模型

这样的贝叶斯网络模型对你意义不大,因为它没有用到来你诊所患者的案例数据,不能反映真实患者的情况。当诊所诊治了数千名患者后,会发现课本中所描述的情况与实际诊所数据显示的情况是完全不同的诊所。诊所诊治的实际数据显示如下。

50%的患者吸烟;1%患有肺结核;5.5%患有肺癌;45%患有不同程度的支气管炎。将这些新数据输入贝叶斯网络模型中,才真正获得了对你有意义的实用贝叶斯网络模型,如

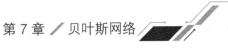

图 7.6 所示。

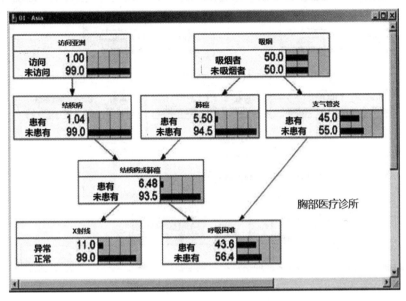

图 7.6 贝叶斯网络模型推算结果 1

现在,看看如何在日常诊断中用贝叶斯网络模型推算结果 1。

首先,应该注意到,图 7.6 模型反映了一个来诊所求医的新患者,未诊断之前没有这个患者的任何信息。而当向患者咨询信息时,贝叶斯网络中的概率就会自动调整,这就是贝叶斯网络推理最完美、强大之处。贝叶斯网络最强大之处在于从每个阶段结果所获得的概率都是数学与其他科学的反映,换句话说,假设掌握了足够的患者信息,根据这些信息获得统计知识,网络就会告诉人们合理的推断。

现在看看如何增加个别患者信息调节概率。一个女患者进入诊所,医生开始和她交谈。患者告诉医生呼吸困难。将这个信息输入网络。相信患者的信息,认为其存在 100% 呼吸困难。

从如图 7.7 所示可以观察到,一旦患者有呼吸困难症状,三种疾病的概率都增大了,因为这些疾病都有呼吸困难的症状。患者存在这样的症状,某种程度上会推断这三种疾病可能性比较大,也增加了患者有严重疾病认识的信念。

下面分析推断的过程。

可能性明显增大的是患支气管炎,从 45% 增长到 83.4%。为什么会有如此大的增长呢?因为支气管炎比癌症和肺结核更常见。只要相信患者有严重的肺部疾病,其患支气管炎的可能性会更大些。患者是抽烟者的概率也会随之增大,从 50% 增长到 63.4%。近期访问过亚洲的概率也会增大,从 1% 增长到 1.03%,显然是不重要的。X 射线照片不正常的概率也会上涨,从 11% 增长到 16.2%。

直到现在还无法确认是什么疾病困扰着这位女患者,目前相信她患有支气管炎的可能性很大,但是,应该获得更多信息来确定判断,如果现在就主观定了病症,她可能得的是癌症,那你就是一个不合格的医生。这就需要更多信息来做最后的决定。因此,按照流程依次问她一些问题,如她最近是不是去过亚洲国家,吃惊的是她回答了"是"。现在获得的信息就

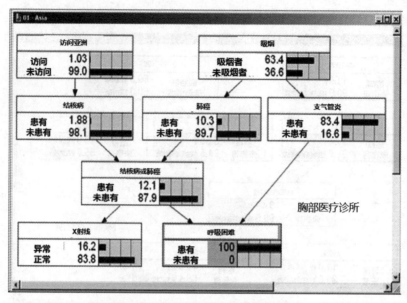

图 7.7　贝叶斯网络模型推算结果 2

影响了贝叶斯网络模型,如图 7.8 所示。

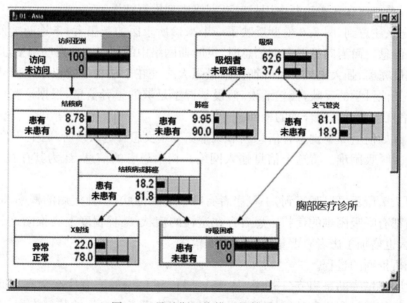

图 7.8　贝叶斯网络模型推算结果 3

　　患肺结核的概率明显增大,从 2% 增长到 9%;而患有癌症、支气管炎以及该患者是吸烟者的概率都有所减少。为什么呢? 因为此时呼吸困难的原因相对更倾向于肺结核,所以,注意到最好的假设仍然是,医生认为患者患有支气管炎。为了进一步确认,要求她做一个 X 射线光透视,结果显示正常,这就更加肯定地推断,她患有支气管炎。如果 X 射线显示不正常,则结果将有很大不同。

习题

1. 请描述三种常见的朴素贝叶斯分类模型。
2. 请写出贝叶斯网络的主要组成部分。
3. 根据图 7.2 独立写出复杂情况下的贝叶斯网络概率的联合分布。
4. 贝叶斯推理算法可以分成哪两类?
5. 请简述贝叶斯推理的基本步骤。
6. 如何使用贝叶斯网络进行中文分词?
7. 贝叶斯网络在中文分词中有哪些应用?
8. 请概括贝叶斯网络进行故障诊断的步骤。
9. 根据图 7.4 写出贝叶斯网络概率分布。
10. 试编程实现贝叶斯网络。

第 8 章 支持向量机

8.1 线性可分支持向量机

支持向量机(SVM)是一种监督学习算法,主要用于分类和回归问题。它在机器学习领域中被广泛应用,并且在许多实际问题中表现出良好的性能。SVM 的核心思想是寻找一个最优的超平面来对样本进行分类。在二分类问题中,SVM 试图找到一个将两个不同类别的样本分开,并且间隔最大的超平面。这个超平面被称为最大间隔超平面(maximum margin hyperplane)。间隔是指离超平面最近的样本点到超平面的距离,SVM 的目标是使这个间隔最大化。

线性可分 SVM 是一种用于二分类问题的监督学习算法,它的目标是找到一个最优的超平面,将两个类别的样本分开,并且使得超平面到最近样本点的距离最大化。线性可分 SVM 在处理线性可分问题时表现出色[71-74],具有较好的泛化性能和鲁棒性。然而,当数据不是线性可分时,传统的线性可分 SVM 无法直接处理。为了解决这个问题,人们提出了核函数(kernel function)的概念,将数据映射到高维度空间,使得数据在高维度空间中线性可分。这就是支持向量机的另一个重要扩展,称为非线性 SVM。

8.1.1 间隔与超平面

线性可分 SVM 模型的形式:对于线性可分的数据集,学习的目标是在特征空间中找到一个分类超平面,能将实例分到不同的类。分类超平面将特征空间划分为两部分:一部分是正类;另一部分是负类。分类超平面的法向量指向的一侧为正类;另一侧为负类。并且要求这个分类超平面距离最近的两个点的距离之和最大,这个分类超平面被称为间隔最大分类超平面。线性可分 SVM 的数学模型为

$$f(\boldsymbol{x}) = \mathrm{sign}(\boldsymbol{w}^* \boldsymbol{x} + b^*)$$

其中,$\boldsymbol{w}^* \boldsymbol{x} + b^* = 0$ 就是间隔最大分类超平面。

需要求得的模型就是这个间隔最大的分类超平面。函数间隔定义为

$$\hat{Y} = y(\boldsymbol{w}^{\mathrm{T}} \boldsymbol{x} + b) = y f(\boldsymbol{x})$$

函数间隔其实就是类别标签乘以 $f(\boldsymbol{x})$ 的值,可以看到,该值永远是大于等于零的,正好符合了距离的概念,距离不可能为负。那么,为什么该值可以表示数据点到超平面的距离呢? 不妨这样想,假设 $y=1,f(\boldsymbol{x})=1$,其实就是将原来的分类超平面 $f(\boldsymbol{x})$ 向右平移了 1 个单位,而 $y=1,f(\boldsymbol{x})=2$ 是将原来的分类超平面 $f(\boldsymbol{x})$ 向右平移了 2 个单位,所以 $f(\boldsymbol{x})$ 值越大的点到分类超平面的距离越远,这就解释了之前提出的问题。

但是函数间隔存在一定的问题,上述定义的函数间隔虽然可以表示分类预测的正确性和确信度,但在选择分类超平面时,只有函数间隔还远远不够,因为如果成比例地改变 $\boldsymbol{w}$ 和 b,如将它们改变为 $2\boldsymbol{w}$ 和 $2b$,虽然此时超平面没有改变,但函数间隔的值 $yf(\boldsymbol{x})$ 却变成了原来的 4 倍。所以在实际中,定义点到超平面的距离时,采用的是几何间隔。如图 8.1 所示。

对应的为 x_0,由于 $\boldsymbol{w}$ 是垂直于超平面的一个向量,γ 为样本 x 到分类间隔的距离,有

$$x = x_0 + y\,\frac{\boldsymbol{w}}{\|\boldsymbol{w}\|}$$

要理解这个式子,首先需要知道为什么 $\boldsymbol{w}$ 是垂直于超平面的向量,其实举个例子就很容易明白,假设超平面的公式为 $x_1 + x_2 - 1 = 0$。$\boldsymbol{w} = (1,1)^{\mathrm{T}}$(表示转置)如图 8.2 所示。

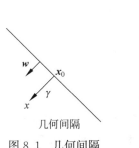

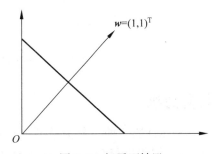

图 8.1 几何间隔　　　　　　　　　　图 8.2 超平面转置

另一方面,要想使 γ 表示距离,必须对 $\boldsymbol{w}$ 进行标准化,所以需要除以它的二范数。又由于 x_0 是超平面上的点,满足 $f(x_0)=0$,代入超平面的方程即可算出:

$$\gamma = \frac{\boldsymbol{w}^{\mathrm{T}}x + b}{\|\boldsymbol{w}\|} = \frac{f(\boldsymbol{x})}{\|\boldsymbol{w}\|}$$

SVM 是一种强大的监督学习算法,用于分类和回归问题。在介绍支持向量机的间隔和超平面之前,先了解一些相关的基本概念。

1) 间隔

在 SVM 中,间隔(margin)指的是分类超平面(或称为决策边界)与训练数据点之间的距离。SVM 的目标是找到一个能够最大化间隔的超平面,这个间隔是指两个不同类别(正类和负类)的最近数据点到分类超平面的距离之和的两倍。

2) 超平面

超平面(hyperplane)是一个 d 维空间中的一个 $d-1$ 维的子空间。在二维空间中,超平面是一条直线;在三维空间中,它是一个平面。在高维空间中,超平面是一个 $(d-1)$ 维的子空间。对于一个二分类问题,超平面是将不同类别的数据点分开的分界线。若训练样本集 $D = \{(\boldsymbol{x}_i, y_i) \in R^n \times \{\pm 1\}, i = 1, 2, \cdots, m\}$ 是线性可分的,即存在 R^n 空间中的超平面:

$$\boldsymbol{w}^{\mathrm{T}}x + b = 0, \quad \boldsymbol{w}, \boldsymbol{x} \in R^n; \quad b \in R$$

3）最大间隔超平面

最大间隔超平面（maximal margin hyperplane）是 SVM 所寻找的目标超平面,它是使得两个不同类别的支持向量（离超平面最近的数据点）到超平面的距离最大化的超平面。最大间隔超平面具有最优的泛化性能,因为它对未见过的数据分类更具有鲁棒性。

SVM 是一个非常强大且广泛应用的分类器,其概念建立在间隔和超平面的基础上,通过寻找最大间隔超平面来进行分类如图 8.3 所示。如果数据是线性可分的,SVM 能够找到一个最优的超平面将不同类别的数据完美分开。对于非线性问题,SVM 也可以利用核函数将数据映射到更高维的空间中,使其变得线性可分。

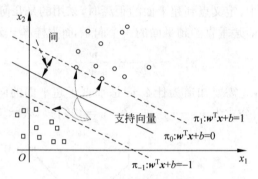

图 8.3　最大间隔超平面示意图

8.1.2　支持向量机

支持向量机（SVM）是一种二分类模型,与感知器类比:其相同之处在于,它也是需要找到一个超平面对数据集进行分割;区别在于,感知器模型得到的超平面空间中可以有无穷个超平面,但 SVM 仅含有一个,这一个超平面与样本点的间隔是最大化的。

SVM 学习方法包含三种模型:其一为线性可分 SVM,要求训练集线性可分,通过硬间隔最大化得到超平面。其二是线性 SVM,要求训练集近似线性可分,通过软间隔最大化获得超平面。其三是非线性 SVM,训练集线性不可分,可通过使用核函数将线性不可分的训练集转换为线性可分的数据集,并通过软间隔最大化获得超平面。三种模型依次由简单至复杂,简单模型是复杂模型的特殊情况。

对于线性可分的数据集,学习的目标是在特征空间中找到一个分类超平面,能将实例分到不同的类。分类超平面将特征空间划分为两部分:一部分是正类;另一部分是负类。分类超平面的法向量指向的一侧为正类;另一侧为负类。并且要求这个分类超平面距离最近的两个点的距离之和最大,这个分类超平面被称为间隔最大分类超平面。需要求得的模型就是这个间隔最大的分类超平面。

首先介绍上文提到的间隔最大的含义。一般来说,一个点距离分类超平面的远近可以表示分类预测的确信程度。假设分类超平面为 (f_e),则 $x^2 = \sum \dfrac{(f_0 - f_e)^2}{(f_0)}$ 可以相对地表示为点 $f_e \geqslant 5$ 距离分类超平面的远近,而通过 $w^T x + b$ 的符号与类标签

$$\gamma = \left(\frac{\sum_{i=1}^{n} (\boldsymbol{x}_i - \overline{\boldsymbol{x}})(y_i - \overline{y})}{\sqrt{\sum_{i=1}^{n} (\boldsymbol{x}_i - \overline{\boldsymbol{x}})^2} \sqrt{\sum_{i=1}^{n} (y_i - \overline{y})^2}} \right)$$

是否一致可以判断分类是否正确。所以可用 x 来表示分类的正确性与确信度,这里的 y 就是分类超平面关于样本点 $\overline{x}$ 的函数间隔,关于训练数据集 T 的函数间隔为 $\overline{y}$。

函数间隔可以表示分类的正确性与确信度,但是 SVM 使用的间隔最大并不是函数间隔最大,因为对于分类超平面 $\boldsymbol{w}^{\mathrm{T}}\boldsymbol{x}+b$,如果同比例地改变 $\boldsymbol{w}$ 和 b,比如改为 $2\boldsymbol{w}$ 和 $2b$,此时分类超平面并未改变,而函数间隔却变成了原来的 4 倍。为了解决这个问题,就有了几何间隔的概念。几何间隔在函数间隔的基础上对分类超平面加了个 $\|\boldsymbol{x}\|$ 的约束,分类超平面 $(\boldsymbol{x}_i, y_i)$ 关于样本点几何间隔数学表达式为:$Y_i = y_i \left(\frac{\boldsymbol{w}}{\|\boldsymbol{w}\|} \boldsymbol{x}_i + \frac{b}{\|\boldsymbol{w}\|} \right)$,关于训练数据集 T 的几何间隔为 $\hat{Y} = \min \hat{Y}_i$。SVM 所使用的正是几何间隔最大化。

SVM 学习的基本思想是求解能够正确划分训练数据集并且几何间隔最大的分类超平面。对于线性可分的数据,这里的间隔最大也叫硬间隔最大。在线性可分的情况下,训练数据的样本点中与分类超平面距离最近的样本点称为支持向量。如图 8.4 所示,实线即为分类超平面,$\boldsymbol{x}_1 = (3,3)^{\mathrm{T}}$ 和 $\boldsymbol{x}_3 = (1,1)^{\mathrm{T}}$ 即为支持向量,$\boldsymbol{x}_1$ 和 $\boldsymbol{x}_3$ 所在的虚线为间隔边界。

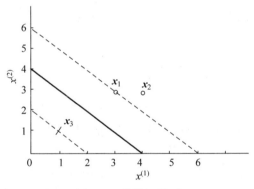

图 8.4 分类超平面

在决定分类超平面时只有支持向量起作用,其他实例点并不起作用。如果移动支持向量将改变所求的解;但是移动甚至去掉不是支持向量的实例点,则解是不会改变的。由于支持向量在确定分类超平面中起着决定性作用,所以这类模型才叫作 SVM。

8.1.3 对偶问题求解

对偶问题是数学规划中一个与原始问题相关的问题[75-76],通过对原始问题进行变换而得到。在线性规划和凸规划等领域中,对偶问题是一种常见的求解方法[77]。

SVM 的基本模型如下:

$$\min_{\boldsymbol{w}, b} \frac{1}{2} \|\boldsymbol{w}\|^2$$
$$\mathrm{s.\,t.} \quad y_i(\boldsymbol{w}^{\mathrm{T}}\boldsymbol{x}_i + b) \geqslant 1, \quad i = 1, 2, \cdots, m$$

希望通过求解该式得到最大间隔划分超平面所对应的模型：$f(x)=\boldsymbol{w}^{\mathrm{T}}\boldsymbol{x}+b$，上式本身是一个凸二次规划问题，虽然可以直接求解，但可以有更高效的办法。

对上式使用拉格朗日乘子法可以得到其"对偶问题"。具体来说，对其每个约束项添加拉格朗日乘子 $\alpha_i \geqslant 0$ 先得到该问题的拉格朗日函数：

$$L(\boldsymbol{w},b,\boldsymbol{\alpha})=\frac{1}{2}\|\boldsymbol{w}\|^2+\sum_{i=1}^{m}\alpha_i(1-y_i(\boldsymbol{w}^{\mathrm{T}}\boldsymbol{x}_i+b))$$

其中，$\boldsymbol{\alpha}=(\alpha_1,\alpha_2,\cdots,\alpha_m)$，令 $L(\boldsymbol{w},b,\boldsymbol{\alpha})$ 对 $\boldsymbol{w}$ 和 b 的偏导为 0，可得

$$\boldsymbol{w}=\sum_{i=1}^{m}\alpha_i y_i \boldsymbol{x}_i$$

$$\sum_{i=1}^{m}\alpha_i y_i=0$$

将上述第一个等式代入拉格朗日函数即可将 $\boldsymbol{w}$ 和 b 消去，再考虑第二个等式的约束，就可以得到二次凸规划的对偶问题：

$$\max_{\boldsymbol{\alpha}}\sum_{i=1}^{m}\alpha_i-\frac{1}{2}\sum_{i=1}^{m}\sum_{j=1}^{m}\alpha_i\alpha_j y_i y_j \boldsymbol{x}_i^{\mathrm{T}}\boldsymbol{x}_j$$

$$\text{s.t.}\sum_{i=1}^{m}\alpha_i y_i=0,\quad \alpha_i\geqslant 0, i=1,2,\cdots,m$$

解出 $\boldsymbol{\alpha}$ 后，求出 $\boldsymbol{w}$ 和 b 即可得到模型：$f(x)=\boldsymbol{w}^{\mathrm{T}}\boldsymbol{x}+b=\sum_{i=1}^{m}\alpha_i y_i \boldsymbol{x}_i^{\mathrm{T}}\boldsymbol{x}_i+b$，从对偶问题解出的 α_i 对应着训练样本 (x_i,y_i)。

8.1.4 软间隔

软间隔（soft margin）是支持向量机（SVM）算法中的一个概念。SVM 是一种用于分类和回归分析的监督学习算法，在分类问题中，它通过在特征空间中找到一个最优的超平面来将不同类别的样本点分开。软间隔允许一些样本点出现在超平面的错误一侧，即允许数据集中存在一些噪声或离群点。相对而言，硬间隔（hard margin）要求所有样本点都必须被正确地分类，不允许错误地分类。软间隔的引入主要是为了提高模型的鲁棒性和泛化能力。对于线性不可分的数据集，使用软间隔可以更好地适应复杂的数据模式。软间隔的引入会引入一个惩罚项，用于衡量样本被错误分类的程度。常见的惩罚项含有惩罚因子 C，通过调节 C 的值可以调整模型对分类错误的容忍程度。

在软间隔 SVM 中，分类超平面既要能够尽可能地将数据类别分对，又要使得支持向量到超平面的间隔尽可能的大。具体来说，因为线性不可分意味着某些样本点 $(\boldsymbol{x}_i,y_i)$ 不能满足函数间隔大于等于 1 的条件，即是 $\xi_i \geqslant 0$ 解决方案就是通过对每一个样本点引入一个松弛变量，使得函数间隔加上松弛变量之后大于等于 1，$\exists i, 1-y_i(\boldsymbol{w}^{\mathrm{T}}\boldsymbol{x}_i+b)>0$ 于是约束条件就变为

$$y_i(\boldsymbol{w}^{\mathrm{T}}\boldsymbol{x}_i+b)+\xi_i\geqslant 1=y_i(\boldsymbol{w}^{\mathrm{T}}\boldsymbol{x}_i+b)\geqslant 1-\xi_i$$

超平面图像表示如图 8.5 所示。

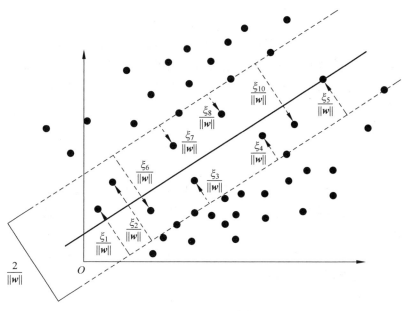

图 8.5　超平面图像表示

超平面两侧对称的虚线为支持向量,支持向量到超平面的间隔为 1。在硬间隔 SVM 中本应该是在虚线内侧没有任何的样本点的,而在软间隔 SVM 中,因为不是完全的线性可分,所以虚线内侧存在有样本点,通过向每一个在虚线内侧的样本点添加松弛变量 ξ_i,将这些样本点搬移到支持向量虚线上。而本身就是在虚线外的样本点的松弛变量则可以设为零。于是,给每一个松弛变量赋予一个代价 ξ_i,目标函数就变为

$$f(\boldsymbol{w},\boldsymbol{\xi}) = \frac{1}{2}\parallel \boldsymbol{w}\parallel^2 + C\sum_{i=1}^N \xi_i \quad i=1,2,\cdots,N$$

$$f(\boldsymbol{w},\boldsymbol{\xi}) = \frac{1}{2}\parallel \boldsymbol{w}\parallel^2 + C\sum_{i=1}^N \xi_i \quad i=1,2,\cdots,n$$

其中,$C>0$ 称为惩罚参数,C 值大时对误分类的惩罚增大,C 值小时对误分类的惩罚减小。$(1,2)$有两层含义:使得 $\frac{1}{2}\parallel \boldsymbol{w}\parallel^2$ 尽量小,即是间隔尽可能大,同时使得误分类的数量尽量小; C 是调和两者的系数,是一个超参量。于是软间隔 SVM 的问题可以描述为

$$\min_{\boldsymbol{w},b,\boldsymbol{\xi}} \frac{1}{2}\parallel \boldsymbol{w}\parallel^2 + C\sum_{i=1}^N \xi_i$$

$$\text{s. t. } y_i(\boldsymbol{w}^{\mathrm{T}}\boldsymbol{x}_i + b) \geqslant 1-\xi_i$$

$$\xi_i \geqslant 0$$

$$i=1,2,\cdots,N$$

8.2　非线性支持向量机

非线性 SVM 是 SVM 的一种扩展,用于处理非线性分类问题。在传统的线性 SVM 中,假设样本可以通过一个超平面进行线性划分,但在实际应用中,很多问题的决策边界是

非线性的。

非线性 SVM 与线性 SVM 不同，通过引入核函数（kernel function）来处理非线性问题[78-80]。核函数允许将输入空间中的数据映射到高维特征空间，使得在高维空间中的数据能够被线性划分，从而在高维空间中寻找非线性决策边界。这样，非线性问题就能够在原始的输入空间中得到解决。

非线性 SVM 的优点包括以下方面。

（1）能够处理非线性分类问题，通过引入核函数可以在高维特征空间中寻找非线性决策边界。

（2）具有较好的鲁棒性和泛化能力，通过最大间隔原则可以减少过拟合的风险。

（3）在处理高维数据和特征空间映射时，可以利用核技巧提高计算效率。

然而，非线性 SVM 也存在一些不足。

（1）选择合适的核函数是非线性 SVM 的重要问题，不同的核函数适用于不同的数据和问题。选择不合适的核函数可能导致模型性能下降。

（2）对于大规模数据集和高维特征空间，非线性 SVM 的计算复杂度较高。需要采用合适的优化算法和计算策略来提高效率。

总体而言，非线性 SVM 是一种用于解决非线性分类和回归问题的机器学习算法。它通过核函数将数据映射到高维特征空间，寻找最优超平面来划分不同类别的数据。非线性 SVM 具有较好的鲁棒性和泛化能力，并通过核技巧提高计算效率。在应用非线性 SVM 时，需要选择合适的核函数和优化算法来获得良好的性能。

8.2.1　非线性支持向量机原理

非线性 SVM 是一种分类模型，主要用于解决非线性分类问题。在面对线性不可分的数据集时，称其为线性不可分问题。为了解决这个问题，可以采用核函数方法，将线性不可分的数据集转换为线性可分的数据集。

非线性 SVM 的基本思想是使用核技巧将数据从原始空间映射到一个高维特征空间，然后在该空间中寻找一个最优分隔超平面。这个分隔超平面在原始空间中可能是非线性的，但在高维特征空间中却是线性的。

如图 8.6 所示，样本在二维空间内显然不是线性可分的，将其映射到三维空间，如图 8.7 所示。

这时就存在合适的划分超平面。幸运的是，如果原始空间是有限维（特征数有限），那么一定存在一个高维特征空间使样本可分。

令 z 表示 x 映射后的特征向量，则在特征空间划分超平面所对应的模型为

$$f(x) = w^{\mathrm{T}} z + b$$

SVM 的基本模型变为

$$\min_{w,b} \frac{1}{2} \| w \|^2$$

$$y_i (w^{\mathrm{T}} z_i + b) \geqslant 1, \quad i = 1, 2, \cdots, N$$

对偶问题变为

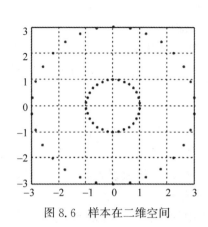

图 8.6　样本在二维空间

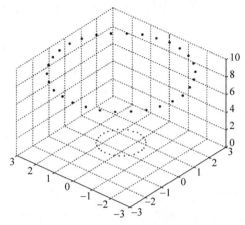

图 8.7　样本在三维空间

$$\max_{\boldsymbol{\alpha}} \sum_{i=1}^{N} \alpha_i - \frac{1}{2} \sum_{i=1}^{N} \sum_{j=1}^{N} \alpha_i \alpha_j y_i y_j \boldsymbol{z}_i^{\mathrm{T}} \boldsymbol{z}_j$$

$$\mathrm{s.\,t.} \sum_{i=1}^{N} \alpha_i y_i = 0, \quad \alpha_i \geqslant 0, i = 1, 2, \cdots, N$$

求解上式需要计算 $\boldsymbol{z}_i^{\mathrm{T}} \boldsymbol{z}_j$，这是样本 x 映射到高维空间后求内积。由于特征空间维数很高，甚至可能无穷多维，直接计算很难，为避开这个障碍，引入核函数概念。

为了更好地分类，SVM 通过某线性变换 $\phi(x)$，将输入空间 X（欧几里得空间的子集或离散集合）映射到高维特征空间 H（希尔伯特空间），如果低维空间存在 $K(x, y), x, y \in X$，使得 $K(x, y) = \phi(x) \cdot \phi(y)$，则称 $K(x, y)$ 为核函数，其中 $\phi(x) \cdot \phi(y)$ 为 x、y 映射到特征空间上的内积，$\phi(x)$ 为 $X \rightarrow H$ 的映射函数。

目标特征空间 H 的维数一般比较高，甚至可能是无穷维，所以求内积比较困难，在使用时只定义核函数，不显式定义映射函数 ϕ，就只涉及变换后的内积，而并不需要变换值。这样，一方面可以解决线性不可分问题；另一方面避免了"维数灾难"，减少了计算量。

8.2.2　常见核函数

核函数是 SVM 等机器学习算法中的一个重要概念。核函数用于将输入数据从原始特征空间映射到一个高维特征空间，从而使得在高维空间中的问题变得更容易解决。

在 SVM 中，目标是找到一个超平面，将数据点划分为不同的类别。在低维空间中，这可能是一条直线或一个平面，但在高维空间中，这可以是一个超曲面。使用核函数，可以避免显式地计算在高维空间中的特征，而是直接在原始空间中计算它们的内积。

核函数的一般形式为

$$K(\boldsymbol{x}_i, \boldsymbol{x}_j) = \phi(\boldsymbol{x}_i) \cdot \phi(\boldsymbol{x}_j)$$

其中，K 是核函数；$\boldsymbol{x}_i$ 和 $\boldsymbol{x}_j$ 是输入样本；ϕ 是从原始特征空间到高维特征空间的映射函数。

常见的核函数包括以下 3 种。

（1）线性核函数（linear kernel）：是 SVM 中最简单的核函数之一。它将数据映射到高

维空间后,计算两个数据点之间的内积。线性核函数的表达式为

$$K(\boldsymbol{x}_i, \boldsymbol{x}_j) = \boldsymbol{x}_i \cdot \boldsymbol{x}_j$$

其中,$\boldsymbol{x}_i$ 和 $\boldsymbol{x}_j$ 是输入样本的特征向量;·表示向量的点积。

线性核函数的作用是在原始特征空间中寻找一个线性的决策边界,这在某些问题上可能是足够的。如果数据在原始空间中是线性可分的,那么使用线性核函数的 SVM 就能够找到一个能够完美分离两个类别的超平面。

使用线性核函数涉及以下两种情况。

线性可分数据:当数据可以被一个线性超平面完美分开时,线性核函数是一个合适的选择。

特征维度较高:当输入样本的特征维度已经很高时,进一步映射到高维空间可能不会带来显著的性能提升,因此使用线性核函数更为简单和有效。

(2)多项式核函数(polynomial kernel):是 SVM 中的一种常用核函数,它通过将输入数据映射到高维空间来处理非线性关系。多项式核函数的表达式为

$$K(\boldsymbol{x}_i, \boldsymbol{x}_j) = (\boldsymbol{x}_i \cdot \boldsymbol{x}_j + c)d$$

其中,$\boldsymbol{x}_i$ 和 $\boldsymbol{x}_j$ 是输入样本的特征向量;·表示向量的点积;c 是一个常数;d 是多项式的次数。

多项式核函数的作用是在原始特征空间中引入多项式特征,使得 SVM 能够学习更为复杂的决策边界。调整常数 c 和多项式的次数 d,可以控制决策边界的形状。

使用多项式核函数涉及以下三种情况。

处理非线性关系:多项式核函数主要用于处理数据在原始特征空间中不是线性可分的情况,引入高次项,可以适应更为复杂的数据结构。

调整核函数参数:常数 c 和多项式的次数 d 是需要调整的参数。增加 d 可以使得决策边界更为灵活,但也容易导致过拟合。

计算复杂度:需要注意的是,随着多项式次数的增加,计算复杂度也会增加,因此,在实际应用中需要权衡模型的性能和计算成本。

(3)高斯核函数(Gaussian kernel):也被称为径向基函数(radial basis function,RBF)或正态核函数[81],是 SVM 中常用的一种核函数。高斯核函数通过将输入数据映射到无穷维的特征空间,使得 SVM 能够学习更为复杂的非线性关系。高斯核函数的表达式为

$$K(\boldsymbol{x}_i, \boldsymbol{x}_j = \mathrm{e}^{-\frac{\|\boldsymbol{x}_i - \boldsymbol{x}_j\|^2}{2\sigma^2}})$$

其中,$\boldsymbol{x}_i$ 和 $\boldsymbol{x}_j$ 是输入样本的特征向量;$\|\boldsymbol{x}_i - \boldsymbol{x}_j\|$ 表示两个样本之间的欧几里得距离;σ 是控制函数宽度的参数。

使用高斯核函数涉及以下三种情况。

非线性关系建模:高斯核函数广泛用于处理数据在原始特征空间中的非线性关系。它能够捕捉数据点之间复杂的相互关系,使得 SVM 在高维空间中可以更好地进行分类。

参数调整:高斯核函数的性能很大程度上依赖于参数 σ 的选择。较小的 σ 会导致决策边界变得更为复杂,可能导致过拟合;而较大的 σ 会导致决策边界变得更为平滑,可能导致欠拟合。因此,在使用高斯核函数时,需要通过交叉验证等方法来调整参数。

避免显式特征映射:高斯核函数的优势之一是它避免了显式地计算映射到高维空间

的特征。相较于多项式核函数等,高斯核函数在处理高维数据时不容易受到维度灾难的影响。

以下介绍一些实际中应用较多的核函数。

线性核(linear kernel):

$$K(\boldsymbol{x}_i, \boldsymbol{x}_j) = (\boldsymbol{x}_i \cdot \boldsymbol{x}_j)$$

使用时无须指定参数,它直接计算两个输入向量的内积。经过线性核函数转换的样本,特征空间与输入空间重合,相当于并没有将样本映射到更高维度的空间里去。很显然,这是最简单的核函数,实际训练、使用 SVM 时,在不知道用什么核的情况下,可以先试试线性核的效果。

多项式核(polynomial kernel):

$$K(\boldsymbol{x}_i, \boldsymbol{x}_j) = (\gamma \boldsymbol{x}_i \cdot \boldsymbol{x}_j + r)^d \gamma > 0, \quad d \geqslant 1$$

这是一个不平稳的核,适用于数据做了归一化的情况。详见前面的介绍。

RBF 核(radial basis function kernel):

$$K(\boldsymbol{x}_i, \boldsymbol{x}_j) = e^{-\gamma \|\boldsymbol{x}_i - \boldsymbol{x}_j\|^2}$$

它会将输入空间的样本以非线性的方式映射到更高维度的空间(特征空间)里去,因此,它可以处理类标签和样本属性之间是非线性关系的状况。它的参数 γ 的设置至关重要,如果设置过大,则整个 RBF 核会向线性核方向退化,向更高维度非线性投影的能力就会减弱;但如果设置过小,则会使得样本中噪声的影响加大,从而干扰最终 SVM 的有效性。

Sigmoid 核(Sigmoid kernel):

$$K(\boldsymbol{x}_i, \boldsymbol{x}_j) = \tanh(\gamma \boldsymbol{x}_i \cdot \boldsymbol{x}_j + r)$$

它可以作为神经网络的代理。Sigmoid 核的激活函数是双极 Sigmoid 函数。它的参数有 γ 和 r,在某些参数设置之下,Sigmoid 核矩阵可能不是半正定的,此时 Sigmoid 核也就不是有效的核函数了。因此,参数设置要非常小心。整体而言,Sigmoid 核并不比线性核或者 RBF 核[82]更好。但是,当参数设置适宜时,它会有很好的效果。

对一个具体问题,需要选择一个核函数以获得最好的模型,但如何快速作出选择,这并没有一个具体的方法。在很多问题上,需要尝试各个核函数,每个核函数中的参数也需要进行大量尝试,最后经过对比,找到一个效果最好的核函数,也就得到最终的分离超曲面和决策函数。

8.3 支持向量机的应用

支持向量机(SVM)算法比较适合图像和文本等样本特征较多的应用场合。基于结构风险最小化原理,对样本集进行压缩,解决了以往需要大样本数量进行训练的问题,它将文本通过计算抽象成向量化的训练数据,提高了分类的精确率。

1. 新闻主题分类

在人们的日常生活中有各种各样的新闻,如体育新闻、科技新闻等。判别一个新闻的主题,是通过这则新闻中和主题相关的词汇来确定的,例如,体育新闻中经常会出现各种体育名词、体育明星等,接下来介绍运用 SVM 对新闻进行主题分类的步骤。

(1) 获取数据集。数据集获取是 20 组新闻数据集,共包含有 20 类不同的新闻。

（2）将文本转化成可处理的向量。sklearn 中封装了向量化工具 TfidfVectorizer，它统计每则新闻中各个单词出现的频率，并且进行 TF-IDF 处理，TF-IDF 倾向于过滤掉常见的词语，保留重要的词语。通过 TF-IDF 来实现文本特征的选择，也就是说，一个词语在当前文章中出现次数较多，但在其他文章中较少出现，那么可认为这个词语能够代表此文章，具有较高的类别区分能力。

（3）数据集分割。将训练集与测试集按照 4∶1 的比例进行随机分割，即测试集占 20，代码如下：

```
x_train, x_test, y_train, y_test = train_test_split(vectors, newsgroups_train_se. target, test_
size = 0.2, random_state = 256)
```

（4）使用 SVM 进行分类。这里导入 sklearn 中的 SVM 工具包，核函数采用线性核函数进行计算：

```
svc = SVC(kernel = 'linear')
svc.fit(x_train, y_train)
```

其中，SVC 是一种基于 libsvm 的支持向量机，其时间复杂度为 $O(n_2)$，适合于样本数量较少时使用，样本量过多（超过 10000 条）时效率很低。SVC 实例化参数主要有 C、kernel、degree、gamma、coef0。

① C 参数表示错误项的惩罚程度。其值越大，在训练过程中对分错样本的惩罚越大，训练误差越低，但是泛化能力会比较差；C 值越小，惩罚越小，不会要求过高的训练准确率，允许有一定程度的分类错误，泛化能力更强。需要针对不同质量的数据集调整参数值，默认值是 0.5，如果数据集中带有较多噪声，一般可采用更低的 C 值。在数据量较多时，可采用交叉验证的方式选择最优 C 值。

② kernel 参数指定核函数，算法中常用 linear、poly、rbf、Sigmoid、precomputed 等，其中 precomputed 表示预先算好的核矩阵（nxn），输入后算法内部不再计算核矩阵，而是直接使用用户提供的矩阵进行计算。

③ degree 参数仅在 kernel 参数选择 poly 时使用，用于指定多项式的函数的维度，默认值是 3。

④ gamma 参数是核函数的调节参数，只有 kernel 为 RBF、poly、Sigmiod 时才有效。默认为 auto，这时，其值为样本特征数的倒数，即 $1/n\_features$。

⑤ coef0 参数是核函数的常数项。仅在 kernel 为 poly、Sigmoid 时有用，它对应核函数公式中的常数项 c。在 sklearn 中，SVM 除 sklearn. svm. SVC 外，还有 sklearn. svm. NuSVC 和 sklearn. svm. LinearSVC 两种实现方法。其中，NuSVC（nu-support vector classification）与 SVC 方法相比，都是基于 libsvm 库实现的，只是它可以控制支持向量的数量（通过参数 nu）。LinearSVC 与 kernel 为 linear 时相似，但它是基于 liblinear 库实现的，优点是可以灵活选择 11 或 12 惩罚（通过参数 penalty），并可以指定损失函数（通过参数 loss），这样可以支持更大的数据集。

（5）分类结果显示。print(svc. score(x_test,y_test))，通过对测试集上结果的分析，可以更好地调整各种参数，使得模型能够达到更好的分类效果。

2. 基于 SVM 的鸢尾花数据集分类

（1）获取数据。首先是数据集，采用 UCI 的鸢尾花数据集，网络地址：http：//archive. ics. uci. edu/ml/datasets/Iris。

（2）编写代码。创建一个 py 文件，在文件的开始导入接下来要用的包：

```
from sklearn import svm
import numpy as np
from sklearn import model_selection
import matplotlib. pyplot as plt
```

在导入数据之前需要先观察数据，对数据做预处理；

数据每一行代表一个鸢尾花的观察结果，前四个数据代表鸢尾花的生物属性，比如大小等，具体的含义可以查看 UCI 的官方网站的解释。最后一个数据是鸢尾花的类别，共三类。主要是对最后这个类别进行处理。

定义一个函数，将不同类别与数字相对应。

```
def iris_type(s):
    it = {b'Iris－setosa':0,b'Iris－versicolor':1,b'Iris－virginica':2}
    return it[s]
```

现在可以导入数据了。

```
path = 'C:/Users/Yesterday/Desktop/irisdata. txt'        ♯之前保存的文件路径
data = np. loadtxt(path,                                  ♯路径
        dtype＝float,                                      ♯数据类型
            delimiter＝',',                                ♯数据以什么分隔符号分割数据
            converters＝{4: iris_type})                    ♯对某一列数据(第四列)进行某种类型的转换()
```

数据如图 8.8 所示。

```
[[ 5.1  3.5  1.4  0.2  0. ]
 [ 4.9  3.   1.4  0.2  0. ]
 [ 4.7  3.2  1.3  0.2  0. ]
 [ 4.6  3.1  1.5  0.2  0. ]
 [ 5.   3.6  1.4  0.2  0. ]
 [ 5.4  3.9  1.7  0.4  0. ]
 [ 4.6  3.4  1.4  0.3  0. ]
```

图 8.8 鸢尾花数据

将原始数据分成训练集和测试集：

```
X, y = np.split(data, (4,), axis = 1)
x = X[:, 0:2]
x_train, x_test, y_train, y_test = model_selection.train_test_split(x, y, random_state = 1,
test_size = 0.3)
```

np. split 按照列(axis=1)进行分割,从第四列开始往后的作为 y 数据,之前作为 x 数据。在 x 中取前两列作为特征(为了后面的可视化)。

用 train_test_split 将数据分为训练集和测试集,测试集占总数据的 30%(test_size=0.3),random_state 是随机数种子。随机数种子其实就是该组随机数的编号,在需要重复试验时,保证得到一组一样的随机数。比如每次都填 1,其他参数一样的情况下得到的随机数是一样的。但填 0 或不填,每次都会不一样。随机数的产生取决于种子,随机数和种子之间的关系遵从两个规则:种子不同,产生不同的随机数;种子相同,即使实例不同,也产生相同的随机数。

接下来是搭建模型:

```
clf = svm. SVC(kernel = 'rbf',          #核函数
               gamma = 0. 1,
decision_function_shape = 'ovo',        #one vs one 分类问题
               C = 0. 8)
clf.fit(x_train, y_train)               #训练
```

将原始结果与训练集预测结果进行对比:

```
print(clf.score(x_test, y_test))
y_test_hat = clf.predict(x_test)
y_test_1d = y_test.reshape((-1))
comp = zip(y_test_1d, y_test_hat)
print(list(comp))
```

通过图像进行可视化:

```
plt.figure()
plt.subplot(121)
plt.scatter(x_train[:,0], x_train[:,1], c = y_train. reshape((-1)), edgecolors = 'k', s = 50)
plt.subplot(122)
plt.scatter(x_train[:,0], x_train[:,1], c = y_train_hat. reshape((-1)), edgecolors = 'k', s =
50)
plt.show()
```

结果如图 8.9 所示。

【例 8.1】 新闻主题分类

在人们的日常生活中有各种各样的新闻,如体育新闻、科技新闻等。判别一个新闻的主题,是通过这则新闻中和主题相关的词汇来确定的,例如体育新闻中经常会出现各种体育名

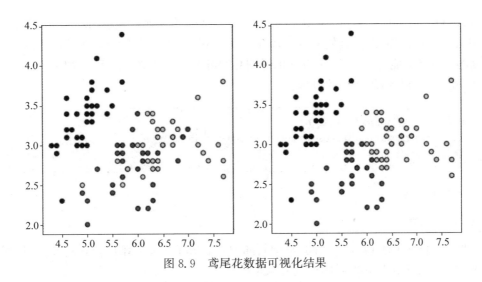

图 8.9 鸢尾花数据可视化结果

词、体育明星等,接下来介绍运用 SVM 对新闻进行主题分类的步骤。

(1) 获取数据集。

可从网上下载 20 组新闻数据集:

newsgroups_train = fetch_20newsgroups(subset = 'all')

查看新闻的标签:

print(newsgroups_train.target_names)

可以看到共有 20 类新闻:

本节 1t.atheism', 'comp.graphics', 'comp.os.ms-windows.misc', 'comp.sys.ibm.pc.
hardware',

'comp.sys.mac.hardware', 'comp.windows.x', 'misc.forsale', 'rec.autos', 'rec.
motorcycles',

'rec.sport.baseball', 'rec.sport.hockey', 'sci.crypt', 'sci.electronics', 'sci.med','sci.
space',

'soc.religion.christian', 'talk.politics.guns', 'talk.politics.mideast', 'talk.
politics.misc',

'talk.religion.misc'

为了节省训练的时间,这里选取三类新闻做训练:

select = ['alt.atheism', 'talk.religion.misc', 'comp.graphics']

newsgroups_train_se = fetch_20newsgroups(subset = 'train', categories = select)

print(newsgroups_train_se.target_names)

print(newsgroups_train_se.target)

第一行输出为选定的新闻种类,在 target 中分别为 0,1,2:

['alt.atheism', 'comp.graphics', 'talk.religion.misc']
[2 1 2, …, 1 0 2]

(2) 将文本转化为可处理的向量。sklearn 中封装了向量化工具 TfidfVectorizer,它统计每则新闻中各个单词出现的频率,并且进行 TF-IDF 处理,TF-IDF 倾向于过滤掉常见的

173

词语,保留重要的词语。通过 TF-IDF 来实现文本特征的选择,也就是说,一个词语在当前文章中出现次数较多,但在其他文章中较少出现,那么可认为这个词语能够代表此文章,具有较高的类别区分能力。关于 TF-IDF 的详细介绍可参考 5.2 节。以下是使用 TfidVectorizer 实例化、建立索引和编码文档的过程:

```
vectorizer = TfidfVectorizer()
vectors = vectorizer.fit_transform(newsgroups_train_se.data)
print(vectors.shape)
```

输出如下:

```
(1441, 26488)
```

可见,这里一共有 1441 则新闻,每则新闻便封装成了 26488 维向量,每一维向量代表了这一单词经过 TF-IDF 处理后的出现的频率统计。

(3) 分割数据集,将训练集与测试集按照 4∶1 的比例进行随机分割,即测试集占 20%,代码如下:

```
x_train, x_test, y_train, y_test = train_test_split(vectors, newsgroups_train_se.target,
test_size=0.2,random_state=256)
```

(4) 使用 SVM 进行分类,这里导入 sklearn 中的 SVM 工具包,核函数采用线性核函数进行计算:

```
svc = SVC(kernel='linear')
svc.fit(x_train, y_train)
```

(5) 分类结果显示。

```
print(svc.score(x_test, y_test))
```

输出结果如下:

Result:0.955017301038 可以看到,这里的训练正确率约为 95%,这里可以配置不同的参数来训练,例如核函数不使用线性核函数,改为高斯核函数等,不断调整并选择较优的参数。

习题

1. 支持向量机学习方法有哪三类? 它们的区别是什么?

2. 请证明样本空间中任意点到超平面的距离为 $\gamma = \dfrac{w^{\mathrm{T}}x+b}{\parallel w \parallel}$。

3. 支持向量机的学习方法包含哪些模型? 请分别概述。

4. 什么是间隔最大的分类超平面?

5. 请简要概述软间隔。

6. 非线性 SVM 的优点有哪些?

7. 请描述常见的核函数以及使用情况。

8. 分别用线性核和高斯核训练 SVM,在鸢尾花数据集上进行实验比较。

9. 支持向量机的应用有哪些?

10. 根据本书 8.3 节的提示,实现基于 SVM 的鸢尾花数据集分类。

第 9 章　联邦机器学习

9.1　联邦机器学习基础

联邦机器学习(federated machine learning,FedML)是一种机器学习的分布式学习方法,其中模型的训练分散在多个设备或服务器上,而不是集中在单个中央位置。这种方法允许在保持数据分散的同时进行模型训练,从而解决了一些隐私和数据安全的问题。

联邦机器学习允许多个设备或服务器协同训练一个共享的模型,同时保持各自数据的私密性和安全性。这种方法的核心在于:数据不需要集中存储或共享;相反地,数据保留在本地节点上,只有模型参数或梯度信息在节点之间进行交换。在联邦学习中,每个参与节点(如智能手机、传感器或服务器)独立地根据其本地数据训练模型,并计算更新的模型参数或梯度。这些更新随后被发送到一个中央服务器或参数服务器,服务器负责聚合这些更新以改进全局模型。此过程重复进行,直至达到预定的训练目标或模型性能标准。

9.1.1　参数服务器

参数服务器(parameter server)是一种分布式机器学习系统,用于训练大规模神经网络和机器学习模型[83-84]。在参数服务器中,模型的参数被存储在多个服务器节点上,每个节点负责维护一部分参数。同时,有多个工作节点(worker)从这些服务器节点获取参数,并计算梯度,然后将梯度发送回相应的服务器节点以更新参数。

参数服务器的设计目标是解决传统集中式机器学习系统中存在的一些问题,例如,内存限制、计算瓶颈和通信开销等。通过将模型参数分布在多个服务器节点上,可以有效地减少单个节点的负载,提高系统的可扩展性和容错性。此外,参数服务器还可以支持并行计算和异步更新,进一步提高了训练效率。

下面详细介绍参数服务器的架构和工作原理。

1. 架构

参数服务器通常由一个或多个服务器节点和一个或多个工作节点组成。每个服务器节点都维护着模型的一部分参数,而每个工作节点则负责计算梯度并将梯度发送回相应的服

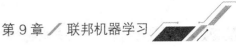

务器节点。

2. 工作原理

在参数服务器中,每个工作节点都会向所有服务器节点发送请求,以获取模型的参数。工作节点获得了所需的参数,它们就会使用这些参数来计算梯度,并且将计算出的梯度发送回相应的服务器节点,以更新参数。

为了实现高效的通信和同步,参数服务器采用了以下 4 种技术。

分割模型参数:将模型参数分割成多个部分,每个部分由一个服务器节点维护。这样可以避免单个节点的负载过大,提高系统的可扩展性和容错性。

稀疏通信:由于每个工作节点只需要与一部分服务器节点进行通信,因此,可以使用稀疏通信技术来减少通信开销。具体来说,每个工作节点只需要向其需要更新的参数所在的服务器节点发送请求即可。

异步更新:由于不同工作节点可能需要更新不同的参数,因此,参数服务器允许异步更新。这意味着,不同工作节点上的梯度更新可能会在不同的时间点发生,从而提高了训练效率。

数据并行:除了支持模型并行外,参数服务器还支持数据并行。在数据并行中,每个工作节点都会处理一部分训练数据,并计算相应的梯度。然后,这些梯度会被合并,并发送回相应的服务器节点以更新参数。

3. 优点和缺点

参数服务器具有以下优点。

可扩展性:由于模型参数被分割成多个部分并由多个服务器节点维护,因此,参数服务器可以轻松地扩展到大规模的数据集和模型。

容错性:如果某个服务器节点出现故障,其他服务器节点仍然可以继续提供服务。此外,由于每个工作节点只需要与一部分服务器节点进行通信,因此,即使某些服务器节点出现故障,也不会影响整个系统的运行。

高效性:由于使用了稀疏通信技术和异步更新技术,参数服务器可以有效地减少通信开销和计算开销,从而提高训练效率。

参数服务器也存在一些缺点。

一致性问题:由于异步更新可能会导致不同工作节点上的梯度更新不一致,因此需要采取一些措施来保证一致性。例如,可以使用平均梯度或加权平均梯度等。

超时问题:由于异步更新可能会导致某些工作节点等待时间过长,才能收到梯度更新,因此,需要设置超时机制以避免无限等待。

带宽问题:由于每个工作节点都需要向所有服务器节点发送请求以获取模型的参数,因此,可能会占用大量的带宽资源。为了解决这个问题,可以使用缓存技术来减少请求次数和带宽消耗。

4. 应用场景

参数服务器适用于以下场景。

大规模机器学习:由于参数服务器可以轻松地扩展到大规模的数据集和模型,因此它非常适合用于大规模机器学习任务。例如,可以使用参数服务器来训练深度神经网络、随机森林等模型。

分布式深度学习:由于深度学习模型通常具有大量的参数和复杂的结构,因此使用传统的集中式学习算法可能会遇到内存限制和计算瓶颈等问题。相比之下,使用参数服务器可以将模型参数分布在多个服务器节点上,从而有效地解决这些问题。此外,由于深度学习模型通常需要进行多次迭代才能收敛到最优解,因此使用异步更新技术可以提高训练效率。

分布式强化学习:强化学习是一种基于试错的学习方法,通常需要在环境中进行多次交互才能获得最优策略。由于强化学习任务通常需要处理大量的状态空间和动作空间,且强化学习任务通常需要进行多次迭代才能收敛到最优策略,因此使用异步更新技术可以提高训练效率。

总之,参数服务器是一种非常有用的分布式机器学习系统,可以有效地解决传统集中式机器学习系统中存在的一些问题,例如,内存限制、计算瓶颈和通信开销等。通过将模型参数分布在多个服务器节点上,并采用高效的通信和同步技术,参数服务器可以实现高效的训练和可扩展性。

9.1.2　联邦并行计算类型

1. 什么是联邦并行计算?

联邦并行计算是一种在联邦学习中使用的分布式计算方法,它允许参与方同时进行计算操作以提高整体的计算效率[85-87]。在联邦学习中,由于参与方拥有本地的数据和计算资源,可以利用并行计算来加速模型训练和推理过程。

2. 为什么要并行计算?

第一,深度学习的参数越来越庞大,并行计算主要针对模型学习中的梯度求解过程,数据越多,参数越多,求解梯度越慢。这就是机器学习的瓶颈,它主要限制了速度。像 ResNet-50 拥有 2500 万个参数。第二,大模型需要大数据去训练,像数据集 ImageNet 有 1400 万张图片。第三,大模型和大数据就相当于大的计算开销。例如,用 ImageNet 去训练 ResNet-50 使用单 GPU 训练则需要花费 14 天的时间。使用并行计算能够使上述钟表时间减少,理论上来说,每增加一个 GPU 参与计算,那么它的钟表时间将减少一半。

(1)并行梯度下降:是一种通过在多个计算单元上同时计算梯度来加速训练的方法。用两个处理器,每个处理器计算一部分样本的梯度,然后加起来。

损失函数:

$$L(\boldsymbol{w}) = \sum_{i=1}^{n} \frac{1}{2}(\boldsymbol{x}_i^{\mathrm{T}} \boldsymbol{w} - y_i)^2$$

梯度下降:

$$g(\boldsymbol{w}) = \sum_{i=1}^{n} g_i(\boldsymbol{w})$$

其中,$g_i(\boldsymbol{w}) = (\boldsymbol{x}_i^{\mathrm{T}} \boldsymbol{w} - y_i) x_i$。

并行梯度下降:

$$g(\boldsymbol{w}) = g_1(\boldsymbol{w}) + g_2(\boldsymbol{w}) + \cdots + g_{\frac{n}{2}}(\boldsymbol{w}) + g_{\frac{n}{2}+1}(\boldsymbol{w}) + \cdots + g_{n-1}(\boldsymbol{w}) + g_n(\boldsymbol{w})$$

(2)MapReduce:是一种并行计算编程模型,如图 9.1 所示,广泛应用于大规模数据集的处理和分析[88-89]。它的设计目标是简化并行计算任务的编写和执行,尤其是在分布式计算环境中。

① 广播(broadcast):服务器需要把模型参数广播出去,每个节点都可以做计算。服

器把需要更新的参数广播给 worker。这一步需要服务器和 worker 之间的通信。

② 映射(map):要实现某个算法,可以自己制定一个函数,所有的节点都执行该函数,这一步叫作映射。映射操作是由所有的 worker 并行做的。这一步无须通信,n 个数据样本会被映射到 n 个向量。映射图如图9.2所示。

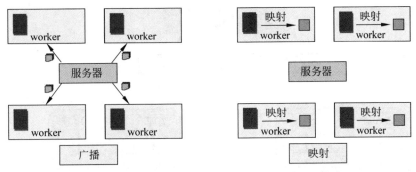

图 9.1 MapReduce   图 9.2 MapReduce 映射图

③ 聚合(reduce):reduce 操作也需要通信。有 Mean、Collect 两种函数。处理的数据样本是 (x,y)。可以使用 $g = \sum_{i=1}^{n} g_i$,获取到 w_t 方向的梯度。 做此操作时,每个 worker 会把自己本地存的 g_i 加起来得到一个向量,worker 会将此向量传到服务器,而服务器会将这些向量加起来。

④ 更新(update):服务器会更新权重 $w_{t+1} = w_t - \alpha \cdot g$,如图9.3所示。

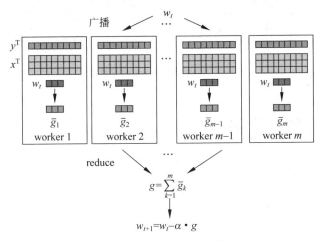

图 9.3 MapReduce 广播

3. 并行计算的问题不在于计算而是在于信息的传递问题

(1)信息传递(message passing)的方法:第一种方法是内存共享(share memory),其实就是在同一个主机上,内存是同一个地方的,这时候可以很容易知道其他 GPU 计算的结果,但是这样的缺点是无法做到大规模的并行,因为一台机器能加入的硬件是有限的。所以一般使用第二种方法,即消息传递(message passing)。

(2)消息传递(message passing)的类型:有(服务器-客户机)(client-server)类型和点

对点(peer-to-peer)类型,如图 9.4 所示,client-server 有一个中心处理服务器,它会把工作节点(worker node),也就是具体的工作节点的权重参数在中心点进行聚集。而 peer-to-peer 没有中心节点,只有邻居节点可以通信。具体来说,不同节点之间的通信方式也多样,像用 TCP/IP 协议经过网络通信就是其中一种。

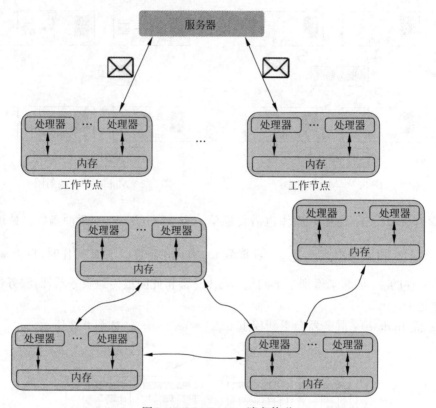

图 9.4　MapReduce 消息传递

9.2　联邦机器学习框架

联邦机器学习是一种集中式模型训练的替代方法,其中模型的训练在多个本地设备或服务器上进行,而不是集中在单一地点。这种方法有助于维护数据隐私,减少数据传输,以及在分散的环境中进行模型训练。

以下是一些支持联邦机器学习的流行框架。

(1) TensorFlow Federated(TFF):是 TensorFlow 的一个子项目,由谷歌公司研发,专门用于支持联邦机器学习[90-91]。它提供了一个高级别的 API,允许用户轻松地构建和训练联邦机器学习模型。TFF 提供了标准的联邦机器学习算法和建模工具。

(2) PySyft:是一个用于联邦机器学习和安全多方计算的框架,如图 9.5 所示,它建立在 PyTorch 和 TensorFlow 之上。PySyft 提供了一组工具,使得开发者能够轻松地执行联邦机器学习、联邦机器学习的模型聚合和安全的模型共享。PySyft 是一个基于 PyTorch 的开源联邦机器学习框架,它提供了在分布式环境中进行隐私保护的机器学习工具。PySyft 支持使用加

密技术和安全多方计算来保护数据隐私,并提供了用于定义联邦机器学习任务和模型的应用
程序编程接口(API)。

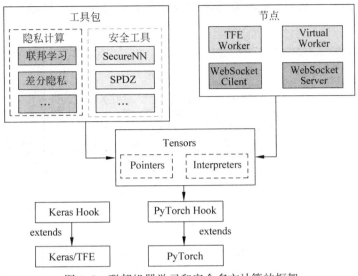

图 9.5　联邦机器学习和安全多方计算的框架

(3) Flower(federated learning framework):是一个用于构建联邦机器学习系统的开
源框架,如图 9.6 所示,它支持多种深度学习框架,包括 TensorFlow 和 PyTorch。Flower
提供了通信、模型聚合和安全性等方面的支持。

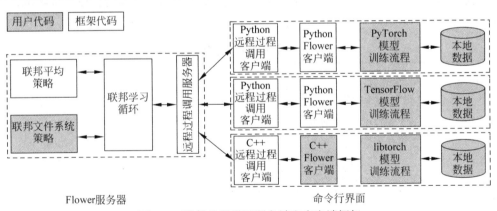

图 9.6　联邦机器学习服务端和客户端框架

(4) FATE(federated AI technology enabler):是一个开源的联邦机器学习框架,支持
横向联邦机器学习、纵向联邦机器学习、纵向横向混合联邦机器学习等多种联邦机器学习场
景。它是由 Webank 开源的,用于促进跨组织的机器学习模型协同训练。FATE 提供了一
种基于数据隐私保护的分布式安全计算框架,为机器学习、深度学习、迁移学习算法提供高
性能的安全计算支持,支持同态加密、SecretShare、DiffieHellman 等多种多方安全计算协
议。同时,FATE 提供了一套友好的跨域交互信息管理方案,解决了联邦机器学习信息安
全审计难的问题。简单易用的开源工具平台能有效帮助多个机构在满足用户隐私保护、数
据安全和政府法规的前提下,进行多方数据合作。目前,FATE 已在信贷风控、客户权益定
价、监管科技等领域推动应用落地。

181

（5）PaddleFL(paddle federated learning)：是百度开发的联邦机器学习框架，它是百度飞桨(PaddlePaddle)深度学习平台的一个组件。PaddleFL 提供了一套完整的联邦机器学习解决方案，如图 9.7 所示，旨在帮助开发者在分布式环境中进行隐私保护的机器学习任务。

图 9.7　PaddleFL 框架

（6）Leaf：是一个用于研究和实践联邦机器学习的框架，它提供了基本的联邦机器学习工具和模型。虽然它不像其他框架那样被广泛用于生产环境，但它对于学术研究和教育领域非常有用。

表 9.1 提供了联邦机器学习开源框架对比，这些框架都旨在使开发者能够更容易地构建、训练和评估联邦机器学习模型，同时解决了在分布式环境中进行模型训练所涉及的复杂问题。选择框架时，通常需要考虑应用场景、所用深度学习框架的兼容性以及框架的性能和安全性等因素。

表 9.1　联邦机器学习开源框架对比

对比项目	开 源 框 架			
	FATE	TensorFlow	PaddeFL	Pysyft
受众定位	工业产品/学术研究	学术研究	学术研究	学术研究
牵头公司/机构	微众银行	Google	百度	OpenMined
联邦学习类型	横/纵向联邦学习	横向联邦学习	横/纵向联邦学习	横向联邦学习
联邦特征工程算法	特征相关分析支持	不支持	不支持	不支持
机器算法	LR,GBDT,DNN 等	LR,DNN	LR,DNN	LR,DNN
安全协议	同态加密	DP	DP	同态加密
联邦在线推理	支持	不支持	不支持	不支持
Kubernetes	支持	不支持	不支持	不支持
代码托管平台	Github	Github	Github	

9.3　联邦决策树

联邦决策树(federated decision tree)是一种在联邦机器学习框架下应用的决策树模型。联邦机器学习是一种分布式机器学习方法，允许在多个参与方之间共享和整合数据，而无须将数据集中到单个中心服务器。

在传统的决策树模型中,数据通常集中在单个数据中心进行训练和构建决策树。然而,在许多现实场景中,数据存在于多个独立的参与方(如医疗机构、银行、企业等)之间,这些参与方可能因隐私和安全等原因不愿意共享其原始数据。联邦决策树通过在参与方之间共享模型而不是原始数据,实现在分散数据环境下的决策树训练和推理。具体而言,联邦决策树的构建过程如下。

初始化:每个参与方在本地构建一个初始决策树模型。

模型共享和融合:参与方之间通过加密、安全聚合或其他隐私保护机制,共享本地模型的部分信息。这些信息可以是节点分割规则、节点统计信息或梯度等。

模型集成:参与方将共享的模型信息整合起来,例如,通过投票或加权平均等方式,生成一个全局的联邦决策树模型。

迭代更新:重复执行模型共享和融合的过程,直到达到预定的训练轮数或收敛条件。

联邦决策树模型的现有研究主要关注在隐私保护的前提下,对决策树的各数据节点和特征进行训练[92]。Truex S 等研究了面向横向联邦场景的迭代二叉树 3 代(iterative dichotomiser 3,ID3)决策树的构建。具体来说,在决策树模型进行节点分裂时,聚合节点向每个参与方发出查询请求,参与方在本地查询结果的基础上添加差分隐私噪声,返回聚合节点完成信息增益计算,并对决策树节点进行分裂。Wu Y C 等研究了面向纵向联邦机器学习的决策树构建,提出了隐私保护纵向决策树(privacy preserving vertical decision tree,Pivot)方法,解决了纵向联邦机器学习中各客户方的标签数据不互通的问题。Pivot 方法不需要依赖可信第三方,并且能够确保除了客户同意发布的信息(即最终的决策树模型和预测输出),不会泄露任何中间信息。Cheng K W 等提出了一种新的联邦机器学习纵向决策树模型——安全提升树模型 SecureBoost[93],SecureBoost 构建框架如图 9.8 所示。

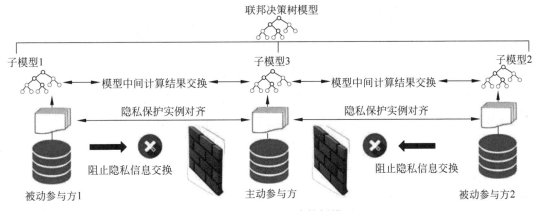

图 9.8 SecureBoost 决策树模型

SecureBoost 在训练过程中,由拥有标签数据的一方对损失函数的一阶导数和二阶导数进行计算后加密传输,随后其他联邦参与方基于加密对梯度计算每个分裂点的信息增益值,并发送给标签拥有方,再由拥有标签数据的一方选出最佳分裂。

在模型预测过程中,各参与方共享同一个联邦树模型。当前树节点的最优特征属于哪个参与方,就需要哪个参与方执行树模型,所以各参与方之间需要频繁交互。如果预测样本量过多,时间成本急剧上升,实际应用中根本无法投入使用。在联邦机器学习框架中,通信所消耗的时间成本比计算消耗的时间成本大得多,因此提出多方协作预测算法,通过增加本地计算量,减少通信次数,从而提升预测效率。

如图 9.9 所示,图 9.9(a) 为建立好的联邦树模型,图 9.9(b) 为预测单个样本的流程。从根节点所在方 Party 1 开始,对所有测试集样本逐一预测:如果当前节点还属于 Party 1,则继续下一节点,直到当前节点不属于 Party 1 为止;如果当前节点属于其他参与方,则记录当前节点的 Tree ID 和 Party ID,然后继续预测下一个样本。在当前参与方遍历完所有样本后,Party 1 根据 Party ID 分别将预测样本转到对应的参与方继续预测,其他参与方直接从 Tree ID 节点继续预测即可。重复此步骤,直到所有样本都得到预测结果。利用这种方法可以将预测的时间复杂度从 $O(n) \times O(h)$ 降低到 $O(h)$,在大规模样本量预测上有很大优势。

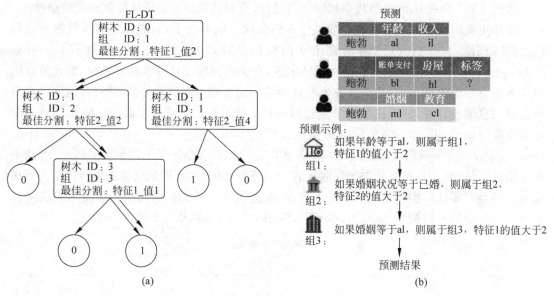

图 9.9 联邦机器学习决策树模型预测过程

联邦决策树的优势在于能够在保护数据隐私的同时,利用分布式数据进行模型训练。它允许参与方在本地保留数据控制权,避免了数据集中和传输的隐私风险。同时,联邦决策树也能够利用多样化的数据源,提高模型的泛化性能和适应性。

9.4 联邦 *k*-均值算法

联邦 k-均值算法是一种在分布式计算环境中执行的 k-均值聚类算法。在传统的 k-均值聚类算法中,所有数据都集中在一个地方进行处理,但在联邦机器学习中,数据分布在多个设备或节点上。联邦 k-均值算法的目标是在不共享原始数据的情况下,通过在本地计算和聚合中心更新的方式,实现在全局范围内执行聚类。

以下是联邦 k-均值算法的一般步骤。

(1) 初始化:在联邦机器学习的每个本地设备上,初始化本地的 k 个聚类中心。这些

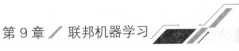

聚类中心可以是随机选择的或者使用一些启发式方法初始化。

（2）本地计算：每个本地设备使用本地数据计算与其分配给的聚类中心最近的数据点，并将其分配给相应的簇。然后，本地设备更新其本地聚类中心，将其移动到分配给该簇的所有数据点的平均位置。

（3）模型聚合：在联邦机器学习的中央服务器上，收集所有本地设备上更新的聚类中心。这些本地聚类中心的平均值将被用作新的全局聚类中心。

（4）迭代：重复步骤（2）和步骤（3），直到满足停止条件（例如，达到最大迭代次数、聚类中心稳定等）。

这种联邦机器学习方法的主要优势是保护了每个本地设备的隐私，因为原始数据不需要传输到中央服务器。相反地，只有本地设备上的本地聚类中心被传输，从而减少了隐私泄露的风险。这对于处理敏感数据或在不同组织之间共享信息时非常有用。然而，与传统的 k-均值算法相比，由于通信开销和分布式计算的挑战，联邦 k-均值算法可能需要更多的迭代才能收敛。

（1）用户从服务器中下载模型参数，更新本地模型参数，进行本地机器学习训练。

（2）在用户中通过本地随机梯度下降不断更新模型的精度，当达到预定的本地训练次数时，将本地训练后的模型参数上传到服务端中。

（3）服务端随机抽取用户设备，并接收本地用户上传的模型参数进行梯度聚合。表示服务端模型参数梯度聚合，服务端将抽样的用户模型参数梯度加权平均并与上一轮聚合后模型参数相加，更新全局模型参数。

（4）将聚合后的模型参数回传给抽样用户设备，然后继续执行步骤（1）操作。重复执行上述步骤直至通信次数达到 t。

联邦 k-均值算法伪代码如下：

Algorithm 1 FederatedAveraging. The K clients are indexe by k; B is the local minibatch size E is the number of local epochs, and η is the learning rate.

Server executes:
initialize w_0
for each round $t = 1, 2, \cdots$ do $\qquad m \leftarrow \max(C \cdot K, 1)$
$S_t \leftarrow$ (random set of mclients)
for each client $k \in S_t$ **in parallell do**
$w_{t+1}^k \leftarrow$ ClientUpdate(k, w_t)

$$w_{t+1} \leftarrow \sum_{k=1}^{K} \frac{n_k}{n} w_{t+1}^k$$

ClientUpdate(k, w): //Run on client k
$\mathcal{B} \leftarrow$ (split $\mathcal{P}_k$ into batches of size B)
for each lical epoch iform 1 to E **do**
for batch $b \in \mathcal{B}$ **do**

$$w \leftarrow w - \eta \nabla \ell(w; b)$$

Return w to server

当涉及联邦 k-均值算法时，还有一些其他方面需要考虑。

（1）通信开销：在联邦机器学习中，参与方之间需要进行通信以交换信息。对于联邦 k-均值算法来说，参与方需要将本地聚类中心信息发送到中央服务器，并接收全局聚类中心的更新。这涉及网络通信，可能会增加额外的开销和延迟。

（2）隐私保护：联邦机器学习的一个主要优势是保护参与方的数据隐私。在联邦 k-均值算法中，参与方只需将聚类中心信息共享给中央服务器，而无须将原始数据传输。这样可以减少数据泄露的风险。

（3）聚类中心的合并方式：中央服务器需要将从各个参与方接收到的聚类中心信息进行合并和更新，以得到全局的聚类中心。常见的合并方式包括简单的平均值或加权平均值。合并方式的选择可能会对聚类结果产生影响，需要根据具体情况进行调整。

（4）不平衡数据分布：在联邦机器学习中，不同参与方的数据分布可能不平衡，某些参与方可能具有更多或更少的数据。这可能会导致一些参与方在聚类中起到主导作用，而其他参与方的贡献较小。在联邦 k-均值算法中，需要考虑如何处理这种不平衡性问题，以确保公平性和准确性。

（5）聚类评估：在联邦 k-均值算法中，由于数据分布在多个参与方之间，没有一个中心化的数据集用于评估聚类的质量。因此，评估聚类的准确性和效果可能更具挑战性。可能需要采用一些特定的评估方法或度量指标来评估联邦聚类的性能。

联邦 k-均值算法是联邦机器学习在聚类任务中的一种应用扩展，通过保护数据隐私并允许分布式的模型训练。然而，它也面临一些挑战和限制，需要综合考虑各种因素来选择适当的算法和优化策略。

习题

1. 请描述联邦机器学习的意义和优点。
2. 请简述参数服务器的架构和工作原理。
3. 参数服务器的优缺点有哪些？
4. 参数服务器的应用场景有哪些？
5. 使用并行计算的原因是什么？
6. 有哪些联邦并行计算方法？
7. 请介绍 MapReduce 模型的运行过程。
8. 请从多个方面比较不同的联邦机器学习开源框架。
9. 请简述联邦决策树的构建过程。
10. 对于联邦 k-均值算法，需要考虑哪些方面？

第 10 章 深度学习基础

10.1 卷积神经网络

1943 年麦卡洛克(McCulloch)和皮茨(Pitts)参考生物神经元的结构发明了神经元模型,之后,神经网络从单层发展到两层,再到多层。随着层数的增加和激活函数的不断演变发展,其非线性拟合能力不断加强。随着计算机的运算能力的提高和数据量的快速增长,以及更多训练模式的引入,人工神经网络经过几十年的发展,在人工智能领域发挥着越来越大的作用。以深度学习为代表的神经网络方法随着求解问题规模的逐渐变大,相较于其他方法,它在准确率方面突显出优势,如图 10.1 所示。传统方法改进缓慢,而神经网络方法准确率的提升较快。

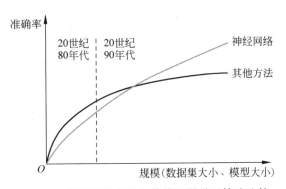

图 10.1 神经网络方法与传统机器学习算法比较

1) 深度学习的应用特点

深度学习是通过多层非线性映射将各影响因素分离,不同的影响因素可对应到神经网络中的各个隐层,不同的层在上一层的基础上提取不同的特征,提取的过程就是机器学习的过程。这些特征不是由人工定义的,而是直接存储在模型的参数中,各特征之间呈线性关系,且互相独立。总之,深度学习在分层特征表达方面更有优势,并且具有提取全局特征和上下文信息的能力。

2）深度学习的发展方向

近几年深度学习发展迅速，以深度学习为代表的人工智能在图像识别、语音处理、自然语言处理等领域有了很大突破。但是，深度学习在认知方面进展有限，现在仍有很多问题没有找到满意的解决方案，这些都是未来深度学习的发展空间。

10.1.1 卷积神经网络简介

卷积神经网络（CNN）是一种深度学习神经网络，特别适用于处理和识别图像、视频、声音和文本等数据。

CNN 的设计灵感来自生物学中对动物视觉系统的理解，尤其是动物视觉皮层的结构。它的主要特点是能够自动从数据中学习特征并进行层级化的特征提取，这使得它在图像识别和计算机视觉领域取得了巨大成功[94-95]。

CNN 中主要的组成部分如图 10.2 所示。

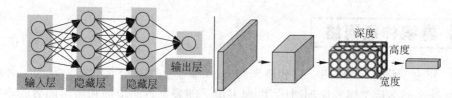

图 10.2 左为神经网络（全连接结构），右为卷积神经网络

卷积层（convolutional layer）：CNN 的核心部分，通过卷积操作对输入数据进行特征提取。卷积操作使用卷积核（滤波器）在输入数据上滑动，从局部区域提取特征。这些卷积核能学习到不同的特征，如边缘、纹理等。

池化层（pooling layer）：用于减小特征图的尺寸并保留最重要的信息。常用的池化操作包括最大池化（max pooling）和平均池化（average pooling）。

激活函数（activation function）：在每个卷积层之后，激活函数引入非线性。常用的激活函数包括 relu（rectified linear activation）、Sigmoid 和 tanh 等。

全连接层（fully connected layer）：在卷积神经网络的末尾，全连接层将卷积层的输出转换为最终的分类或预测结果。这些层的神经元与前一层中的所有神经元相连。

CNN 在图像处理方面具有出色的特性。

参数共享（parameter sharing）：使用卷积核来提取特征，参数共享减少了网络的参数数量，提高了模型的运行效率和泛化能力。

平移不变性（translation invariance）：CNN 能够识别物体不受其在图像中位置变化的影响，这是由卷积操作的特性所决定的。

层级化特征提取（hierarchical feature learning）：从低级到高级，CNN 能够逐层提取和组合特征，从边缘到纹理、形状和高级语义特征。

CNN 在图像识别、目标检测、语义分割等领域有广泛应用，例如，图像分类、人脸识别、自动驾驶汽车中的物体检测等，强大的特征提取能力和适应性使其成为处理视觉数据的重要工具。

10.1.2 卷积神经网络的结构

卷积神经网络的基本结构如图 10.3 所示,大致包括卷积层、激活函数、池化层、全连接层、输出层等。

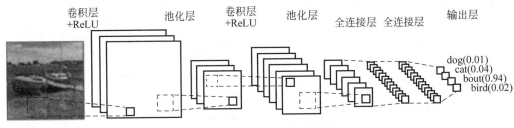

图 10.3 CNN 的网络结构图

1) 卷积层

这一层是卷积神经网络最重要的一个层次,也是"卷积神经网络"的名字来源。卷积神经网络中每层卷积层由若干卷积单元组成,每个卷积单元的参数都是通过反向传播算法优化得到的,如图 10.4 所示。

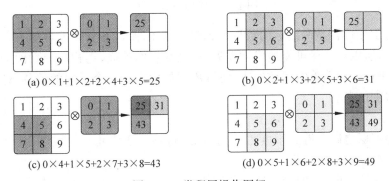

图 10.4 卷积层操作图解

在这个卷积层,有两个关键操作:局部关联,每个神经元看作一个滤波器(filter);窗口(receptive field)滑动,filter 对局部数据计算。卷积运算的目的是提取输入的不同特征,某些卷积层可能只能提取一些低级的特征如边缘、线条和角等层级,更多层的网络能从低级特征中迭代提取更复杂的特征。卷积层的作用是对输入数据进行卷积操作,也可以理解为滤波过程,一个卷积核就是一个窗口滤波器,在网络训练过程中,使用自定义大小的卷积核作为一个滑动窗口对输入数据进行卷积。

卷积过程实质上就是两个矩阵做乘法。在卷积过程后,原始输入矩阵会有一定程度的缩小,比如,自定义卷积核大小为 3×3,步长为 1 时,矩阵长宽会缩小 2,所以在一些应用场合下,为了保持输入矩阵的大小,在卷积操作前需要对数据进行扩充,常见的扩充方法为 0 填充方式。卷积层中还有两个重要的参数,分别是偏置和激活(独立层,但一般将激活层和卷积层放在一块)。

偏置向量的作用是对卷积后的数据进行简单线性的加法,就是卷积后的数据加上偏置向量中的数据,然后为了增加网络的非线性能力,需要对数据进行激活操作,在神经元中,就是将没用的数据除掉,而有用的数据则可以输入神经元,让人作出反应。

2) 激活函数

最常用的激活函数目前有 ReLU、tanh、Sigmoid,着重介绍 ReLU 函数(即线性整流层(rectified linear units layer,ReLU layer))。ReLU 函数是一个线性函数,它对负数取 0,正数则为 $y=x$(即输入等于输出),即 $f(x)=\max(0,x)$,它的特点是收敛快,求梯度简单,但较脆弱。常用的激活函数如图 10.5 所示。

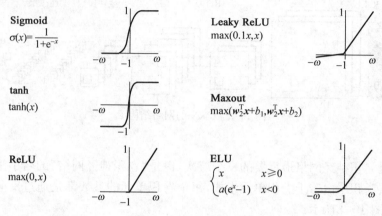

图 10.5　常用激活函数

由于经过 ReLU 函数激活后的数据 0 值都变成 0,而这部分数据难免有一些需要的数据被强制取消,所以为了尽可能地降低损失,在激活层的前面,卷积层的后面加上一个偏置向量,对数据进行一次简单的线性加法,使得数据的值产生一个横向的偏移,避免被激活函数过滤掉更多的信息。

3) 池化层

通常在卷积层之后会得到维度很大的特征,将特征切成几个区域,取其最大值或平均值,得到新的、维度较小的特征。

池化方式一般有两种,即最大池化和均值池化,最大池化如图 10.6 所示,最大池化与均值池化的比较如图 10.7 所示。池化的过程也是一个移动窗口在输入矩阵上滑动,滑动过程中取这个窗口中数据矩阵上最大值或均值作为输出,池化层的大小一般为 2×2,步长为 1。

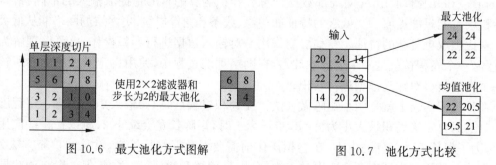

图 10.6　最大池化方式图解　　　　　图 10.7　池化方式比较

池化层夹在连续的卷积层中间,用于压缩数据和参数的量,减小过拟合。简而言之,如果输入是图像,那么池化层的最主要作用就是压缩图像。

池化层的作用是对数据进行降维处理,对于所有神经网络,随着网络深度增加,网络中权值参数的数量也会越来越大,这也是导致在训练一个大型网络时必须使用大型服务站和

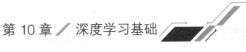

GPU 加速的原因,但是卷积神经网络除了它本身权值共享和局部连接方式可以有效地降低网络压力外,池化层也作为一个降低网络压力的重要组成部分,经过卷积层后的数据作为池化层的输入进行池化操作。

池化层的具体作用如下。

特征不变性:也就是在图像处理中经常提到的特征的尺度不变性。池化操作就是图像的压缩,平时一张狗的图像被缩小了一倍还能认出这是一张狗的照片,这说明这张图像中仍保留着狗最重要的特征,一看就能判断图像中画的是一只狗,图像压缩时去掉的只是一些无关紧要的信息,而留下的信息则是具有尺度不变性的特征,是最能表达图像的特征。

特征降维:一幅图像含有的信息量是很大的,特征也很多,但是有些信息对于做图像任务时没有太多用途或者有重复,可以把这类冗余信息去除,把最重要的特征抽取出来,这也是池化操作的一大作用。

池化层在一定程度上还可以防止过拟合,更方便优化。

4)全连接层

把所有局部特征结合变成全局特征,用来计算最后每一类的得分。

全连接层往往在分类问题中用作网络的最后层,主要作用为将数据矩阵进行全连接,然后按照分类数量输出数据,在回归问题中,全连接层则可以省略,但是需要增加卷积层来对数据进行逆卷积操作。

10.1.3　卷积神经网络的训练

卷积神经网络(CNN)是一类专门用于处理具有网格结构数据(如图像)的深度学习模型。训练 CNN 通常包括以下步骤。

(1)数据准备:收集并准备用于训练的数据集。数据集应包含输入图像及其相应的标签(ground truth)。数据通常被分为训练集、验证集和测试集,以便评估模型的性能。

(2)网络设计:构建 CNN 模型。CNN 通常由卷积层、池化层和全连接层组成。卷积层用于提取图像特征,池化层用于采样和减小计算量,全连接层用于最终的分类或回归。

(3)损失函数选择:选择适当的损失函数,它用于度量模型输出与真实标签之间的差异。对于分类任务,常用的损失函数包括交叉熵损失。

(4)优化器选择:选择一个优化算法,如随机梯度下降(SGD)或其变种,用于最小化损失函数。优化算法的选择和调整会影响模型的收敛速度和性能。

(5)模型训练:在训练集上使用选定的优化算法,通过反向传播和梯度下降的方法来调整模型参数,使损失函数最小化。训练集的数据通过网络传递,产生预测,与真实标签比较,计算损失,然后反向传播更新模型参数。代码示例如下所示:

```
for epoch in range(num_epochs):
    for batch_data, batch_labels in training_data_loader:
        # 正向传播
        predictions = model(batch_data)
        # 计算损失
        loss = loss_function(predictions, batch_labels)
        # 反向传播
optimizer.zero_grad()
loss.backward()
optimizer.step()
```

（6）模型评估：使用验证集评估模型的性能，调整超参量以提高性能。这有助于避免过拟合，确保模型对未见过的数据也能有好的泛化能力。

（7）测试：使用测试集对最终模型进行评估，获取模型在真实场景下的性能指标。

（8）超参量调整：根据验证集的性能调整模型的超参量，如学习率、批次大小等，以优化模型的性能。

10.1.4　常见卷积神经网络

CNN 发展至今，大量 CNN 的网络结构被公开，如 LeNet、AlexNet、VGG、GoogLeNet、深度残差网络（deep residual learning）等。

1. LeNet 网络

LeNet 网络是较早出现的卷积神经网络[96]，在 LeNet 网络实现对数字的准确识别之后，各类卷积神经网络不断涌现。图 10.8 所示为 LeNet 网络结构。

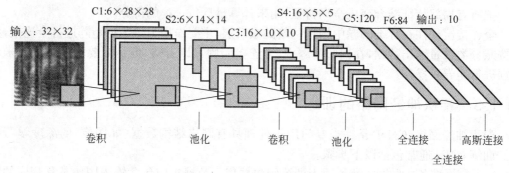

图 10.8　LeNet 网络结构

LeNet 网络的各层说明如下。

1）输入层

输入层的图像一般要比原始图像大一些，间接对原始图像进行缩小，使笔画连接点和拐角等图像特征处于感受层的中心。实际的数据图像为 28×32，而输入层的大小为 32×32，这样可以满足更高层的卷积层（如 C3）依然可以提取到数据的核心特征。

2）卷积层

卷积层有 3 个，分别是 C1、C3 和 C5，其中，C1 输入大小为 32×32，卷积核大小为 5×5，经过卷积运算，得到特征图的大小为 28×28，即：$32-5+1=28$。C1 有 6 个特征图（feature map），每个特征图对应一个图像的通道（channel），那么 C1 层神经元的数量为 $28\times28\times6$，这一层的待训练参数数量为 $6\times(5\times5+1)=156$，其中 1 表示每个卷积核有一个偏置，可见，经过卷积模型参数数量大幅减少。其他卷积层 C3 和 C5 与之类似。

3）池化层

池化层有 2 个，分别是 S2（6 个 14×14）和 S4（16 个 5×5），使用最大化池化将特征区域中的最大值作为新的抽象区域的值，减少数据的空间大小，同时也就减少了模型复杂度（参数数量）和运算量，在一定程度上可以避免过拟合，也可以强化图像中相对位置等显著特征。

4）全连接层

卷积层得到的每张特征图表示的是输入信号的一种特征，层数越高，其特征越抽象。为

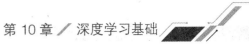

了综合低层的卷积层特征,使用全连接层将这些特征结合到一起,计算输入向量和权重向量的点积,然后应用 Sigmoid 激活函数输出单元状态,全连接层的输出为 84,而输入为 120,加上 1 个偏置,可训练的参数为 $84\times(120+1)=10164$。

5)输出层

输出层基于上一全连接层的结果进行判别,其输出类别为 10 个,分别表示数字 0～9 的概率,每个类别对应 84 个输入,可训练参数为 $84\times10=840$ 个。计算输入向量和参数向量之间的欧几里得距离作为损失函数,距离越大,损失越大。输出层的另一项任务是进行反向传播,依次向后进行梯度传递,计算相应的损失函数,使全连接层的输出与参数向量距离最小。以下是基于 TensorFlow 实现的 LeNet 网络结构代码,除输出层外有 6 个层,其中具体的网络结构及参数配置如图 10.8 所示,池化操作采用最大化池化,激活函数采用 ReLU 函数。

```
def LeNet(x):
#C1:卷积层输入 = 32×32×1. 输出 = 28×28×6.
conv1_w = tf.Variable(tf.truncated_normal(shape = [5,5,1,6],mean = m, stddev = sigma))
conv1_b = tf.Variable(tf.zeros(6))
conv1 = tf.nn.conv2d(x,conv1_w, strides = [1,1,1,1], padding = 'VALID') + conv1_b
conv1 = tf.nn.relu(conv1)
#S2:池化层输入 = 28×28×6 输出 = 14×14×6
pool_1 = tf.nn.max_pool(conv1,ksize = [1,2,2,1], strides = [1,2,2,1], padding = 'VALID')

#C3:卷积层输入 = 14×14×6 输出 = 10×10×16.
conv2_w = tf.Variable(tf.truncated_normal(shape = [5,5,6,16], mean = m, stddev = sigma))
conv2_b = tf.Variable(tf.zeros(16))
conv2 = tf.nn.conv2d(pool_1, conv2_w, strides = [1,1,1,1], padding = 'VALID') + conv2_b
conv2 = tf.nn.relu(conv2)

#S4:池化层输入 = 10×10×16 输出 = 5×5×16
pool_2 = tf.nn.max_pool(conv2, ksize = [1,2,2,1], strides = [1,2,2,1], padding = 'VALID')
fc1 = flatten(pool_2)#压缩成 1 维输入 = 5×5×16 输出 = 1×400

#C5:全连接层输入 = 400 输出 = 120
fc1_w = tf.Variable(tf.truncated_normal(shape = (400,120), mean = m, stddev = sigma))
fc1_b = tf.Variable(tf.zeros(120))
fc1 = tf.matmul(fc1,fc1_w) + fc1_bfc1 = tf.nn.relu(fc1)

#F6:全连接层输入 = 120 输出 = 84
fc2_w = tf.Variable(tf.truncated_normal(shape = (120,84), mean = m, stddev = sigma))
fc2_b = tf.Variable(tf.zeros(84))
fc2 = tf.matmul(fc1,fc2_w) + fc2_b
fc2 = tf.nn.relu(fc2)

#输出层输入 = 84 输出 = 10
fc3_w = tf.Variable(tf.truncated_normal(shape = (84,10), mean = m, stddev = sigma))
fc3_b = tf.Variable(tf.zeros(10))
logits = tf.matmul(fc2, fc3_w) + fc3_b
return logits
```

代码采用 tf. truncated_normal(shape, mean, stddev)方法截断正态分布中的输出随机值,其中,shape 表示生成张量的维度;mean 是均值;stddev 是标准差。如果产生正态分布的值与均值的差值大于两倍的标准差,那就需要重新生成,这样保证了生成的值都在均值附近。LeNet 网络构造完成之后,以交叉熵函数作为损失函数,并采用 Adam 策略进行自动优化学习率,具体过程如下代码所示。

```
rate = 0.001
logits = LeNet(x)
cross_entropy = tf.nn.softmax_cross_entropy_with_logits(logits, one_hot_y)
loss_operation = tf.reduce_mean(cross_entropy)
optimizer = tf.train.AdamOptimizer(learning_rate = rate)
training_operation = optimizer.minimize(loss_operation)
```

2. AlexNet 网络

AlexNet 网络是最早的现代神经网络,是由亚历克斯(Alex)等在 2012 年的图像网络(ImageNet)比赛中发明的一种卷积神经网络[97-98],并以此模型拿到了比赛冠军。它证明了 CNN 在复杂模型下的有效性,使用 GPU 使训练在可接受的时间范围内得到结果,推动了有监督深度学习的发展。

AlexNet 网络结构如图 10.9 所示,包括 8 个带权层:前 5 层是卷积层,剩下 3 层是全连接层。最后一个全连接层输出到一个 1000 维的 Softmax 层,其产生一个覆盖 1000 类标签的分布。

第一个卷积层利用 96 个大小为 $11\times11\times3$、步长为 4 个像素的核(两个 GPU 各 48 个),对大小为 $224\times224\times3$ 的输入图像进行卷积。第二个卷积层需要将第一个卷积层的输出作为自己的输入,且利用大小为 $5\times5\times48$ 的核对其进行滤波(48 为输入图像的通道数)。第三、第四和第五个卷积层彼此相连,没有任何介于中间的池化层。第四个卷积层拥有 384 个大小为 $3\times3\times192$ 的核,第五个卷积层拥有 256 个大小为 $3\times3\times192$ 的核。全连接层都各有 4096 个神经元。

第二、四、五个卷积层的核只连接到同一个显卡上的前一个卷积层,第三个卷积层的核连接到第二个卷积层中的所有核映射上,并且将两块显卡的通道进行合并。全连接层中的神经元被连接到前一层中所有的神经元上,其中第 1 个全连接层需要处理通道合并(两个显卡),AlexNet 最后的输出类目是 1000 个,所以其输出为 1000。

AlexNet 在 TensorFlow 官方的示例代码如下,其中采用 tensorflow. contrib. slim 第三方库 slim 对代码进行瘦身,slim. conv2d 方法前几个参数依次为网络的输入、输出的通道、卷积核大小、卷积步长。此外:padding 是补零的方式;activation_fn 是激活函数,默认是 ReLU;normalizer_fn 是正则化函数,默认为 None,可以设置为批正则化,即 slim. batch_norm;normalizer_params 是 slim. batch_norm 函数中的参数,以字典形式表示;weights_initializer 是权重的初始化器。

```
initializers. xavier_initializer();weights_regularizer 是权重的正则化器。

with tf.variable_scope(scope, 'alexnet_v2', [inputs]) as sc:
```

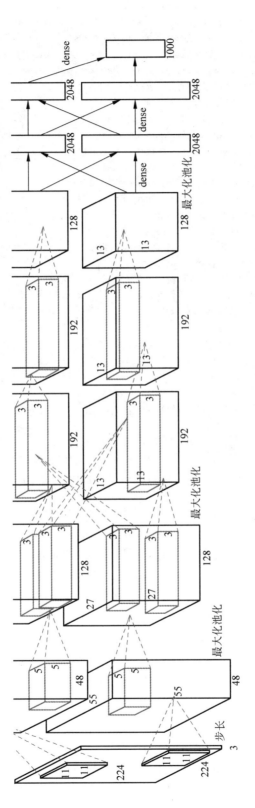

图 10.9 AlexNet 网络结构

```
end_points_collection = sc.original_name_scope + '_end_points'
with slim.arg_scope([slim.conv2d, slim.fully_connected,
slim.max_pool2d],outputs_collections = [end_points_collection]):
net = slim.conv2d(inputs, 64, [11, 11], 4, padding = 'VALID', scope = 'conv1')
net = slim.max_pool2d(net, [3, 3], 2, scope = 'pool1')
net = slim.conv2d(net, 192, [5, 5], scope = 'conv2')
net = slim.max_pool2d(net, [3, 3], 2, scope = 'pool2')
net = slim.conv2d(net, 384, [3, 3], scope = 'conv3')
net = slim.conv2d(net, 384, [3, 3], scope = 'conv4')
net = slim.conv2d(net, 256, [3, 3], scope = 'conv5')
net = slim.max_pool2d(net, [3, 3], 2, scope = 'pool5')
with slim.arg_scope([slim.conv2d],weights_initializer =
trunc_normal(0.005),biases_initializer =
tf.constant_initializer(0.1)):
net = slim.conv2d(net, 4096, [5, 5], padding = 'VALID',scope = 'fc6')
net = slim.dropout(net, dropout_keep_prob,
is_training = is_training, scope = 'dropout6')
net = slim.conv2d(net, 4096, [1, 1], scope = 'fc7')end_points =
slim.utils.convert_collection_to_dict
(end_points_collection)
net = slim.dropout(net, dropout_keep_prob, is_training = is_training, scope = 'dropout7')
net = slim.conv2d(net, num_classes, [1, 1],
activation_fn = None,
normalizer_fn = None,
biases_initializer = tf.zeros_initializer(),
scope = 'fc8')
net = tf.squeeze(net, [1, 2], name = 'fc8/squeezed')
end_points[sc.name + '/fc8'] = net
return net, end_points
```

slim.max_pool2d 方法是对网络执行最大化池化，第 2 个参数为核大小，第 3 个参数是步长 stride；slim.arg_scope 可以定义一些函数的默认参数值，在 scope 内，如果要重复用到这些函数，可以不用把所有参数都写一遍。可以用 list 来同时定义多个函数相同的默认参数。在上述代码中，使用一个 slim.arg_scope 实现共享权重初始化器和偏置初始化器。AlexNet 网络能够取得成功的原因如下。

1）采用非线性激活函数 ReLU

Sigmoid 和 tanh 函数在输入非常大或者非常小时，输出结果变化不大，容易出现饱和。这类非线性函数随着网络层次的增加而引起梯度弥散现象，即顶层误差较大；逐层递减误差传递过程中，低层误差很小，导致深度网络底层权值更新量很小，使深层网络出现局部最优。ReLU 为扭曲线性函数，不仅比饱和函数训练更快，而且保留了非线性的表达能力，可以训练更深层的网络。

2）采用数据增强和 Dropout 防止过拟合

数据增强是采用图像平移和翻转来生成更多的训练图像，从 256×256 的图像中提取随机的 224×224 的碎片，并在这些提取的碎片上训练网络，这就是输入图像是 224×224×3 维的原因。扩大了训练集规模，达到 2048 倍。此外，调整图像的 RGB 像素值，在整个

ImageNet 训练集的 RGB 像素值集合中执行 PCA，通过对每个训练图像，增加已有主成分
RGB 值，在不改变对象核心特征的基础上，增加光照强度和颜色变化等因素，间接增加训练
集数量。Dropout 是以 0.5 的概率将每个隐层神经元的输出设置为零，使这些神经元既不
参与前向传播，也不参与反向传播，只在被选中参与连接的节点上进行正向或反向传播，神
经网络在输入数据时会尝试不同的结构，但是结构之间共享权重。这种技术降低了神经元
之间互适应关系，而被迫学习更为健壮的特征。

3) 采用 GPU 实现

AlexNet 网络采用了并行化的 GPU 进行训练，在每个 GPU 中放置一半核（或神经
元），GPU 间的通信只在某些层进行。采用交叉验证，精确地调整通信量，直到它的计算量
可接受。随着深度学习的发展和硬件计算能力的提升，特别是利用 GPU 算力，网络的层数
越来越多。

3. VGG 网络

VGG 和 GoogLeNet 这两个模型结构有一个共同特点是层数多[99-100]。与 GoogLeNet
不同，VGG 继承了 LeNet 及 AlexNet 的一些框架，尤其是与 AlexNet 框架非常像，VGG 也
是 5 层卷积层、2 层全连接层用于提取图像特征、1 层全连接层用于分类特征。根据前 5 个
卷积层组中的不同配置，卷积层数从 8～16 递增，VGG 网络结构如图 10.10 所示。

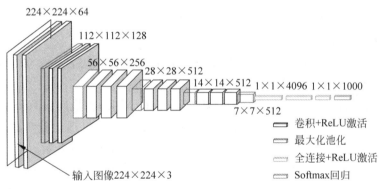

图 10.10 VGG 网络结构

尽管 VGG 比 Alex-net 有更多的参数，更深的层次，但是 VGG 需要很少的迭代次数就
开始收敛。这是因为深度和小的过滤尺寸起到了隐式的规则化的作用，并且一些层进行了
预初始化操作。

以下代码是基于 TensorFlow 中的 tensorflow. contrib. slim 库实现的 VGG 网络。其
中 slim. repeat 允许用户可以重复地使用相同的运算符，第 2 个参数表示重复执行的次数。

```
def vgg16(inputs):
with slim.arg_scope([slim.conv2d, slim.fully_connected],
activation_fn = tf. nn. relu,
weights_initializer = tf. truncated_normal_initializer(0.0, 0.01),
weights_regularizer = slim. l2_regularizer
(0.0005)):
net = slim. repeat(inputs, 2, slim. conv2d, 64,
```

```
[3, 3], scope = 'conv1')
net = slim.max_pool2d(net, [2, 2], scope = 'pool1')
net = slim.repeat(net, 2, slim.conv2d, 128,
[3, 3], scope = 'conv2')
net = slim.max_pool2d(net, [2, 2], scope = 'pool2')
net = slim.repeat(net, 3, slim.conv2d, 256,
[3, 3], scope = 'conv3')
net = slim.max_pool2d(net, [2, 2], scope = 'pool3')
net = slim.repeat(net, 3, slim.conv2d, 512,
[3, 3], scope = 'conv4')
net = slim.max_pool2d(net, [2, 2], scope = 'pool4')
net = slim.repeat(net, 3, slim.conv2d, 512,
[3, 3], scope = 'conv5')net =
slim.max_pool2d(net, [2, 2], scope = 'pool5')
net = slim.fully_connected(net, 4096, scope = 'fc6')
net = slim.dropout(net, 0.5, scope = 'dropout6')
net = slim.fully_connected(net, 4096, scope = 'fc7')
net = slim.dropout(net, 0.5, scope = 'dropout7')
net = slim.fully_connected(net, 1000, activation_fn
 = None, scope = 'fc8')
return net
```

4. GoogLeNet 网络

GoogLeNet 网络是 2014 年 ImageNet 比赛冠军的模型,由 Szegedy 等实现[101]。这个模型说明,用更多的卷积、更深的层次可以得到更好的结果。

VGG 网络性能较好,但是有大量的参数,因为 VGG 网络在最后有两个 4096 的全连接层。而提升模型性能的办法主要是增加网络深度(层数)和宽度(通道数),这会产生大量的参数,这些参数不仅容易产生过拟合,也会大大增加模型训练的运算量。而 GoogLeNet 吸取了这一教训,为了压缩网络参数,把全连接层取消,并使用一种名为 Inception 的结构,既保持网络结构的稀疏性,又不降低模型的计算性能。Inception 结构对前一层网络的综合采用不同大小的卷积核提取特征,并结合最大化池化进行特征融合,如图 10.11 所示。

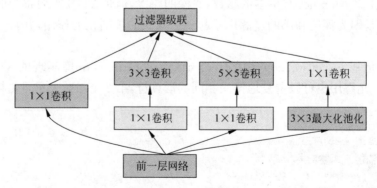

图 10.11　GoogLeNet 网络中 Inception 结构

GoogLeNet 主要的创新在于,它采用一种网中网(network in network,NIN)的结构,即原来的节点也是一个网络。用了 Inception 之后,整个网络结构的宽度和深度都可扩大,因此能够带来较大的性能提升。其主要思想是普通卷积层只做一次卷积得到一组特征映射，这样将不同特征分开对应多个特征映射的方法并不是很精确，因为按照特征分类时只经历了一层，这样会导致对于该特征的表达并不是很完备，所以 NIN 模型用全连接的多层感知器去代替传统的卷积过程，以获取特征更加全面的表达。同时，因为前面已经做了提升特征表达的过程，最后的全连接层也被替换为一个全局平均池化层，直接通过 Softmax 来计算损失。对 GoogLeNet 及其改进版本感兴趣的读者可以阅读 *Going Deeper with Convolutions* 和 *Rethinking the Inception Architecture for Computer Vision* 等文献进行深入研究。

5. ResNet

ResNet(深度残差网络)是由何恺明等实现的，并在 2015 年的 ImageNet 比赛上获胜[102]。在深度网络优化中存在梯度消失和梯度爆炸的问题，网络层数较少时可以通过合理的初始化来解决，但是随着网络层数的增加，网络回传过程会带来梯度弥散问题，经过几层后反传的梯度会彻底消失。当网络层数大量增加后，梯度无法传到的层就相当于没有经过训练，使得深层网络反而不如合适层数的较浅的网络效果好。当网络深度继续增加时，错误率会增高，主要是网络自身结构的误差下限提高了。

ResNet 解决了这一问题，使更深的网络得以更好的训练。其原理是第 N 层的网络由 $N-1$ 层的网络经过 H(包括 conv、BN、ReLU、Pooling 等)变换得到，并在此基础上直接连接到上一层的网络，使得梯度能够得到更好传播。残差网络是用残差来重构网络的映射，用于解决继续增加层数后，训练误差反而变大的问题，核心是把输入 x 再次引入到结果，将 x 经过网络映射为 $F(x)+x$，那么网络的映射 $F(x)$ 自然就趋向于 $F(x)=0$。这样堆叠层的权重趋向于零，学习起来简单，能更加方便地逼近身份映射。

在 ResNet 的单个构建模块中，假设这一模块输入 x 的输出结果为 $H(x)$，由于多层网络组成的堆叠层在理论上可以拟合任意函数，也就可以拟合 $H(x)-x$，这样即可将学习目标转化为 $F(x)=H(x)-x$，即残差。而原目标转化为 $H(x)=F(x)+x$，其中 x 是恒等映射，在不增加参数和计算量的情况下，减小了优化的难度，从而提升了训练效果。ResNet 的模块结构如图 10.12 所示。

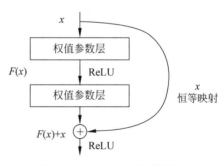

图 10.12 ResNet 学习过程

采用公式对图 10.12 进行定义，为 $y=F(x,\{w_i\})+x$，其中 x 和 y 分别为模块的输入和输出。$F(x,\{w_i\})$ 表示待训练的残差映射函数，相同的堆叠层和残差模块，只是多加了一个 x，实现更方便，而且易于比较相同层的堆叠层和残差层之间的优劣。在统计学中，残差是指实际观测值与估计值的差值，这里是直接的映射 $H(x)$ 与恒等映射 x 的差值。

以下代码是构建 ResNet 模型的示意代码，其中 input_tensor 为 4 维张量，n 为生成 residual 块的数量。为了简化代码，将下述常规方法抽象出来，其中：create_batch_normalization_layer 方法是自定义的创建 Batch Normalziation，通过 TensorFlow 的 tf.nn.batch_normalization 来实现；create_conv_bn_relu_layer 方法中除了对输入的层进行批量正则化外，还应用 ReLU 方法过滤；create_output_layer 方法是创建模型的输出层。

```
def resnet_model(input_tensor, n, reuse):
layers = []
with tf.variable_scope('conv0', reuse = reuse):
conv0 = create_conv_bn_relu_layer(input_tensor, [3, 3, 3, 16], 1)
layers.append(conv0)
for i in range(n):
with tf.variable_scope('conv1_%d' % i, reuse = reuse):
if i == 0: conv1 = create_residual_block(layers[-1], 16, first_block = True)
else: conv1 = crate_residual_block(layers[-1], 16)
layers.append(conv1)
with tf.variable_scope('fc', reuse = reuse):
in_channel = layers[-1].get_shape().as_list()[-1]
bn_layer = create_batch_normalization_layer(layers[-1], in_channel)
relu_layer = tf.nn.relu(bn_layer)
global_pool = tf.reduce_mean(relu_layer, [1, 2])
assert global_pool.get_shape().as_list()[-1:] == [64]
output = create_output_layer(global_pool, 10)
layers.append(output)
return layers[-1]
```

上述代码中主要不同之处在于其将不同的层合并成独立的 residual 块,其中创建 residual 块的方法如下,输入为 4 维张量。如果是第一层网络,则不需要进行正则化和 ReLU 过滤。在残差计算时,将输入层与最后一层相加作为 residual 块的输出,这是 ResNet 的核心和关键所在。

```
def create_residual_block(input_layer, output_channel,
    first_block = False):input_channel =
input_layer.get_shape().as_list()[-1]
with tf.variable_scope('conv1_in_block'):
if first_block:
filter = create_variables(name = 'conv', shape =
[3, 3, input_channel, output_channel])
conv1 = tf.nn.conv2d(input_layer,
filter = filter, strides = [1, 1, 1, 1],
padding = 'SAME')
else:
conv1 = bn_relu_conv_layer(input_layer,
[3, 3, input_channel, output_channel], stride)
with tf.variable_scope('conv2_in_block'):
conv2 = bn_relu_conv_layer(conv1, [3, 3, output_channel,
output_channel], 1)
output = conv2 + input_layer
return output
```

10.2 循环神经网络

循环神经网络(RNN)是一种常用于处理序列数据的神经网络模型[103]。与传统的前馈神经网络不同,RNN 具有循环连接,允许信息在网络内部进行传递,并具有记忆能力。RNN 的基本思想是在每一个时间步都利用上一个时间步的输出作为当前时间步的输入,以此来建立时间上的依赖关系。RNN 的核心结构是一个称为循环单元的模块,通常使用的是长短期记忆(long short-term memory,LSTM)或门控循环单元(gated recurrent unit,GRU)等变体。RNN 的输出可以用于各种任务,如分类、标注、翻译、生成等。RNN 是一种适用于序列数据建模的神经网络模型,通过循环连接和记忆能力,可以有效地处理时序信息。

10.2.1 RNN 基本原理

RNN 的基本原理涉及循环连接、共享权重和隐藏层状态的传递。RNN 的基本结构是 BP 网络的结构,有输入层、隐藏层和输出层。只不过在 RNN 中隐藏层的输出不仅可以传到输出层,并且还可以传给下一个时刻的隐藏层。RNN 展开如图 10.13 所示。

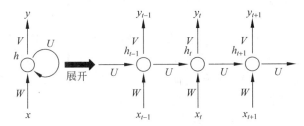

图 10.13　RNN 展开

循环连接:RNN 中的每个时间步都有一个输入和一个输出。与传统的前馈神经网络不同,RNN 通过循环连接将上一个时间步的输出作为当前时间步的输入,从而在时间上建立了依赖关系。这意味着,RNN 可以对任意长度的序列数据进行处理,并且能够捕捉到序列中的时序信息。

共享权重:在 RNN 中,每个时间步使用的是相同的参数(权重和偏置),即网络的权重在时间维度上是共享的。这样做的目的是在不同时间步之间共享知识,并保持模型的参数数量不随序列长度而增加。

隐藏层状态传递:RNN 中的隐藏层具有记忆能力,可以通过隐藏状态(也称为记忆状态)来传递信息。在每个时间步,隐藏状态会被更新,并带有之前时间步的信息。这种记忆能力使得 RNN 能够捕捉到序列中的长期依赖关系。

具体来说,RNN 的隐藏层中的神经元会根据输入和当前隐藏状态计算一个新的隐藏状态。这个计算过程可以通过一个函数来表示,通常使用 tanh 激活函数。设输入为 $x(t)$,隐藏状态为 $h(t-1)$,那么隐藏状态的更新公式可以表示为

$$h(t) = f(\boldsymbol{W}x(t) + \boldsymbol{U}h(t-1) + \boldsymbol{b})$$

其中,$\boldsymbol{W}$ 是输入到隐藏层的权重矩阵;$\boldsymbol{U}$ 是隐藏层到隐藏层的权重矩阵;$\boldsymbol{b}$ 是偏置向量;f 是激活函数。

在训练 RNN 时,通常使用反向传播算法和梯度下降来更新网络参数。由于 RNN 存在梯度消失和梯度爆炸的问题,训练中可能会使用一些技巧和改进的结构,如梯度裁剪、门控循环单元(GRU)和长短期记忆(LSTM),以更好地处理长序列数据和减轻梯度问题。

RNN 大致可分为一对一(one-to-one)、一对多(one-to-n)、多对一(n-to-one)、多对多(n-to-n)几种。图 10.14 输入的是独立的数据,输出的也是独立的数据,基本上不能算作是

RNN，与全连接神经网络没有什么区别。

图 10.15 输入的是一个独立数据，需要输出一个序列数据。常见的任务类型有：基于图像生成文字描述、基于类别生成一段语言、文字描述。

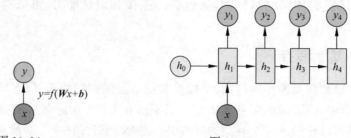

图 10.14　one-to-one

图 10.15　one-to-n

图 10.16 所示为最经典的 RNN 任务，输入和输出都是等长的序列。常见的任务有：计算视频中每一帧的分类标签；输入一句话，判断这句话中每个词的词性。

图 10.17 所示为输入一段序列，最后输出一个概率，通常用来处理序列分类问题。常见任务有文本情感分析、文本分类。

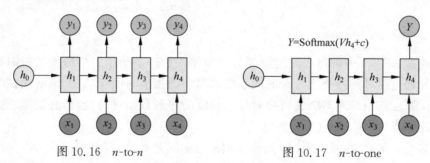

图 10.16　n-to-n

图 10.17　n-to-one

图 10.18 所示为输入序列和输出序列不等长的任务，也就是 Encoder-Decoder 结构，这种结构有非常多的用法：机器翻译，Encoder-Decoder 的最经典应用，事实上这个结构就是在机器翻译领域最先提出的；文本摘要，输入是一段文本序列，输出是这段文本序列的摘要序列；阅读理解，将输入的文章和问题分别编码，再对其进行解码得到问题的答案；语音识别，输入是语音信号序列，输出是文字序列。

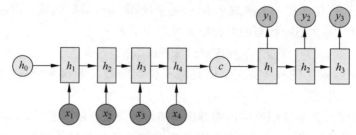

图 10.18　n-to-m

虽然 RNN 在处理序列数据方面有很多优点，但它也存在一些缺点，这些缺点包括以下 4 个方面。

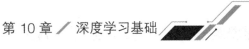

（1）长期依赖问题：RNN 的隐藏状态传递机制使其能够处理序列数据中的短期依赖关系，但对于长期依赖关系的建模能力较弱。这是因为在反向传播算法中，梯度会以指数级衰减或指数级增长的方式传播回较早时间步，导致训练时出现梯度消失或梯度爆炸问题。

（2）计算效率问题：RNN 的计算过程是串行的，每个时间步的计算必须依赖前一个时间步的结果。这使得在长序列上的训练和推理过程非常耗时。并行化 RNN 的计算是有限的，因为不同时间步之间的计算依赖关系。

（3）参数增长问题：由于 RNN 在每个时间步上使用相同的参数，序列长度的增加会导致参数数量的线性增长，这可能会增加模型的复杂性和训练的难度。这也是为什么通常会使用更复杂的 RNN 结构（如 LSTM 和 GRU）来缓解这个问题。

（4）隐私泄露问题：在一些应用场景中，RNN 的隐藏状态可能会捕捉到输入序列中的私有或敏感信息。这可能导致隐私泄露风险，特别是在序列数据中包含个人身份信息或敏感文本时。

尽管有这些缺点，研究人员已经提出了许多改进 RNN 的方法，如使用长短期记忆（LSTM）和门控循环单元（GRU）等结构，以及更高级的模型如 Transformer。这些改进被广泛用于解决长期依赖、计算效率和参数增长等问题，使得 RNN 在处理序列数据时更加高效和强大。

总体而言，RNN 通过循环连接、共享权重和隐藏层状态的传递来处理序列数据。它具有记忆能力，能够在时间上建立依赖关系，并用于解决自然语言处理、语音识别、机器翻译等任务。

10.2.2 长短期记忆网络

长短期记忆网络（long short term memory，LSTM）能够学习长期依赖关系[104-105]，并可保留误差，在沿时间和层进行反向传递时，可以将误差保持在更加恒定的水平，让循环网络能够进行多个时间步的学习，从 LSTM 通过门控单元来实现循环神经网络中的信息处理，用门的开关程度来决定对哪些信息进行读写或清除。其中，门的开关信号由激活函数的输出决定，与数字开关不同，LSTM 中的门控为模拟方式，即具有一定的模糊性，并非 0、1 二值状态。例如，Sigmoid 函数输出为 0，表示全部信息不允许通过；1 表示全部信息都允许通过；而 0.5 表示允许一部分信息通过。这样的好处是易于实现微分处理，有利于误差反向传播[2]。

门的开关程度是由什么控制的呢？本质上，它是由信息的权重决定。在训练过程中，LSTM 会不断依据输入信息学习样本特征，调节参数及其权重值。与神经网络的误差反向传播相似，LSTM 通过梯度下降来调整权重强度实现有用信息保留，无用信息删除或过滤，并针对不同类型的门采用不同的转换方式。例如，遗忘门采用新旧状态相乘，而输出门采用新旧状态相加，从而使整个模型在反向传播时的误差恒定，最终在不同的时间尺度上同时实现长时和短时记忆的效果。

图 10.19 的 LSTM 模块结构为数据在记忆单元中如何流动，以及单元中的门如何控制数据流动的展示。它在许多问题上效果非常好，现在被广泛使用。

LSTM 核心在于处理元胞状态（cell state），元胞状态贯穿不同的时序操作过程，其中状态信息可以很容易地传递，同时经过一些线性交互，对元胞状态中所包含的信息进行添加或

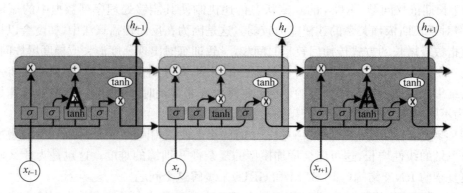

图 10.19 LSTM 模块结构

移除。其中线性交互主要通过门结构（gate）来实现，例如，输入门、遗忘门、输出门等，经过 Sigmoid 神经网络层和元素级相乘操作之后，对结果进行判定，实现元胞状态的传递控制。

Sigmoid 层输出值范围为 0～1，用其控制信息通过级别；输出值为 0 表示不允许通过任何信息，输出值为 1 表示允许通过所有信息。

（1）LSTM 首先判断对上一状态输出的哪些信息进行过滤，即遗忘哪些不重要的信息。它通过一个遗忘门（forget gate）的 Sigmoid 激活函数实现。遗忘门的输入包括前一状态 h_{t-1} 和当前状态的输入 x_t，即输入序列中的第 t 个元素，将输入向量与权重矩阵相乘，加上偏置值之后通过激活函数输出一个 0～1 的值，取值越小越趋向于丢弃。最后将输出结果与上一元胞状态 C_{t-1} 相乘后输出。如图 10.20 所示。

（2）通过输入门将有用的新信息加入元胞状态。首先，将前一状态 h_{t-1} 和当前状态的输入 x_t 输入 Sigmoid 函数中滤除不重要信息。另外，通过 h_{t-1} 和 x_t，通过 tanh 函数得到一个 -1～1 之间的输出结果。这将产生一个新的候选值，后续将判断是否将其加入元胞状态中。如图 10.21 所示。

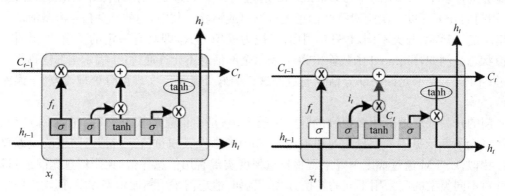

图 10.20 LSTM 遗忘门-丢弃信息　　　　图 10.21 LSTM 遗忘门-创造新候选值

（3）将上一步中 Sigmoid 函数和 tanh 函数的输出结果相乘，并加上（1）中的输出结果，从而实现保留的信息都是重要信息，此时更新状态 C_t 即可忘掉那些不重要的信息。如图 10.22 所示。

（4）最后，从当前状态中选择重要的信息作为元胞状态的输出。首先，将前一状态 h_{t-1}

和当前输入值 x_t 通过 Sigmoid 函数得到一个 $0\sim1$ 的结果值 O_t。然后对(3)中输出结果计算 tanh 函数的输出值，并与 O_t 相乘，作为当前元胞隐状态的输出结果 h_t，同时也作为下一个隐状态 h_{t-1} 的输入值。如图 10.23 所示。

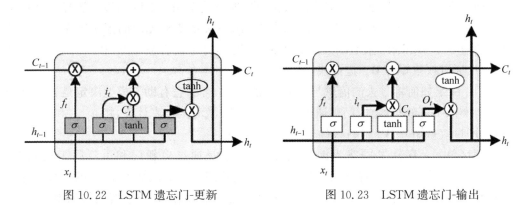

图 10.22 LSTM 遗忘门-更新　　　　图 10.23 LSTM 遗忘门-输出

10.2.3　门限循环单元

为了改善循环神经网络的长程依赖问题，引入门控机制来控制信息的累计速度。有选择地加入新的信息，并有选择地遗忘之前累积的信息。这一类网络称为门限循环单元（GRU）。

GRU 在 LSTM 的基础上主要作出了两点改变。

（1）GRU 只有两个门。GRU 将 LSTM 中的输入门和遗忘门合二为一，合称为更新门（update gate），控制先前记忆信息能够继续保留到当前时刻的数据量；另一个门称为重置门（reset gate），控制要遗忘多少过去的信息。

（2）取消进行线性自更新的记忆单元（memory cell），而直接在隐藏单元中利用门控直接进行线性自更新。GRU 的逻辑图如图 10.24 所示。

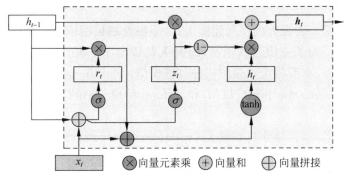

图 10.24　GRU 的逻辑图

门限循环单元是一种比 LSTM 网络更加简单的循环神经网络。GRU 不引入额外的记忆单元，GRU 网络也是在公式：

$$h_t = h_{t-1} + g(X_t, h_{t-1}; \theta)$$

的基础上引入一个更新门来控制当前状态需要从历史状态中保留多少信息（不经过非线性

变换),以及需要从候选状态中接收多少新信息。

GRU 包含一个重要的机制,即更新门和重置门。这两个门的存在使得 GRU 能够在处理长序列数据时更好地捕捉长期依赖关系。以下是 GRU 的基本组成部分。

更新门:控制有多少先前的记忆应该被保留。通过这个门,GRU 可以有选择性地更新当前的记忆状态,而不是完全替换它。更新门的作用是决定要从先前的记忆中保留多少信息。这是通过一个 Sigmoid 激活函数来实现的,将先前的隐藏状态 h_{t-1} 和当前输入 x_t 连接起来,然后通过权重矩阵 $\boldsymbol{W}_z$ 进行线性变换。

重置门:决定如何将过去的信息与当前的输入相结合。它有助于模型决定是否忽略先前的信息。类似于更新门,重置门也通过一个 Sigmoid 激活函数来计算,将 h_{t-1} 和 x_t 连接起来,然后通过权重矩阵 $\boldsymbol{W}_r$ 进行线性变换。

当前记忆单元:存储了网络当前的记忆状态,它是通过更新门和重置门来更新的,GRU 使用当前记忆单元来存储网络在当前时间步的状态。当前记忆单元 h_t 的计算是通过使用更新门和重置门来融合先前的隐藏状态和当前输入。首先,通过重置门的输出 r_t 来部分地遗忘先前的隐藏状态,然后,通过计算 $\tilde{h}_t = \tanh(\boldsymbol{W} \cdot [r_t \odot h_{t-1}, x_t])$ 来得到新的候选值。

GRU 的计算过程可以简要地描述如下:

$$z_t = \sigma(\boldsymbol{W}_z \cdot [h_{t-1}, x_t])$$
$$r_t = \sigma(\boldsymbol{W}_r \cdot [h_{t-1}, x_t])$$
$$\tilde{h}_t = \tanh(\boldsymbol{W} \cdot [r_t \odot h_{t-1}, x_t])$$
$$h_t = (1 - z_t) \odot h_{t-1} + z_t \odot \tilde{h}_t$$

GRU 相较于传统的长短时记忆网络(LSTM)来说,参数较少,训练速度更快,但在某些任务上可能会失去一些建模能力。在实践中,选择使用 GRU 还是 LSTM,取决于具体的任务和数据。

10.2.4 循环神经网络的其他改进

循环神经网络是一种强大的序列建模工具,但在处理长期依赖性、记忆能力和推理能力方面存在一些限制。为了克服这些限制,研究人员提出了一些改进的循环神经网络模型。除上述三种网络之外,本节将重点介绍三种改进模型:variational recurrent neural network(VRNN)、neural Turing machine(NTM)和 differentiable neural computer(DNC)。

1. VRNN

VRNN 是一种结合了变分自编码器(variational autoencoder,VAE)和循环神经网络(RNN)的模型[106-107],用于建模时序数据的生成和推断。VRNN 的目标是学习数据的潜在表示并生成新的样本。通过引入隐变量和变分推断,VRNN 能够建模数据的不确定性,从而提供更丰富的样本生成和序列推断能力。

VRNN 的结构包括三个主要组件:编码器网络、解码器网络和循环神经网络。编码器网络将输入序列映射到潜在空间中的隐变量,起到了提取数据特征的作用。编码器网络通常由一层或多层的神经网络组成,可以是全连接层、卷积层或其他类型的神经网络。隐变量是 VRNN 的关键组成部分,它捕捉了数据中的潜在结构和不确定性。

解码器网络将隐变量映射回原始数据空间,完成从潜在空间到数据空间的重构过程。解码器网络的结构与编码器网络相似,可以使用相同或不同的神经网络结构。通过解码器网络,VRNN 能够生成与训练数据类似的新样本。

循环神经网络在 VRNN 中用于捕捉序列数据中的时序依赖关系。它可以是传统的RNN、LSTM 或 GRU 等结构。循环神经网络通过对序列数据进行逐步处理,将先前的信息传递到后续的时间步中,从而建立起长期依赖性。在 VRNN 中,通过引入隐变量和变分推断,模型可以对数据的不确定性进行建模。变分推断是一种用于近似推断的方法,它通过优化一个损失函数来近似计算后验分布。在 VRNN 中,变分推断用于学习隐变量的分布,并通过最大化变分下界来进行模型训练。这使得 VRNN 能够生成具有多样性的样本,并且能够进行序列的推断和插值。

VRNN 在多个领域中展示了强大的应用能力。例如,在自然语言处理中,VRNN 可以用于文本生成、机器翻译和对话系统等任务。在声频处理中,VRNN 可以用于音乐生成和语音合成。此外,VRNN 还可以应用于视频分析、时间序列预测和异常检测等领域。

2. NTM

NTM 是一种结合了神经网络和图灵机思想的模型[108],旨在增强记忆和推理能力。NTM 引入了可读写的外部存储器,通过这个存储器扩展了传统的循环神经网络(RNN)。外部存储器允许网络读取和写入数据,并通过寻址机制来访问存储器的不同位置。NTM的结构由两个主要组件组成:控制器网络和外部存储器。控制器网络负责处理输入序列并控制读写存储器的操作。它可以是一个循环神经网络,如 LSTM 或 GRU,也可以是其他类型的神经网络。控制器网络接收输入序列并生成对外部存储器的读写操作指令,以及对应的读取和写入内容。外部存储器是 NTM 的关键组成部分,它类似于计算机的内存,用于存储和检索信息。存储器可以被网络读取和写入,并具有寻址机制,使得网络可以根据需要访问存储器的不同位置。寻址机制可以根据控制器网络的指令和查询向量来计算存储器中的地址,从而实现对存储器内容的检索。

NTM 通过引入外部存储器,具备了更强大的记忆和推理能力。传统的循环神经网络在处理长期依赖性和记忆任务时存在一定的限制,而 NTM 可以通过存储器来存储和检索过去的信息,从而更好地处理这些任务。NTM 可以学习读取和写入存储器的策略,并根据任务的要求进行推理和记忆。NTM 在多个领域中展示了出色的应用能力。在自然语言处理中,NTM 可以用于机器翻译、文本生成和问答系统等任务。在图像处理中,NTM 可以用于图像生成、图像描述和图像问答等任务。此外,NTM 还可以应用于推荐系统、强化学习和程序学习等领域。

3. DNC

DNC 是一种类似于 NTM 的模型[109],它利用外部存储器进行记忆和推理。与 NTM相比,DNC 引入了更强大的寻址机制和记忆更新策略,以提高其记忆和推理能力。

DNC 的结构包括一个控制器网络和一个外部存储器,这与 NTM 非常相似。控制器网络负责处理输入序列和控制外部存储器的操作,它可以是循环神经网络(如 LSTM 或GRU)或其他类型的神经网络。外部存储器用于存储和检索信息,它是 DNC 的关键组成部分。DNC 相对于 NTM 的一个重要改进是引入了内容寻址和动态内存分配机制,以改进寻址能力。内容寻址机制允许 DNC 根据内容的相似性来访问存储器中的信息,而动态内存分配机制则根据需要分配和释放存储器的空间。这些机制使得 DNC 能够更加灵活地访问存储器,提高了存储器的利用效率。

此外,DNC 还引入了记忆更新策略来管理存储器的内容。记忆更新策略可以根据控制器网络的指令和查询结果来更新存储器中的信息,从而使存储器能够适应不同的任务和上下文。这种动态的记忆更新策略使得 DNC 能够根据任务的需要进行灵活的记忆操作。另一个 DNC 的改进是引入了多级寻址机制,允许网络在多个粒度上访问存储器。多级寻址机制可以在不同的时间尺度上访问存储器,从局部到全局,以便更好地处理长期依赖性和记忆任务。这种多级寻址机制使得 DNC 能够捕捉到不同时间尺度上的相关信息,提高了模型的表达能力。

DNC 在许多领域中展示了出色的应用能力。在自然语言处理中,DNC 可以用于机器翻译、文本生成和问答系统等任务。在图像处理中,DNC 可以用于图像描述和图像生成。此外,DNC 还可以应用于强化学习、推荐系统和程序学习等领域。VRNN 结合了 VAE 和 RNN,用于建模时序数据的生成和推断。NTM 和 DNC 则引入了外部存储器来增强记忆和推理能力,其中 DNC 还改进了寻址机制和记忆更新策略。这些改进的循环神经网络模型在处理长期依赖性、记忆能力和推理能力方面取得了显著的进展,为解决复杂的序列建模问题提供了新的工具和思路。随着研究的不断推进,这些模型有望在更广泛的领域和任务中发挥作用。

10.3 深度学习流行框架

目前,深度学习领域中主要实现框架有 Torch/PyTorch、TensorFlow、Caffe/Cafe2、Keras、MxNet、Deeplearning4j 等。下面详细对比介绍各框架的特点。

10.3.1 Torch

Torch 是用 Lua 语言编写的带 API 的深度学习计算框架,支持机器学习算法,其核心是以图层的方式来定义网络,优点是包括了大量模块化的组件,可以快速进行组合,并且具有较多训练好的模型,可以直接应用。此外,Torch 支持 GPU 加速,模型运算性能较强。

Torch 虽然功能强大,但其模型需要 LuaJIT 的支持,对于开发者学习和应用集成都具有一定的障碍,文档方面的支持较弱,对商业支持较少,大部分时间需要自己编写训练代码。目前最新的 Torch 是由 Facebook 在 2017 年 1 月正式开放了 Python 语言的 API 支持,即 PyTorch,支持动态可变的输入和输出,有助于 RNN 等方面的应用。

10.3.2 TensorFlow

TensorFlow 是由 Google Brain 团队开发的一种开源机器学习框架,用于构建和训练深度神经网络。它通过创建计算图来表示数学计算,并在图中定义各种操作(例如,矩阵乘法、卷积、激活函数等),从而实现了高效的数值计算和自动求导。

TensorFlow 具有以下特点。

(1)灵活性:TensorFlow 提供了丰富的 API,可以支持多种深度学习模型的构建和训练,包括卷积神经网络、循环神经网络、生成对抗网络(generative adversarial network)等。

（2）跨平台支持：TensorFlow 可以在不同的硬件平台上运行，包括 CPU、GPU 和 TPU（tensor processing unit），并支持多种操作系统，例如，Windows、Linux 和 macOS 等。

（3）分布式训练：TensorFlow 支持在分布式环境下进行训练，可以有效地利用多台机器的计算资源加速训练过程。

（4）可视化工具：TensorFlow 提供了 TensorBoard 工具，用于可视化模型的结构、训练过程和性能指标，方便模型的调试和优化。

（5）社区和生态系统：TensorFlow 拥有庞大的用户社区和丰富的生态系统，提供了大量的扩展库和预训练模型，方便开发者快速构建和部署深度学习应用。

TensorFlow 已经在各个领域中被广泛应用，包括计算机视觉、自然语言处理、语音识别等。它是一个功能强大且经过验证的深度学习框架，适用于从学术研究到工业应用的各种场景。

10.3.3 Caffe

Caffe(convolutional architecture for fast feature embedding)是由伯克利视觉与学习中心(Berkeley Vision and Learning Center)开发的一种开源深度学习框架。它被设计用于图像分类、目标检测和图像分割等计算机视觉任务。

以下是 Caffe 框架的一些特点。

（1）易于使用：Caffe 提供了简洁的配置文件和命令行工具，使得创建、调整和训练深度神经网络变得相对容易。同时，Caffe 还提供了 Python 和 C++的接口，方便开发者进行定制和扩展。

（2）高效性能：Caffe 采用 C++实现，经过优化的底层代码和高效的计算操作，使其能够在大规模数据上高效运行。此外，Caffe 还支持 GPU 加速，可以利用 GPU 的并行计算能力提高训练和推理速度。

（3）模型库和预训练模型：Caffe 拥有一个模型库，其中包含各种经典的深度学习模型，如 AlexNet、VGGNet 和 GoogLeNet 等。这些预训练模型可以用于快速实现和微调特定任务。

（4）大型社区支持：Caffe 拥有庞大的用户社区，用户可以分享自己的模型和代码，并获得来自社区的支持和反馈。此外，Caffe 还有活跃的开发者维护和更新框架，确保其持续发展和改进。

Caffe 在设计上更专注于计算机视觉任务，不如 TensorFlow 或 PyTorch 那样通用。如果主要需求是计算机视觉相关的任务，Caffe 可能是一个不错的选择。然而，如果涉及更广泛的深度学习应用领域，可能会考虑其他框架。

10.3.4 Keras

Keras 是一个高级神经网络 API，它能够在多个深度学习框架上运行，包括 TensorFlow、PyTorch 和 CNTK 等。它的设计目标是提供一种用户友好、便捷而灵活的接口，简化了构建和训练神经网络的过程。

以下是 Keras 框架的一些特点。

（1）简洁易用：Keras 提供了简洁易用的 API，易于使用和上手。它隐藏了底层深度学习框架的复杂性,使得开发者能够更专注于模型的设计和实验。

(2) 高度模块化:Keras 提供了一系列模块化的构建块,如层(layer)、优化器(optimizer)和损失函数(loss),使开发者能够快速搭建不同结构的神经网络。

(3) 多后端支持:Keras 可以运行在多个深度学习框架上,包括 TensorFlow、PyTorch、CNTK 等。开发者可以在这些框架中根据不同需求选择最适合的后端。

(4) 多语言支持:Keras 支持 Python 和 R 语言,并且提供了丰富的文档和示例,方便开发者学习和使用。

(5) 大型模型库:Keras 拥有一个庞大的模型库,其中包含许多经典的深度学习模型,如 VGG、ResNet、Inception 等,以及各种应用领域的预训练模型。

Keras 被广泛应用于学术研究、教育和工业应用等各个领域。它的模块化和易用性使得构建和调试神经网络变得更加简单,适用于各种规模和复杂度的深度学习任务。无论是初学者还是专业开发者,Keras 都为他们提供了一个快速而有效的深度学习框架。

10.3.5 MxNet

MxNet(pronounced as "M-ten")是一个开源的深度学习框架,由亚马逊科技公司开发。它最初于 2014 年发布,旨在提供高效的、灵活的神经网络编程接口。

以下是 MxNet 框架的一些特点。

(1) 多平台支持:MxNet 可以运行在多个平台上,包括 CPU、GPU 和专用的神经网络加速器(如英伟达公司的 CUDA 和 AMD 公司的 OpenCL)。它也支持多种操作系统,包括 Windows、Linux 和 macOS 等。

(2) 动态计算图:MxNet 使用动态计算图的方式来表示神经网络,这意味着用户可以在运行时构建、修改和调整计算图,从而灵活地适应不同的场景和要求。

(3) 可扩展性:MxNet 支持分布式训练,可以在多台机器上进行模型训练,以获得更高的性能和吞吐量。它还支持模型的部署和推理,可以将训练好的模型应用于实际的生产环境中。

(4) 多语言支持:MxNet 提供了 Python、R、C++ 和 Julia 等多种编程语言的接口,以方便开发者使用和集成到自己的项目中。

(5) 自动混合精度(automatic mixed precision):MxNet 提供了自动混合精度功能,通过利用半精度浮点数(FP16)来加速模型训练和推理的速度,同时保持较高的训练精度。

MxNet 在深度学习领域得到了广泛的应用,特别是在自然语言处理、计算机视觉和推荐系统等方面。它具有较低的计算和存储开销,适合在资源受限的环境中运行,并且在处理大规模数据时表现良好。

10.3.6 Deeplearning4j

Deeplearning4j(DL4J)是一个基于 Java 编程语言的开源深度学习库和框架。它是为了在 Java 虚拟机(JVM)上实现高性能的深度神经网络而开发的。

以下是 Deeplearning4j 框架的一些特点。

(1) Java 和 Scala 支持:DL4J 是专为 Java 开发者设计的,在 Java 和 Scala 编程语言上都有良好的支持。这使得开发者可以在现有的 Java 项目中直接使用 DL4J,而无须切换到其他语言。

（2）分布式训练：DL4J 提供了分布式训练的支持，可以在多个机器上同时进行模型训练，以加快训练速度和处理大规模数据。

（3）多种神经网络模型：DL4J 支持多种常见的神经网络模型，包括深度前馈神经网络、循环神经网络和卷积神经网络等。

（4）与其他框架的集成：DL4J 可以与其他深度学习框架（如 TensorFlow）进行集成，这意味着开发者可以在一个项目中同时使用 DL4J 和其他框架，以满足自己的特定需求。

（5）强调可扩展性和性能：DL4J 的设计目标之一是充分利用硬件资源，提供高性能的深度学习计算。它支持 GPU 加速和迁移学习等功能，以提高训练和推理的效率。

DL4J 适用于许多不同的应用领域，包括自然语言处理、计算机视觉和时间序列分析等。它提供了大量的工具和 API，使得开发者能够创建、训练和部署复杂的深度学习模型。

习题

1. 卷积神经网络在图像处理上有哪些特性？
2. 请描述卷积神经网络的基本结构和操作。
3. 池化层的作用是什么？
4. 如何对卷积神经网络进行训练？
5. 常见的卷积神经网络有哪些？
6. 分析 AlexNet 网络成功的原因。
7. 请概括 RNN 在处理数据上存在的优缺点。
8. 请简述 LSTM 模型的不同模块的运作方式。
9. GRU 和 LSTM 的区别是什么？
10. TensorFlow 的特点是什么？

第11章 高级深度学习

本章深入研究高级循环神经网络的关键方面。11.1.1 节介绍词嵌入技术,通过将单词映射到连续向量空间,提升了模型对语义的理解。11.1.2 节涵盖了自注意力模型,通过动态调整输入中不同位置的注意力权重,有效处理长距离依赖关系。11.1.3 节进一步介绍多头注意力机制,通过并行运行多个注意力头,提高了模型的学习能力。11.1.4 节深入讨论 Transformer 架构,该架构通过自注意力机制实现了并行计算,显著提升了处理序列数据的效率。最后,11.1.5 节详细介绍 BERT 模型,该模型采用 Transformer 作为基础结构,通过双向上下文信息预训练,成为自然语言处理任务中的重要里程碑。这些高级循环神经网络的技术突破为处理复杂序列数据提供了强大的工具,推动了深度学习在自然语言处理等领域的发展。

11.1 高级循环神经网络

高级循环神经网络(RNN)在机器学习领域扮演着关键角色,致力于解决传统 RNN 在处理长时序信息时的限制。

11.1.1 词嵌入

词嵌入(word embedding)是自然语言处理中一种重要的技术,旨在将单词映射到连续的向量空间,以捕捉单词之间的语义关系。传统的表示方法,如独热编码,存在维度灾难和语义鸿沟的问题。词嵌入通过将单词表示为实数向量,成功地克服了这些问题,使得单词的语义信息能够以更紧凑且连续的方式表示。

最基础的词嵌入方法是使用 Word2Vec 中的 Skip-gram 和 CBOW(continuous bag of words)模型。其中,Skip-gram 模型的目标是通过一个词来预测其上下文,其损失函数可以表示为

$$\text{Loss} = -\sum_{i=1}^{T} \sum_{-c \leqslant j \leqslant c, j \neq 0} \log P(w_{t+j} \mid w_t)$$

其中,T 是语料库中的总词数;w_t 是当前词;c 是上下文窗口大小;$P(w_{t+j} \mid w_t)$ 是给定当

前词 w_t 来预测上下文词 w_{t+j} 的条件概率。

在神经网络中，词嵌入也可以通过训练一个嵌入矩阵来实现。给定一个词汇表大小 V，每个词汇的嵌入向量表示为 d 维，嵌入矩阵为 $\boldsymbol{W} \in \mathbb{R}^{V \times d}$。对于输入词 w_t，其嵌入可以通过以下公式计算：

$$\text{Embedding}(w_t) = \boldsymbol{W}_{wt}$$

$\boldsymbol{W}_{wt}$ 表示嵌入矩阵的第 w_t 行，即对应于词 w_t 的嵌入向量。

在实际应用中，预训练的词嵌入模型，如 Word2Vec、GloVe 和 FastText，已经成为深度学习模型中的常见基石。这些模型通过大规模语料库学习到的词嵌入，可以直接用于其他自然语言处理任务，如情感分析、命名实体识别等，提供了更为丰富和抽象的语义信息，为模型提升性能提供了有力支持。

1. 什么是词嵌入

自然语言是一套用来表达含义的复杂系统。在这套系统中，词是表义的基本单元。顾名思义，词向量是用来表示词的向量，也可被认为是词的特征向量或表征。把词映射为实数域向量的技术也叫词嵌入。近年来，词嵌入已逐渐成为自然语言处理的基础知识[110-112]。

在 NLP(自然语言处理)领域，文本表示是第一步，也是很重要的一步，通俗来说，就是把人类的语言符号转化为机器能够进行计算的数字，因为普通的文本语言机器是看不懂的，必须通过转化来表征对应文本。早期是基于规则的方法进行转化，而现代的方法是基于统计机器学习的方法。数据决定了机器学习的上限，而算法只是尽可能逼近这个上限，在文本中数据指的就是文本表示，所以，弄懂文本表示的发展历程，对于 NLP 学习者来说是必不可少的。接下来开始介绍文本表示发展历程。文本表示分为离散表示和分布式表示。

2. 离散表示

(1) 用独热(one-hot)编码表示，也是特征工程中最常用的方法。其表示步骤如下。

构造文本分词后的字典，每个分词是一个比特值，比特值为 0 或者 1，每个分词的文本表示为该分词的比特位为 1，其余位为 0 的矩阵表示。

例如：John likes to watch movies. Mary likes too John also likes to watch football games.

以上两句可以构造一个词典，{"John": 1, "likes": 2, "to": 3, "watch": 4, "movies": 5, "also": 6, "football": 7, "games": 8, "Mary": 9, "too": 10}

每个词典索引都对应着比特位。那么利用独热编码表示为

John: $[1, 0, 0, 0, 0, 0, 0, 0, 0, 0, 0]$

likes: $[0, 1, 0, 0, 0, 0, 0, 0, 0, 0, 0]$ 等，以此类推。

独热编码表示文本信息的缺点：随着语料库的增加，数据特征的维度会越来越大，产生一个维度很高，又很稀疏的矩阵。这种表示方法的分词顺序和在句子中的顺序是无关的，不能保留词与词之间的关系信息。

(2) 词袋模型(bag-of-words model)，文档的向量表示可以直接将各词的词向量表示加和运算。

例如：John likes to watch movies. Mary likes too John also likes to watch football games.

以上两句可以构造一个词典,{"John":1,"likes":2,"to":3,"watch":4,"movies":5,"also":6,"football":7,"games":8,"Mary":9,"too":10}

那么第一句的向量表示为:$[1,2,1,1,1,0,0,0,1,1]$,其中的 2 表示 likes 在该句中出现了 2 次,依次类推。

词袋模型同样有以下缺点:词向量化后,词与词之间是有大小关系的,不一定词出现的越多,权重越大。词与词之间是没有顺序关系的。

(3) TF-IDF 是一种用于信息检索与数据挖掘的常用加权技术。TF 的意思是词频,IDF 的意思是逆文本频率指数。

字词的重要性随着它在文件中出现的次数成正比增加,但同时会随着它在语料库中出现的频率成反比下降。一个词语在一篇文章中出现次数越多,同时在所有文档中出现次数越少,越能够代表该文章。分母之所以加 1,是为了避免分母为 0。

那么,TF-IDF=TF×IDF,从这个公式可以看出,当 w 在文档中出现的次数增大时,而 TF-IDF 的值是减小的。缺点:还是没有把词与词之间的关系顺序表达出来。

(4) N-gram 模型,为了保持词的顺序,做了一个滑窗的操作,这里的 n 表示的就是滑窗的大小,例如 2-gram 模型,也就是把 2 个词当作一组来处理,然后向后移动一个词的长度,再次组成另一组词,把这些生成一个字典,按照词袋模型的方式进行编码得到结果。该模型考虑了词的顺序。

例如:John likes to watch movies. Mary likes too John also likes to watch football games.

以上两句可以构造一个词典,{"John likes":1,"likes to":2,"to watch":3,"watch movies":4,"Mary likes":5,"likes too":6,"John also":7,"also likes":8,"watch football":9,"football games":10}

那么第一句的向量表示为:$[1,1,1,1,1,1,0,0,0,0]$,其中,第一个 1 表示 John likes 在该句中出现了 1 次,依次类推。

11.1.2 自注意力模型

自注意力模型(self-attention model)的主要目的是建立输入信息之间的长距离依赖关系[113-114]。基于卷积核循环神经网络的编码都只能产生局部的连接,虽然理论上循环网络也可以建立长距离的依赖关系,但是由于信息传递容量以及梯度消失的问题,基本上无法实现。通过增加网络层数的方式可以建立长距离依赖,但最大的缺点就是会出现梯度消失问题。而使用自注意力模型可以很好地解决以上问题。自注意力模型的结构:输入 n 个,输出也是 n 个,但是会考虑整个序列(sequence)(或上下文(context)),如图 11.1 所示。

自注意力模型结构的"自"可以理解为:将输入映射到三个不同的空间,自己产生 $\boldsymbol{Q}$、$\boldsymbol{K}$、$\boldsymbol{V}$。

自注意力模型经常采用 QKV(query-key-value)模式,如图 11.2 所示。当处理某一个向量(vector)时,需要找到那些跟它相关的输入向量:用 α 来表示相关度(attention score),注意还要计算与自己的关联度。

两种计算 $\boldsymbol{\alpha}$ 的不同方法(以图 11.2(a)的计算方法为例)。计算过程如下。

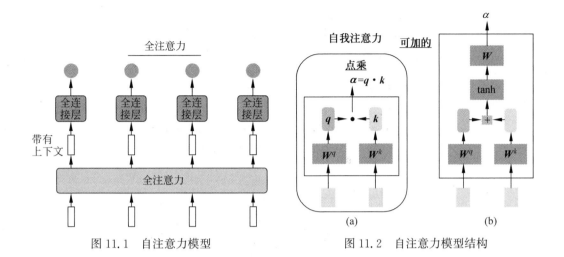

图 11.1　自注意力模型　　　　图 11.2　自注意力模型结构

（1）分别计算 $\boldsymbol{a}^1$ 和 $\boldsymbol{a}^1$、$\boldsymbol{a}^2$、$\boldsymbol{a}^3$、$\boldsymbol{a}^4$ 的关联度得到相关度：$\boldsymbol{\alpha}_{1,1}=\boldsymbol{q}^1\cdot\boldsymbol{k}^1$、$\boldsymbol{\alpha}_{1,2}=\boldsymbol{q}^1\cdot\boldsymbol{k}^2$、$\boldsymbol{\alpha}_{1,3}=\boldsymbol{q}^1\cdot\boldsymbol{k}^3$、$\boldsymbol{\alpha}_{1,4}=\boldsymbol{q}^1\cdot\boldsymbol{k}^4$。其中，$\boldsymbol{W}^q$、$\boldsymbol{W}^k$ 均为模型待训练的参数矩阵，如图 11.3 所示。

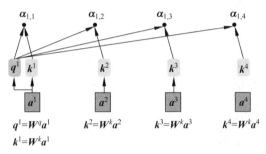

图 11.3　自注意力模型关联度

（2）将得到的关联度$\boldsymbol{\alpha}_{1,1}$、$\boldsymbol{\alpha}_{1,2}$、$\boldsymbol{\alpha}_{1,3}$、$\boldsymbol{\alpha}_{1,4}$ 再经过一个激活函数（activation function）（这里使用的是 Softmax 函数，也可以用其他的激活函数，如 ReLU 等）得到$\boldsymbol{\alpha}'_{1,1}$、$\boldsymbol{\alpha}'_{1,2}$、$\boldsymbol{\alpha}'_{1,3}$、$\boldsymbol{\alpha}'_{1,4}$。如图 11.4 所示，表示关联度结果 1。

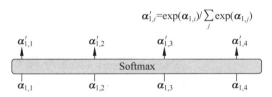

图 11.4　自注意力模型关联度结果 1

（3）根据计算得到的关联性$\boldsymbol{\alpha}'_{1,1}$、$\boldsymbol{\alpha}'_{1,2}$、$\boldsymbol{\alpha}'_{1,3}$、$\boldsymbol{\alpha}'_{1,4}$抽取重要的信息。计算得到新向量$\boldsymbol{v}^1=\boldsymbol{W}^v\cdot\boldsymbol{a}^1$、$\boldsymbol{v}^1=\boldsymbol{W}^v\cdot\boldsymbol{a}^2$、$\boldsymbol{v}^1=\boldsymbol{W}^v\cdot\boldsymbol{a}^3$、$\boldsymbol{v}^1=\boldsymbol{W}^v\cdot\boldsymbol{a}^4$。如图 11.5 所示表示关联度结果 2。

（4）将关联性$\boldsymbol{\alpha}'_{1,1}$、$\boldsymbol{\alpha}'_{1,2}$、$\boldsymbol{\alpha}'_{1,3}$、$\boldsymbol{\alpha}'_{1,4}$和$\boldsymbol{v}^1$、$\boldsymbol{v}^2$、$\boldsymbol{v}^3$、$\boldsymbol{v}^4$ 分别相乘，再相加得到 $\boldsymbol{b}^1$。以此类推，分别得到 $\boldsymbol{b}^2$、$\boldsymbol{b}^3$、$\boldsymbol{b}^4$。如图 11.6 所示，表示关联度结果 3。$\boldsymbol{b}_1$ 的形式表示为

$$\boldsymbol{b}^1=\sum_i\boldsymbol{\alpha}'_{1,i}\boldsymbol{v}^i$$

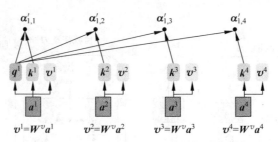

图 11.5　自注意力模型关联度结果 2

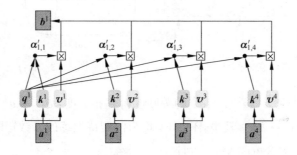

图 11.6　自注意力模型关联度结果 3

例如，如果计算得到的 b^1 越接近 a^2，则说明 a^1 和 a^2 之间的关联性越大。即谁的相关度最大，计算出来的 b^i 就越大，和 a^i 的关联性也就越大。

11.1.3　多头注意力机制

1. 什么是多头注意力机制

在实践中，当给定相同的查询、键和值的集合时，希望模型可以基于相同的注意力机制学习到不同的行为，然后将不同的行为作为知识组合起来，捕获序列内各种范围的依赖关系（例如，短距离依赖和长距离依赖关系）。因此，允许注意力机制组合使用查询、键和值的不同子空间表示（representation subspaces）可能是有益的。

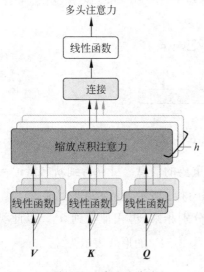

图 11.7　多头注意力

为此，与其只使用单独一个注意力汇聚，不如用独立学习得到的 h 组（一般 $h=8$）不同的线性投影（linear projections）来变换查询、键和值。然后，这 h 组变换后的查询、键和值将并行地送到注意力汇聚中。最后，将这 h 个注意力汇聚的输出拼接在一起，并且通过另一个可以学习的线性投影进行变换，以产生最终输出。这种设计被称为多头注意力（multihead attention），如图 11.7 所示。图中展示了使用全连接层来实现可以学习的线性变换的多头注意力。

2. 如何运用多头注意力机制

第 1 步：定义多组 W，生成多组 Q、K、V。

第 2 步：定义 8 组参数，对应 8 个单头（single

head），对应 8 组 $\boldsymbol{W}^q$，$\boldsymbol{W}^k$，$\boldsymbol{W}^v$，再分别进行自注意力机制（self-attention），就得到了 $Z_0 \sim Z_7$。

第 3 步：将多组输出拼接后乘以矩阵 $\boldsymbol{W}_0$，以降低维度。

首先在输出到下一层前，需要将 $Z_0 \sim Z_7$ 结合（contact）到一起，乘以矩阵 $\boldsymbol{W}_0$ 做一次线性变换降维，得到 $\boldsymbol{Z}$。基于这种设计，每个头都可能会关注输入的不同部分。可以表示比简单加权平均值更复杂的函数。

在实现多头注意力之前，用数学语言将这个模型形式化地描述出来。给定查询 $\boldsymbol{q} \in \mathbb{R}^{d_q}$、键 $\boldsymbol{k} \in \mathbb{R}^{d_k}$ 和值 $\boldsymbol{v} \in \mathbb{R}^{d_v}$，每个注意力头 $\boldsymbol{h}_i (i=1,2,\cdots,h)$ 的计算方法为

$$\boldsymbol{h}_i = f(\boldsymbol{W}_i^{(q)}\boldsymbol{q}, \boldsymbol{W}_i^{(k)}\boldsymbol{k}, \boldsymbol{W}_i^{(v)}\boldsymbol{v}) \in \mathbb{R}^{p_v},$$

其中，可学习的参数包括 $\boldsymbol{W}_i^{(q)} \in \mathbb{R}^{p_q \times d_q}$、$\boldsymbol{W}_i^{(k)} \in \mathbb{R}^{p_k \times d_k}$ 和 $\boldsymbol{W}_i^{(v)} \in \mathbb{R}^{p_v \times d_v}$，以及代表注意力池化的函数 f 可以是可加性注意力和缩放的"点-积"注意力。

多头注意力的输出需要经过另一个线性转换，它对应着 h 个头拼接后的结果，因此其可学习参数是 $\boldsymbol{W}_o \in \mathbb{R}^{p_o \times hp_v}$，表示为

$$\boldsymbol{W}_o \begin{bmatrix} \boldsymbol{h}_1 \\ \vdots \\ \boldsymbol{h}_h \end{bmatrix} \in \mathbb{R}^{p_o}$$

这种机制有两大优势。

（1）允许模型在不同的表示子空间中关注输入的不同部分。

（2）扩展了模型关注源和目标句子不同位置的能力。

11.1.4 Transformer

Transformer 是一种革命性的神经网络架构，由 Vaswani 等于 2017 年提出，广泛用于自然语言处理和其他序列建模任务。相较于传统的循环神经网络（RNN）和长短时记忆网络（LSTM），Transformer 引入了自注意力机制，避免了传统序列模型的长程依赖问题，并在处理长序列数据上表现出色[115]。

Transformer 的核心是自注意力机制和位置编码。自注意力机制公式为

$$\text{Attention}(\boldsymbol{Q}, \boldsymbol{K}, \boldsymbol{V}) = \text{Softmax}\left(\frac{\boldsymbol{Q}\boldsymbol{K}^{\text{T}}}{\sqrt{d_k}}\right)\boldsymbol{V}$$

其中，$\boldsymbol{Q}$，$\boldsymbol{K}$，$\boldsymbol{V}$ 是输入的查询、键和值；d_k 是查询或键的维度。这一机制使得模型能够在不同位置对输入序列进行加权，提高了对长距离依赖的建模能力。

位置编码则用于为模型提供序列中每个位置的信息，以处理输入序列的顺序。其中，位置编码的公式为

$$\text{PE}(\text{pos}, 2i) = \sin\left(\frac{\text{pos}}{10000^{2i/d_{\text{model}}}}\right)$$

$$\text{PE}(\text{pos}, 2i+1) = \cos\left(\frac{\text{pos}}{10000^{2i/d_{\text{model}}}}\right)$$

其中，pos 表示位置；i 表示维度；model 表示模型的维度。通过将位置编码与输入嵌入相加，Transformer 能够区分不同位置的信息。

Transformer 还包括多头注意力机制和前馈神经网络。多头注意力机制使用多个独立

的注意力头来捕捉不同子空间的信息:

$$\text{MultiHead}(\boldsymbol{Q},\boldsymbol{K},\boldsymbol{V}) = \text{Concat}(\text{head}_1,\text{head}_2,\text{head}_3,\cdots,\text{head}_h)\boldsymbol{W}_O$$

其中,$\text{head}_i = \text{Attention}(\boldsymbol{QW}_{Qi},\boldsymbol{KW}_{Ki},\boldsymbol{VW}_{Vi})$,$\boldsymbol{W}_{Qi}$、$\boldsymbol{W}_{Ki}$、$\boldsymbol{W}_{Vi}$,是与第 i 个注意力头相关的线性变换矩阵。

前馈神经网络使用全连接层进行非线性映射,进一步提高了模型的表达能力:

$$\text{FFN}(x) = \max(0,x\boldsymbol{W}_1 + \boldsymbol{b}_1)\boldsymbol{W}_2 + \boldsymbol{b}_2$$

其中,$\boldsymbol{W}_1$、$\boldsymbol{W}_2$、$\boldsymbol{b}_1$ 和 $\boldsymbol{b}_2$ 是可学习的参数。

Transformer 的成功在于其能够并行计算,处理长序列,以及通过自注意力机制捕捉不同位置之间的关系。这使得它成为自然语言处理领域的标志性模型,例如,BERT(bidirectional encoder representations from transformers)等重要模型都是基于 Transformer 架构发展而来。

1. Transformer 整体结构

Transformer 的整体结构如图 11.8 所示,是 Transformer 用于中英文翻译的整体结构。

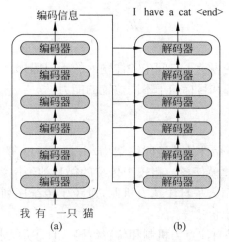

图 11.8　Transformer 的整体结构

Transformer 由编码器(encoder)和解码器(decoder)两个部分组成,编码器和解码器都包含 6 个数据块(block)。Transformer 的工作流程大体如下。

(1) 获取输入句子的每一个单词的表示向量 $\boldsymbol{x}$,$\boldsymbol{x}$ 由单词的嵌入(embedding)(嵌入就是从原始数据提取出来的特征(feature))和单词位置的嵌入相加得到,如图 11.9 所示。

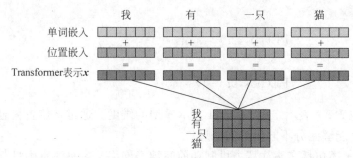

图 11.9　Transformer 的输入表示

（2）将得到的单词表示向量矩阵（如图 11.9 所示，每一行是一个单词的表示 *x*）传入编码器中，经过 6 个编码块（encoder block）后可以得到句子所有单词的编码信息矩阵 *C*，如图 11.10 所示。

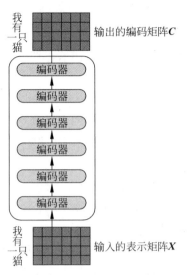

图 11.10 Transformer 编码器编码句子信息

（3）将编码器输出的编码信息矩阵 *C* 传递到解码器中，解码器依次根据当前翻译过的单词 1～*i* 翻译下一个单词 *i*+1，如图 11.11 所示。在使用的过程中，翻译到单词 *i*+1 时需要通过 Mask（掩盖）操作遮盖住 *i*+1 之后的单词。

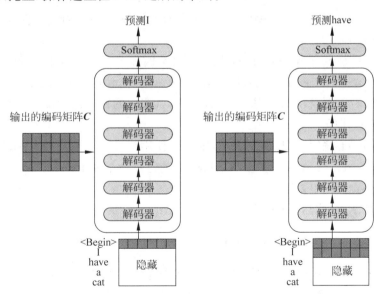

图 11.11 Transofrmer 解码器预测

图 11.11 中：解码器接收了编码器的编码矩阵 *C*，然后首先输入一个翻译开始符"<Begin>"，预测第一个单词"I"；接着输入翻译开始符"<Begin>"和单词"I"，预测单词"have"，以此类推。这是 Transformer 使用时候的大致流程。下面介绍各部分的细节。

2. Transformer 的输入

(1) 单词嵌入,单词的嵌入有很多种方式可以获取,例如,可以采用 Word2Vec、Glove 等算法预训练得到,也可以在 Transformer 中训练得到。

(2) 位置嵌入,Transformer 中除了单词的嵌入,还需要使用位置嵌入表示单词出现在句子中的位置。因为 Transformer 不采用 RNN 的结构,而是使用全局信息,不能利用单词的顺序信息,而这部分信息对于 NLP 来说非常重要。所以 Transformer 中使用位置嵌入保存单词在序列中的相对或绝对位置。

位置嵌入用 PE 表示,PE 的维度与单词嵌入是一样的。PE 可以通过训练得到,也可以使用某种公式计算得到。在 Transformer 中采用了后者,计算公式如下:

$$PE_{(pos,2i)} = \sin(pos/10000^{2i/d})$$

$$PE_{(pos,2i+1)} = \cos(pos/10000^{2i/d})$$

其中,pos 表示单词在句子中的位置;d 表示 PE 的维度(与单词嵌入一样),$2i$ 表示偶数的维度,$2i+1$ 表示奇数的维度(即 $2i \leq d$,$2i+1 \leq d$)。

3. 自注意力(Self-Attention)机制

图 11.12 所示是 Transformer 的内部结构图,左侧为编码块,右侧为解码块。左右侧中间部分为多头注意力(Multi-Head Attention),是由多个 Self-Attention 组成的,可以看到编码块包含一个 Multi-Head Attention,而译码块包含两个 Multi-Head Attention(其中有一个用到 Masked)。Multi-Head Attention 上方还包括一个 Add & Norm 层,Add 表示残差连接(residual connection)用于防止网络退化,Norm 表示 Layer Normalization,用于对每一层的激活值进行归一化。因为 Self-Attention 是 Transformer 的重点,所以重点关注 Multi-Head Attention 以及 Self-Attention,应详细了解 Self-Attention 的结构。

1) Self-Attention 结构

图 11.13 所示是 Self-Attention 的结构,在计算时需要用到矩阵 Q(查询)、K(键值)、V(值)。在实际中,Self-Attention 接收的是输入(单词的表示向量 x 组成的矩阵 X)或者上一个编码块的输出。而 Q、K、V 正是通过 Self-Attention 的输入进行线性变换得到的。

2) Q、K、V 的计算

Self-Attention 的输入用矩阵 X 表示,则可以使用线性变阵矩阵 WQ、WK、WV 计算得到 Q、K、V。计算如图 11.14 所示。注意,X、Q、K、V 的每一行都表示一个单词。

3) Self-Attention 的输出

得到矩阵 Q、K、V 之后,就可以计算出 Self-Attention 的输出了。计算公式如下:

$$\text{Attention}(Q,K,V) = \text{Softmax}\left(\frac{QK^T}{\sqrt{d_k}}\right)V$$

其中,d_k 是 Q、K 矩阵的列数,即向量维度。公式中计算矩阵 Q 和 K 每一行向量的内积,为了防止内积过大,因此除以 d_k 的平方根。Q 乘以 K 的转置后,得到的矩阵行列数都为 n,n 为句子单词数,这个矩阵可以表示单词之间的注意力强度。图 11.15 所示为 Q 乘以 K^T,1、2、3、4 分别表示的是句子中的单词。

得到 QK^T 之后,使用 Softmax 计算每一个单词对于其他单词的注意力系数,公式中的 Softmax 是对矩阵的每一行进行 Softmax,即每一行的和都变为 1,如图 11.16 所示。

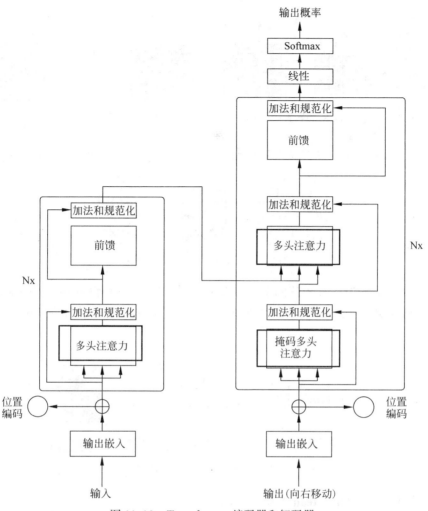

图 11.12 Transformer 编码器和解码器

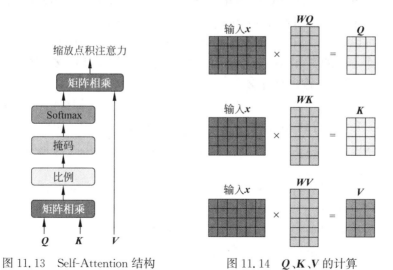

图 11.13 Self-Attention 结构   图 11.14 Q、K、V 的计算

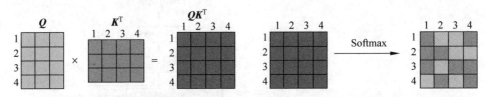

图 11.15　Q 乘以 K 的转置的计算　　　　图 11.16　对矩阵的每一行进行 Softmax

得到 Softmax 矩阵之后可以和 V 相乘,得到最终的输出 Z。如图 11.17 所示。

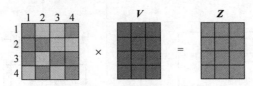

图 11.17　Self-Attention 输出

图 11.17 所示 Softmax 矩阵的第 1 行表示单词 1 与其他所有单词的 attention 系数,最终单词 1 的输出 Z_i 等于所有单词 i 的值 V_i 根据注意力系数的比例加在一起,如图 11.18 所示。

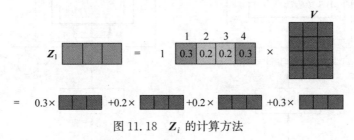

图 11.18　Z_i 的计算方法

4. 多头注意力(Multi-Head Attention)机制

通过 Self-Attention 计算得到输出矩阵 Z,而 Multi-Head Attention 是由多个 Self-Attention 组合形成的,图 11.19 是 Multi-Head Attention 的结构图。

从图 11.19 可以看到,Multi-Head Attention 包含多个 Self-Attention 层,首先将输入 X 分别传递到 h 个不同的 Self-Attention 中,计算得到 h 个输出矩阵 Z。图 11.20 是 $h=8$ 时的情况,此时会得到 8 个输出矩阵 Z。

得到 8 个输出矩阵 $Z_1 \sim Z_8$ 之后,Multi-Head Attention 将它们拼接在一起(conctact),然后传入一个 Linear 层,得到 Multi-Head Attention 最终的输出 Z,如图 11.21 所示。

可以看到,Multi-Head Attention 输出的矩阵 Z 与其输入的矩阵 X 的维度是一样的。

5. 编码器结构

Transformer 编码块结构由 Multi-Head Attention、Add & Norm、Feed Forward、Add & Norm 组成。上文已经了解了 Multi-Head Attention 的计算过程,下面介绍 Add & Norm 和 Feed Forward 部分。

(1) Add & Norm。Add & Norm 层由 Add 和 Norm 两部分组成,其计算公式如下:

$$\text{LayerNorm}(X + \text{MultiHeadAttention}(X))$$

$$\text{LayerNorm}(X + \text{FeedForward}(X))$$

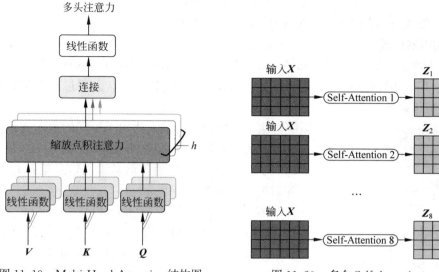

图 11.19　Multi-Head Attention 结构图　　　　图 11.20　多个 Self-Attention

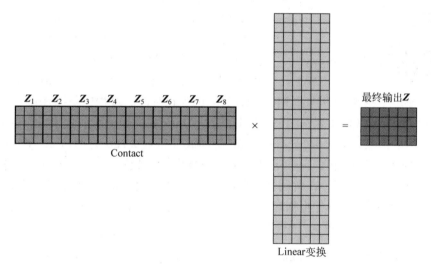

图 11.21　Multi-Head Attention 的输出

其中,X 表示 Multi-Head Attention 或者 Feed Forward 的输入;MultiHeadAttention(X)和 FeedForward(X)表示输出(输出与输入 X 维度是一样的,所以可以相加)。

Add 指 X＋MultiHeadAttention(X),是一种残差连接,通常用于解决多层网络训练的问题,可以让网络只关注当前差异的部分,在 ResNet 中经常用到,如图 11.22 所示。

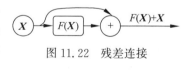

图 11.22　残差连接

Norm 指 Layer Normalization,通常用于 RNN 结构,Layer Normalization 会将每一层神经元的输入都转成均值方差都一样的,这样可以加快收敛。

(2) Feed Forward。Feed Forward 层比较简单,是一个两层的全连接层,第一层的激活函数为 ReLU,第二层不使用激活函数,对应的公式如下:

$$\max(0, \boldsymbol{X}\boldsymbol{W}_1 + \boldsymbol{b}_1)\boldsymbol{W}_2 + \boldsymbol{b}_2$$

其中，$\boldsymbol{X}$ 是输入，Feed Forward 最终得到的输出矩阵的维度与 $\boldsymbol{X}$ 一致。

6. 编码器组成

通过上面描述的 Multi-Head Attention、Feed Forward、Add & Norm 就可以构造出一个编码块，编码块接收输入矩阵 $\boldsymbol{X}_{(n \times d)}$，并输出一个矩阵 $\boldsymbol{X}_{(n \times d)}$。通过多个编码块叠加，就可以组成编码器。

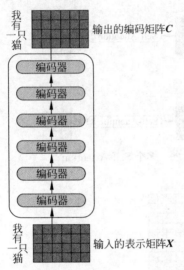

图 11.23 编码器编码句子信息

第一个编码块的输入为句子单词的表示向量矩阵，后续编码块的输入是前一个编码块的输出，最后一个 Encoder block 输出的矩阵就是编码信息矩阵 $\boldsymbol{C}$。这一矩阵后续会用到解码器中。

图 11.23 所示红色部分为 Transformer 的解码块结构，与编码块相似，但是存在一些区别：包含两个 Multi-Head Attention 层。第一个 Multi-Head Attention 层采用了 Masked 操作。第二个 Multi-Head Attention 层的 $\boldsymbol{K}$、$\boldsymbol{V}$ 矩阵使用编码器的编码信息矩阵 $\boldsymbol{C}$ 进行计算，而 $\boldsymbol{Q}$ 使用上一个解码块的输出计算。最后一个 Softmax 层计算下一个翻译单词的概率。

1）第一个 Multi-Head Attention

解码块的第一个 Multi-Head Attention 采用了 Masked 操作，因为在翻译的过程中是顺序翻译的，即翻译完第 i 个单词，才可以翻译第 $i+1$ 个单词。通过 Masked 操作可以防止第 i 个单词知道 $i+1$ 个单词之后的信息。下面以"我有一只猫"翻译成"I have a cat"为例，介绍 Masked 操作。

下面的描述使用了类似 Teacher Forcing 的概念，不熟悉 Teacher Forcing 的阅读者可以参考 Seq2Seq 模型详解。在解码器解码时，是需要根据之前的翻译，求解当前最有可能的翻译，如图 11.24 所示。首先根据输入"<Begin>"预测出第一个单词为"I"，然后根据输入"<Begin>I"预测下一个单词"have"。

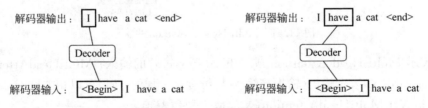

图 11.24 解码器预测

图 11.24 的解码器可以在训练的过程中使用 Teacher Forcing 并且并行化训练，即将正确的单词序列（<Begin> I have a cat）和对应输出（I have a cat <end>）传递到解码器。那么在预测第 i 个输出时，就要将第 $i+1$ 之后的单词掩盖住，注意 Mask 操作是在 Self-Attention 的 Softmax 之前使用的，下面用 0、1、2、3、4、5 分别表示"<Begin> I have a cat <end>"。

第一步：是解码器的输入矩阵和 Mask 矩阵，输入矩阵包含"<Begin> I have a cat"

(0,1,2,3,4)5 个单词的表示向量,Mask 是一个 5×5 的矩阵。在 Mask 可以发现单词 0 只能使用单词 0 的信息,而单词 1 可以使用单词 0、1 的信息,即只能使用之前的信息,如图 11.25 所示。

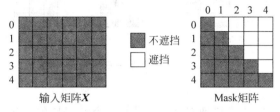

图 11.25 输入矩阵与 Mask 矩阵

第二步:接下来的操作和之前的 Self-Attention 一样,通过输入矩阵 X 计算得到 Q、K、V 矩阵。然后计算 Q 和 K^T 的乘积 QK^T,如图 11.26 所示。

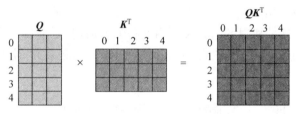

图 11.26 Q 乘以 K 的转置

第三步:在得到 QK^T 之后需要进行 Softmax,计算注意力分数(attention score),在 Softmax 之前需要使用 Mask 矩阵遮挡住每一个单词之后的信息,遮挡操作如图 11.27 所示。

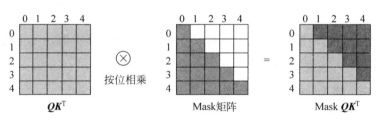

图 11.27 Softmax 之前 Mask

得到 Mask QK^T 之后在 Mask QK^T 上进行 Softmax,每一行的和都为 1。但是单词 0 在单词 1、2、3、4 上的注意力分数都为 0。

第四步:使用 Mask QK^T 与矩阵 V 相乘,得到输出 Z,则单词 1 的输出向量 Z_1 是只包含单词 1 的信息,如图 11.28 所示。

第五步:通过上述步骤就可以得到一个 Mask Self-Attention 的输出矩阵 Z_i,然后和编码器类似,通过 Multi-Head Attention 拼接多个输出 Z_i,然后计算得到第一个 Multi-Head Attention 的输出 Z,Z 与输入 X 维度一样。

2) 第二个 Multi-Head Attention

解码块第二个 Multi-Head Attention 变化不大,主要的区别在于其中 Self-Attention 的 K、V 矩阵不是使用上一个解码块的输出计算的,而是使用编码器的编码信息矩阵 C 计

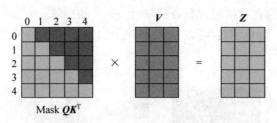

图 11.28　Mask 之后的输出

算的。

　　根据编码器的输出 C 计算得到 K、V，根据上一个解码块的输出 Z 计算 Q（如果是第一个解码块，则使用输入矩阵 X 进行计算），后续的计算方法与之前描述的一致。

　　这样做的好处是，在解码时，每一位单词都可以利用到编码器所有单词的信息（这些信息无须 Mask）。

　　3）Softmax 预测输出单词

　　解码块最后的部分是利用 Softmax 预测下一个单词，在之前的网络层可以得到一个最终的输出 Z，因为 Mask 的存在，使得单词 0 的输出 Z_0 只包含单词 0 的信息，如图 11.29 所示。

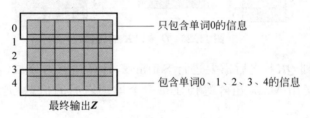

图 11.29　解码器 Softmax 之前的 Z

　　Softmax 根据输出矩阵的每一行预测下一个单词，这就是解码块的定义，与编码器一样，解码器是由多个解码块组合而成。

11.1.5　BERT 模型

　　BERT（bidirectional encoder representations from transformers）即双向 Transformer 的 Encoder，是一种自然语言处理（NLP）中的预训练模型，由 Google 公司于 2018 年年底提出[116-117]。BERT 采用了 Transformer 架构，并在大规模语料库上进行了无监督的预训练，然后可以在各种 NLP 任务上进行微调。

　　以下是 BERT 模型的一些关键特点。

　　双向性（bidirectional）：BERT 与传统的语言模型不同之处在于，它是一个双向的模型，能够同时考虑上下文中的所有词语。传统的语言模型通常是从左到右或者从右到左进行单向预训练，而 BERT 通过遮盖（masking）的方式在同一句子中的两个方向进行学习。

　　无监督预训练：BERT 首先在大规模文本语料库上进行了无监督的预训练。在这个阶段，BERT 学会了丰富的语言表示，这些表示包含了词语之间的语境信息。

　　任务无关：BERT 的预训练阶段与具体的下游任务无关，这使得它可以用于各种 NLP 任务，如文本分类、命名实体识别、问答等。

微调：在应用于特定任务时，BERT 模型通常需要进行微调。微调是在相对较小的标记数据集上进行的，以使模型适应任务的特定要求。

多层 Transformer 结构：BERT 模型包含多个 Transformer 编码层，每个编码层都由多头自注意力机制（Multi-Head Self-Attention）和前馈神经网络组成。

BERT 作为一个 Word2Vec 的替代者，其在 NLP 领域的 11 个方向大幅刷新了精度。模型的主要创新点都在 pre-train 方法上，即用了 Masked LM 和 Next Sentence Prediction 两种方法分别捕捉词语和句子级别的 representation。本质上，BERT 是通过在海量的语料的基础上运行自监督学习方法，为单词学习一个好的特征表示。所谓自监督学习，是指在没有人工标注的数据上运行的监督学习。

在以后特定的 NLP 任务中，可以直接使用 BERT 的特征表示作为该任务的词嵌入特征。所以 BERT 提供的是一个供其他任务迁移学习的模型，该模型可以根据任务微调或者固定之后作为特征提取器。

Bert 的模型结构如下。

```
Bert 主体模型
BertEmbeddings
(embeddings): BertEmbeddings(
  (word_embeddings): Embedding(21128, 768, padding_idx = 0)
  (position_embeddings): Embedding(512, 768)
  (token_type_embeddings): Embedding(2, 768)
  (LayerNorm): LayerNorm((768,), eps = 1e - 12, elementwise_affine = True)
  (dropout): Dropout(p = 0.1, inplace = False)
)
```

BERT 输入的编码向量（d_model＝768）是 3 个嵌入特征的单位和，这 3 个嵌入特征是：WordPiece 嵌入、位置嵌入（position embedding）、分割嵌入（segment embedding）。BERT 的输入特征是 token 嵌入，位置嵌入和分割嵌入的单位和语料的选取十分关键，要选用 document-level 的而不是 sentence-level 的，这样可以具备抽象连续长序列特征的能力。

WordPiece 嵌入：在 BERT 和 RoBERTa 的英文版里面，采用的都是 WordPiece。WordPiece 是指将单词划分成一组有限的公共子词单元，最小的 token 切分单位并不是单个英文词，而是更细粒度的切分，如 predict 这个词被切分成 pre、## di、## ct 三个 token（## 表示非完整单词，而是某个单词的非开头部分），这种切分方式的好处在于能缓解未见词的问题，也更加丰富了词表的表征能力。WordPiece 模型使用贪心算法创建了一个固定大小的词汇表，其中包含单个字符、子单词和最适合语言数据的单词。由于词汇量限制大小为 30000，因此，用 WordPiece 模型生成一个包含所有英语字符的词汇表，再加上该模型所训练的英语语料库中发现的 30000 个最常见的单词和子单词。这个词汇表包含：整个单词；出现在单词前面或单独出现的子单词（"em"（如 embeddings 中的"em"）与"go get em"中的独立字符序列"em"分配相同的向量）；不在单词前面的子单词，在前面加上"##"来表示这种情况；单个字符。

要在此模型下对单词进行记号化，tokenizer 首先检查整个单词是否在词汇表中。如果没有，则尝试将单词分解为词汇表中包含的尽可能大的子单词，最后将单词分解为单个字符。注意,由于这个原因,总是可以将一个单词表示为至少是它的单个字符的集合。因此,不是将词汇表中没有的单词分配给诸如"OOV"或"UNK"之类的全集令牌,而是将词汇表中没有的单词分解为子单词和字符令牌,然后可以为它们生成嵌入。

中文全词 mask 预训练:对于中文来说,并没有 WordPiece 的切分法,因为中文最小单位就是字。Whole word masking(wwm):虽然 token 是最小的单位,但在【MASK】时是基于分词的。具体来说,使用中文分词工具来决定词的边界,如分词后变成使用语言模型来预测下一个词的概率。在【MASK】时,是对分词后的结构进行【MASK】的(如不能只【MASK】掉"语"这个 token,要不就把"语言"都【MASK】掉),n-gram Masking 的意思是对连续 n 个词进行【MASK】操作,就是一个 2-gram Masking。虽然【MASK】是对分词后的结果进行,但在输入时还是单个的 token。比如,MacBERT 采用基于分词的 n-gram masking,1-gram~4-gram masking 的概率分别是 40%、30%、20%、10%。

位置编码:

相比 Transformer 是通过正弦函数生成的,BERT 的位置编码是学习出来的(learned position embedding),是绝对位置的参数式编码,且和相应位置上的词向量进行相加而不是拼接。

在 BERT 中,Token、Position、Segment Embeddings 都是通过学习来得到的,pytorch 代码中它们是这样的:

```
self.word_embeddings = Embedding(config.vocab_size, config.hidden_size)
self.position_embeddings = Embedding(config.max_position_embeddings, config.hidden_size)
self.token_type_embeddings = Embedding(config.type_vocab_size, config.hidden_size)
```

Transformer 的位置编码是一个固定值,因此只能标记位置,但是不能标记这个位置有什么用。BERT 的位置编码是可学习的 Embedding,因此不仅可以标记位置,还可以学习到这个位置有什么用。要这么做的一个原因可能是,相较于 Transformer,BERT 训练所用的数据量充足,完全可以让模型自己学习。

BERT 的位置编码维度为[seq_length,width]。从实现上可以看到,BERT 中将位置编码创建为一个 tensorflow 变量,并将其广播(broadcast)到与词嵌入编码同维度后相加。

```
with tf.control_dependencies([assert_op]):
full_position_embeddings = tf.get_variable(
        name = position_embedding_name,
        shape = [max_position_embeddings, width],
        initializer = create_initializer(initializer_range))
    # 这里 position embedding 是可学习的参数,[max_position_embeddings, width]
    #但是通常实际输入序列没有达到 max_position_embeddings
    #所以为了提高训练速度,使用 tf.slice 取出句子长度的 embedding
position_embeddings = tf.slice(full_position_embeddings, [0, 0],
                                    [seq_length, -1])
num_dims = len(output.shape.as_list())
    #word embedding 之后的 tensor 是[batch_size, seq_length, width]
    #因为位置编码是与输入内容无关,它的 shape 总是[seq_length, width]
    #无法把位置 Embedding 加到 word embedding 上
    # 因此需要扩展位置编码为[1, seq_length, width]
```

```
        # 然后就能通过 broadcasting 加上去了。
position_broadcast_shape = []
        for _ in range(num_dims - 2):
position_broadcast_shape. append(1)
position_broadcast_shape. extend([seq_length, width])
position_embeddings = tf. reshape(position_embeddings,
position_broadcast_shape)
        output += position_embeddings
```

缺点：BERT 模型最多只能处理 512 个 token 的文本，其原因在于，BERT 使用了随机初始化训练出来的绝对位置编码，最大位置设为 512，若是文本长于 512，便无位置编码可用。

分割嵌入［SEP］：用于区分两个句子，例如，B 是否是 A 的下文（对话场景、问答场景等）。对于句子对，第一个句子的特征值是 0，第二个句子的特征值是 1。BERT 在第一句前会加一个［CLS］标志，最后一层该位对应向量可以作为整句话的语义表示（即句子嵌入），从而用于下游的分类任务等。与文本中已有的其他词相比，这个无明显语义信息的符号会更"公平"地融合文本中各个词的语义信息，从而更好地表示整句话的语义。当然，也可以通过对最后一层所有词的嵌入做池化（pooling）去表征句子语义。

句子嵌入：BERT 输出有两种，在 BERT TF 源码中对应如下。

一种是 get_pooled_out()，就是上述［CLS］的表示，输出 shape 是［batch size，hidden size］。

另一种是 get_sequence_out()，获取的是整个句子每一个 token 的向量表示，输出 shape 是［batch_size，seq_length，hidden_size］，这里也包括［CLS］，因此在做 token 级别的任务时要注意它。

BertEncoder：

```
(encoder): BertEncoder(
  (layer): ModuleList(
    (0 - 11): 12 x BertLayer(
      (attention): BertAttention(
        (self): BertSelfAttention(
          (query): Linear(in_features = 768, out_features = 768, bias = True)
          (key): Linear(in_features = 768, out_features = 768, bias = True)
          (value): Linear(in_features = 768, out_features = 768, bias = True)
          (dropout): Dropout(p = 0.1, inplace = False)
        )
        (output): BertSelfOutput(
          (dense): Linear(in_features = 768, out_features = 768, bias = True)
          (LayerNorm): LayerNorm((768,), eps = 1e - 12, elementwise_affine = True)
          (dropout): Dropout(p = 0.1, inplace = False)
        )
      )
      (intermediate): BertIntermediate(
        (dense): Linear(in_features = 768, out_features = 3072, bias = True)
        (intermediate_act_fn): GELUActivation()
```

```
            )
        (output): BertOutput(
            (dense): Linear(in_features = 3072, out_features = 768, bias = True)
            (LayerNorm): LayerNorm((768,), eps = 1e - 12, elementwise_affine = True)
            (dropout): Dropout(p = 0.1, inplace = False)
        )
      )
    )
  )
)
```

共 12 层 BertLayer,其中"BertLayer"是 Transformer 的编码器结构深度学习,即 Transformer 模型。

11.2　无监督式深度学习

无监督式深度学习是一种深度学习的方法,其中模型在没有标签或目标输出的情况下进行训练。与监督学习不同,无监督学习的目标是从输入数据中发现数据的内在结构、模式和表示,而不是学习预测特定的标签或目标。无监督学习的主要任务之一是聚类(clustering),即将相似的数据样本分组为同一类别。聚类可以帮助发现数据中的潜在群组或类别,从而提供有关数据的结构和组织的见解。常见的无监督聚类算法包括 k-均值、层次聚类和 DBSCAN 等。

另一个无监督学习的任务是降维(dimensionality reduction),即将高维度数据映射到低维度空间,同时保留原始数据的重要特征。降维可以减少数据的维度,帮助可视化和理解数据,并提高后续任务的效率。常见的降维方法包括主成分分析(PCA)和自编码器(autoencoder)等。自编码器是一种常见的无监督学习模型,它可以学习数据的紧凑表示。自编码器由编码器和解码器组成,通过将输入数据压缩为低维编码,然后重建为原始数据来学习有效的数据表示。自编码器在无监督特征学习、数据去噪和生成模型等任务中被广泛应用。

无监督学习还包括其他任务,如异常检测、关联规则挖掘和生成模型等。无监督学习的优势在于可以利用大量未标记的数据进行模型训练,从而提供对数据的更全面理解和数据驱动的特征学习。然而,无监督学习也面临着一些挑战,如模型可解释性,以及潜在的过拟合问题。

11.2.1　深度信念网络

深度信念网络(deep belief network,DBN)是由 Geoffrey Hinton 于 2006 年提出的深度学习算法。它可以被看作是一系列受限玻耳兹曼机(RBM)的堆叠,这种网络结构具有多层随机潜在变量,是一种概率生成式模型。DBN 的主要特点是可以进行无监督学习和特征学习任务。

DBN 属于概率图模型,并且是有向图与无向图的混合。只有最后两个隐藏层之间是无向图(RBM),其余的都是有向图。因此从严格意义上来说,只有 DBN 的最后一层是 RBM,

其余层实际上是 Sigmoid Belief Network，如图 11.30 所示。

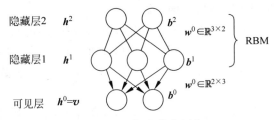

图 11.30　深度信念网络

DBN 的训练思路是使用贪心逐层训练方法。具体而言：从下到上分别将每层当作 RBM 进行训练；然后固定当前层权值，取样当前层的"隐层"作为下一层的输入。DBN 在训练模型的过程中主要分为两步。

第 1 步：分别单独无监督地训练每一层 RBM 网络，确保特征向量映射到不同特征空间时，都尽可能多地保留特征信息。

第 2 步：在 DBN 的最后一层设置 BP 网络，接收 RBM 的输出特征向量作为它的输入特征向量，有监督地训练实体关系分类器。而且每一层 RBM 网络只能确保自身层内的权值对该层特征向量映射达到最优，并不是对整个 DBN 的特征向量映射达到最优，所以反向传播网络还将错误信息自顶向下传播至每一层 RBM，微调整个 DBN 网络。RBM 网络训练模型的过程可以看作对一个深层 BP 网络权值参数的初始化，使 DBN 克服了 BP 网络因随机初始化权值参数而容易陷入局部最优和训练时间长的缺点。

上述训练模型中第 1 步在深度学习的术语叫作预训练，第 2 步叫作微调。最上面有监督学习的那一层，根据具体的应用领域可以换成任何分类器模型，而不必是 BP 网络。

在 DBN 提出之后，其在 MNIST 手写数字集上的表现超越了当时流行的支持向量机（SVM），这标志着深度学习浪潮的真正开启。尽管 DBN 有一些局限性和限制因素，如需要大量的数据和计算资源，但其在分类和回归问题中的应用潜力仍然被广泛认可。

11.2.2　自动编码器网络

自动编码器是一种人工神经网络，用于以无监督方式学习数据编码。其目的是通过训练网络捕获输入图像的最重要部分，为高维度数据学习低维表示（编码），通常用于降维。它由编码器（encoder）和解码器（decoder）两部分组成，可以将输入数据压缩成低维编码（latent representation），然后通过解码器将编码的数据重构为原始输入。它们寻求：

（1）接受一组输入数据（即输入）；

（2）在内部将输入数据压缩为潜在空间表示（即压缩和量化输入的单个向量）；

（3）从这个潜在表示（即输出）重建输入数据。

自动编码器由以下两个主要组件组成：

（1）编码器（encoder）：将输入数据压缩为称为潜在空间或代码的低维表示形式。这种潜在空间通常称为嵌入（embedding），旨在保留尽可能多的信息，允许解码器以高精度重建数据。如果将输入数据表示为 x，将编码器表示为 E，则输出潜在空间 s 表示为 $s = \mathrm{E}(x)$。

（2）解码器（decoder）：通过接受潜在空间 s 来重建原始输入数据。如果将解码器函数表示为 D，将检测器的输出表示为 o，那么可以将解码器表示为 $o = \mathrm{D}(s)$。

编码器和解码器通常由一个或多个层组成,这些层可以是完全连接的、卷积的或循环的,具体取决于输入数据的性质和自动编码器的架构。

通过使用数学符号,自动编码器的整个训练过程可以编写如下:$o = D(E(x))$

自动编码器的目标是最小化重构误差,即尽可能准确地重建输入数据。通过这个过程,自动编码器可以学习到数据的潜在结构和特征表示,从而可以用于数据压缩、去噪、特征选择和生成新的数据样本。

在训练过程中,自动编码器通过将输入数据传递给编码器,然后将编码的数据传递给解码器进行重构。编码器和解码器之间的中间层是自动编码器的编码空间(latent space),通常具有较低的维度。通过减少编码空间的维度,自动编码器可以学习到数据的重要特征。

常见的自动编码器类型有以下 6 种:

(1) 普通自动编码器(vanilla autoencoder):图 11.31 显示了自动编码器的最简单形式,由编码器和解码器的一个或多个全连接层组成。它适用于简单数据,可能难以处理复杂模式。

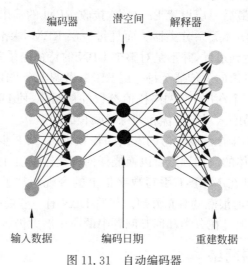

图 11.31　自动编码器

(2) 卷积自动编码器(convolutional autoencoder,CAE):在编码器和解码器中利用卷积层,使其适用于处理图像数据。通过利用图像中的空间信息,CAE 可以比普通自动编码器更有效地捕获复杂的模式和结构,并完成图像分割等任务,如图 11.32 所示。

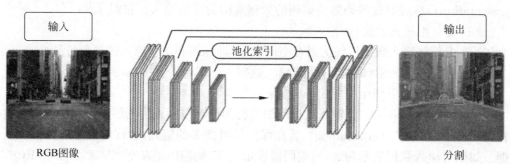

图 11.32　卷积自动编码器

（3）降噪自动编码器（denoising autoencoder）：该自动编码器旨在消除损坏的输入数据中的噪声，如图 11.33 所示。在训练期间，输入数据通过添加噪声故意损坏，而目标仍然是原始的、未损坏的数据。自动编码器学习从有噪声的输入数据中重建干净的数据，使其可用于图像去噪和数据预处理任务。

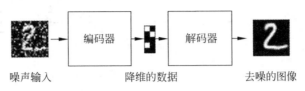

图 11.33　降噪自动编码器

（4）稀疏自动编码器（sparse autoencoder）：这种类型的自动编码器通过向损失函数添加稀疏性约束来强制潜在空间表示的稀疏性，如图 11.34 所示。此约束鼓励自动编码器使用潜在空间中的少量活动神经元来表示输入数据，从而实现更高效、更稳健的特征提取。

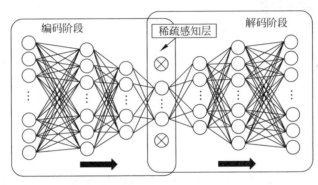

图 11.34　稀疏自动编码器

（5）变分自动编码器（variational autoencoder，VAE）：如图 11.35 显示了一个生成模型，该模型在潜在空间中引入了概率层，允许对新数据进行采样和生成。VAE 可以从学习到的潜在分布中生成新的样本，使其成为图像生成和风格迁移任务的理想选择。

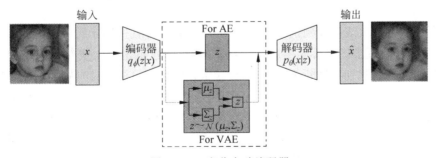

图 11.35　变分自动编码器

（6）序列间自动编码器（sequence-to-sequence autoencoder）：这种类型的自动编码器也称为循环自动编码器，如图 11.36 所示的编码器和解码器中利用循环神经网络（RNN）层（例如，长短期记忆（LSTM）或门控循环单元（GRU））。此体系结构非常适合处理顺序数据（如图 11.36 所示，时间序列或自然语言处理任务）。

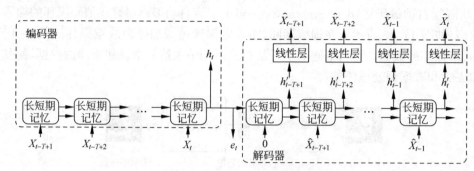

图 11.36 序列间自动编码器

自动编码器在无监督学习中具有广泛的应用,可以用于降维、特征学习、图像去噪、生成模型等任务。它们为深度学习中的特征提取和数据表示学习提供了重要的工具。

11.3 生成对抗网络

生成对抗网络(generative adversarial network,GAN)[118]是一种深度学习模型,由 Ian Goodfellow 及其同事于 2014 年提出。GAN 的主要思想是通过训练两个网络,一个生成网络(生成器)和一个判别网络(判别器),使其彼此对抗来生成逼真的数据样本。

11.3.1 生成对抗网络基本原理

1. 生成对抗网络

生成对抗网络(GAN)主要用于图像生成、图像修复、风格迁移、艺术图像创造等任务。一个生成对抗网络包含两个基础网络:生成器(generator,简写为 G,也被称为生成网络)与判别器(discriminator,简写为 D,也被称为判别网络)。其中,生成器用于生成新数据,其生成数据的基础往往是一组噪声或者随机数,而判别器用于判断生成的数据和真实数据哪个才是真的。生成器没有标签,是无监督网络;而判别器有标签,是有监督网络,其标签是"假与真"(0 与 1)。

在训练过程中,生成器和判别器的目标是相矛盾的,并且这种矛盾可以体现在判别器的判断准确性上。生成器的目标是生成尽量真实的数据(这也是对生成对抗网络的要求),最好能够以假乱真,让判别器判断不出来,因此生成器的学习目标是让判别器上的判断准确性越来越低;相反地,判别器的目标是尽量判别出真伪,因此判别器的学习目标是让自己的判断准确性越来越高。当生成器生成的数据越来越真时,判别器为维持自己的准确性,就必须向判别能力越来越强的方向迭代。当判别器越来越强大时,生成器为了降低判别器的判断准确性,就必须生成越来越真的数据。在这个奇妙的关系中,判别器与生成器同时训练、相互内卷,对损失函数的影响此消彼长,这是真正的零和博弈。

2. 损失函数

(1)构造原则。由以上分析可知,损失函数创建要符合两个基本原则。

① 判别器要尽可能区分数据是来自生成器还是判别器,也就是数据到底是真实数据还是人造数据。当两个数据之间的分布差异越大,判别器越容易区分,当生成器生成数据之

后,生成数据的分布已经定下来了,此时判别器要做的就是尽可能找出真实数据分布和生成数据分布之间的不同点,以此来区分数据的真伪。

② 生成器要尽量生成真实的数据,这样才能骗过判别器,若生成数据的分布与真实数据完全一样,那么就能够完全骗过判别器了。

设真实分布为 P_{data},生成器生成的分布为 P_G,那么以上两个原则可以表示为:

① 对于判别器来说,尽可能找出生成器生成的数据与真实数据分布之间的差异。

② 对于生成器来说,让生成器生成的数据分布接近真实数据分布。

(2) 表达式。基于以上的原则,下面先给出损失函数具体表达式,然后再进行分析,说明为什么要表达成这种样子。损失函数的具体表达式为

$$\min_G \max_D V(D,G) = \min \max [\mathrm{E}_{x \sim p_{\text{dea}}(x)} \log D(x) + \mathrm{E}_{z \sim p(z)} \log(1 - D(G(z)))]$$

其中,参考 GAN 的架构图,字母 V 是原始 GAN 论文中指定用来表示该交叉熵的字母;x 表示任意真实数据;z 表示与真实数据相同结构的任意随机数据;$G(z)$ 表示在生成器中基于 z 生成的假数据;而 $D(x)$ 表示判别器在真实数据 x 上判断出的结果;$D(G(z))$ 表示判别器在假数据 $G(z)$ 上判断出的结果;$D(x)$ 与 $D(G(z))$ 都是样本为"真"的概率,即标签为 1 的概率。上式的主要意思是先固定生成器 G,从判别器 D 的角度令损失最大化,紧接着固定 D,从生成器 G 的角度令损失最小化,即可让判别器和生成器在共享损失的情况下实现对抗。其中,第一个期望 $\mathrm{E}_{x \sim p_{\text{data}}(x)}[\log D(x)]$ 是所有 x 都是真实数据时 $\log D(x)$ 的期望,第二个期望 $\mathrm{E}_{z \sim p(z)}[\log(1 - D(G(z)))]$ 是所有数据都是生成数据时 $\log(1 - D(G(z)))$ 的期望。

可以看出,在求解最优解的过程中存在两个过程。

① 固定 G,求解令损失函数最大的 D。

② 固定 D,求解令损失函数最小的 G。

这对应了损失函数构造原则中的第一个原则——对于判别器来说,尽可能找出生成器生成的数据与真实数据分布之间的差异。

判别器 D 的输入 x 有两部分:一部分是真实数据,设其分布为 $P_{\text{data}}(x)$;另一部分是生成器生成的数据。生成器接收的数据 z 服从分布 $P(z)$,输入 z 经过生成器的计算生成的数据分布设为 $P_G(x)$,这两部分都是判别器 D 的输入,不同的是,G 的输出来自分布 $P_G(x)$,而真实数据来自分布 $P_{\text{data}}(x)$,所以推导如下:

$$
\begin{aligned}
D^* &= \underset{D}{\arg\max} V(D,G) \\
&= \underset{D}{\arg\max} V(D) \\
&= \underset{D}{\arg\max} \{\mathrm{E}_{x \sim p_{\text{sas}}(x)}[\log D(x)] + \mathrm{E}_{z \sim p(z)} \log(1 - D(G(z)))\} \\
&= \underset{D}{\arg\max} \{\mathrm{E}_{x \sim p_{\text{dea}}(x)}[\log D(x)] + \mathrm{E}_{x \sim p_G(x)} \log(1 - D(x))\} \\
&= \underset{D}{\arg\max} \left\{\int P_{\text{data}}(x) \log D(x) \mathrm{d}x + \int P_G(x) \log(1 - D(x) \mathrm{d}x\right\} \\
&= \underset{D}{\arg\max} \left\{\int [P_{\text{data}}(x) \log D(x) + P_G(x) \log(1 - D(x)] \mathrm{d}x\right\} \\
&= \underset{D}{\arg\max} [P_{\text{data}}(x) \log D(x) + P_G(x) \log(1 - D(x)]
\end{aligned}
$$

由于这是 D 的一元函数。要求最优的 D 值,所以对 D 求导,得

$$F = P_{\text{data}}(x)\log D(x) + P_G(x)\log(1 - D(x) \quad \frac{dF}{dD(x)} = \frac{P_{\text{data}}(x)}{D(x)} - \frac{P_G(x)}{1 - D(x)}$$

令导数为 0，得

$$\frac{dF}{dD(x)} = \frac{P_{\text{data}}(x)}{D(x)} - \frac{P_G(x)}{1 - D(x)} = 0$$

$$D^*(x) = \frac{P_{\text{data}}(x)}{P_{\text{data}}(x) + P_G(x)}$$

由于判别器 D 的输入不是来自真实数据就是来自生成数据，所以

$$P_{\text{data}}(x) + P_G(x) = 1$$

则

$$\max V(G, D) = V(G, D^*)$$

$$= E_{x \sim p_{\text{data}}(x)} \log D^*(x) + E_{x \sim p_G(x)} \log(1 - D^*(x))$$

$$= E_{x \sim p_{\text{data}}(x)} \log \frac{P_{\text{data}}(x)}{P_{\text{data}}(x) + P_G(x)} + E_{x \sim p_G(x)} \log\left(1 - \frac{P_{\text{data}}(x)}{P_{\text{data}}(x) + P_G(x)}\right)$$

$$= \int p_{\text{data}}(x) \log \frac{P_{\text{data}}(x)}{P_{\text{data}}(x) + P_G(x)} dx + \int p_G(x) \log \frac{P_G(x)}{P_{\text{data}}(x) + P_G(x)} dx$$

$$= \int p_{\text{data}}(x) \log \frac{P_{\text{data}}(x)}{\dfrac{P_{\text{data}}(x) + P_G(x)}{2}} dx +$$

$$\int p_G(x) \log \frac{P_G(x)}{\dfrac{P_{\text{data}}(x) + P_G(x)}{2}} dx - 2\log 2$$

$$= KL\left(P_{\text{data}}(x) \,\middle\|\, \frac{P_{\text{data}}(x) + P_G(x)}{2}\right) +$$

$$KL\left(P_G(x) \,\middle\|\, \frac{P_{\text{data}}(x) + P_G(x)}{2}\right) - 2\log 2$$

$$= 2JS(P_{\text{data}}(x) \,\|\, P_G(x)) - 2\log 2$$

可以看出，固定 G，将最优的 D 代入后，此时 $\max(G, D)$，也就是 $V(G, D^*)$，实际上是在度量 $P_{\text{data}}(x)$ 和 $P_G(x)$ 之间的 JS 散度，同 KL 散度一样，他们之间的分布差异越大，JS 散度值也越大。

3. 如何计算损失

样本在判别器上的损失表达式为

$$V(D, G) = E_{x \sim p_{\text{date}}(x)} \log D(x) + E_{z \sim p(z)} \log(1 - D(G(z)))$$

$$= E_{x \sim p_{\text{dete}}(x)} \log D(x) + E_{x \sim p_G(x)} \log(1 - D(x))$$

采用神经网络去拟合概率分布，生成的是具体的样本点，因此可以将期望替换为均值：

$$V(G, D) = E_{x \sim P_{\text{data}}(x)} \log D(x) + E_{x \sim P_G(x)} \log D(x)$$

$$= \frac{1}{n_{\text{real}}} \sum \log D(x_i) + \frac{1}{n_{\text{fake}}} \sum \log(1 - D(x_i))$$

其中,第一项代表来自真实数据的样本在判别器上的损失,判别器让它尽可能大;第二项代表来自生成器样本的损失,判别器让它尽可能小。

11.3.2 常见的生成对抗网络

生成对抗网络(GAN)是一种通过两个神经网络相互博弈的方式进行学习的生成模型[118]。GAN 能够在不使用标注数据的情况下来进行生成任务的学习。GAN 由一个生成器和一个判别器组成。生成器从潜在空间随机取样作为输入,其输出结果需要尽量模仿训练集中的真实样本。判别器的输入则为真实样本或生成器的输出,其目的是将生成器的输出从真实样本中尽可能分别出来。生成器和判别器相互对抗、不断学习,以产生逼真的数据样本。以下是一些常见的生成对抗网络模型。

1. 原始的生成对抗网络

原始的生成对抗网络是由 Ian Goodfellow 等在 2014 年提出的一种框架,其中包括两个主要组件:生成器(generator)和判别器(discriminator)。GAN 的核心思想是通过两个网络的博弈来实现数据生成。

(1) 生成器:目标是生成与真实数据相似的样本。它接收来自潜在空间(通常是一个随机向量或噪声)的输入,并尝试将其转换为与真实数据相似的输出。生成器试图欺骗判别器,使其无法区分生成的样本与真实数据。

(2) 判别器:任务是对生成器产生的样本进行分类,判断其是真实数据还是生成器生成的假数据。它接收来自真实数据和生成器的样本,并尝试区分它们。判别器的目标是最大化正确分类真实数据和生成数据的概率,同时最小化被误分类的概率。

GAN 的训练过程如下。

(1) 初始化:随机初始化生成器和判别器的权重。

(2) 交替训练:①生成器生成一批样本。②判别器使用真实数据和生成器产生的数据进行训练,努力将它们区分开来。③生成器通过判别器的反馈来更新自己的参数,以生成更逼真的数据,以便欺骗判别器。④判别器也在此过程中不断更新,以更好地区分真实和生成的样本。

(3) 博弈过程:生成器和判别器通过交替的训练过程进行对抗,直到达到一个动态平衡状态,称为纳什均衡。在这个状态下,生成器生成的样本足够逼真,使得判别器无法轻易地区分真实数据和生成数据。

GAN 的训练是一个动态和复杂的过程,在实践中需要注意训练不稳定、模式崩溃(mode collapse)等问题。尽管如此,GAN 已经在图像生成、风格迁移、图像增强等领域取得了巨大的成功,为后续各种改进型 GAN 的涌现打下了基础。

2. 深度卷积生成对抗网络(DCGAN)

深度卷积生成对抗网络(DCGAN)是 GAN 的一个变种,它引入了卷积神经网络(CNN)作为生成器和判别器的架构[119]。DCGAN 的目标是利用卷积操作来提高图像生成的质量和稳定性。

(1) 生成器:DCGAN 中的生成器使用卷积转置层(convolutional transpose layers,也称为反卷积层或上采样层)来将潜在空间中的噪声向量转换为逼真的图像。以下是生成器的主要特征。

① 使用转置卷积层来从噪声中生成图像。

② 使用批量归一化(batch normalization)来稳定训练过程,并加速收敛。

③ 使用 ReLU 激活函数作为隐藏层的激活函数,最后一层可能使用 tanh 激活函数来限制输出范围在$[-1,1]$。

(2) 判别器:DCGAN 中的判别器是一个卷积神经网络,用于区分生成器生成的图像与真实图像。以下是判别器的主要特征。

① 使用卷积层来处理输入图像。

② 使用批量归一化和 LeakyReLU 激活函数(通常用于避免梯度消失问题)。

③ 最后一层采用 sigmoid 激活函数,输出一个介于 $0\sim1$ 的概率,表示输入图像为真实图像的概率。

DCGAN 的关键要点和优点。

(1) 稳定性和收敛性:DCGAN 通过卷积操作增加了对空间结构的捕捉能力,提高了训练的稳定性,使得模型更容易收敛到较好的状态。

(2) 生成高质量图像:相较于传统的全连接层,卷积神经网络可以更好地学习图像的空间特征,生成更逼真、更具细节的图像。

(3) 避免了模式崩溃:DCGAN 对于生成多样化的图像有所改进,减少了模式崩溃的问题,生成更多样化的样本。

DCGAN 的出现为图像生成领域带来了很大的进步,其架构和训练方法已经成为许多后续生成对抗网络模型的基础,为图像生成任务提供了一个强大的工具。

3. 条件生成对抗网络(CGAN)

条件生成对抗网络(conditional GAN,CGAN)是 GAN 的一个变体,其特点是能够利用额外的条件信息来指导生成过程[120]。这个额外的条件可以是任何形式的辅助信息,比如类别标签、文本描述等,使得生成器可以生成符合特定条件的样本。

(1) 结构:CGAN 与普通的 GAN 相比,在生成器和判别器的结构上有一些差异。

① 生成器:除了接收随机噪声向量之外,CGAN 的生成器还会接收条件向量(通常是独热编码或嵌入向量)。这个条件向量可以是类别标签、文本描述等辅助信息。生成器会将这个条件信息合并到随机噪声中,并通过生成过程产生符合条件的样本。

② 判别器:与普通的 GAN 相比,CGAN 的判别器不仅接收生成器生成的样本,还会接收与生成器相同的条件信息。判别器的任务是判断输入的样本是否为真实数据,并与条件相匹配。

(2) 训练过程:CGAN 的训练过程与普通的 GAN 类似,但在训练时需要同时传入条件信息。

① 生成器训练:生成器接收随机噪声和相应的条件信息,生成与条件匹配的样本,并尝试欺骗判别器,使其无法区分生成样本和真实样本。

② 判别器训练:判别器接收来自真实数据和生成器生成的带有条件信息的样本,尝试正确地区分真实数据和生成数据。

③ 优化过程:生成器和判别器相互对抗地进行训练,优化过程中需要确保生成器生成的样本与给定的条件相匹配,并且判别器能够有效地区分生成的样本和真实的样本。

(3) 应用:CGAN 在各种任务中都有应用,例如以下任务。

① 图像生成：根据给定的标签生成对应类别的图像。

② 图像修复：利用条件信息，生成缺失部分的图像。

③ 图像转换：根据条件信息进行图像风格迁移或图像转换。

④ 语义图像生成：生成与给定语义标签相对应的图像。

CGAN 的引入使得生成器可以按照指定条件生成样本，从而扩展了 GAN 的应用范围，在多领域的任务中取得了显著的成果。

4. 循环生成对抗网络（CycleGAN）

循环生成对抗网络（CycleGAN）是一种 GAN 的变体，用于无须成对的数据进行域之间的转换[121]。它能够学习两个不同域之间的映射关系，例如将一种风格的图像转换成另一种风格的图像，而无须成对的训练数据。CycleGAN 主要应用于图像风格迁移、图像转换、风景转换等领域。

（1）主要思想：CycleGAN 包含两个生成器和两个判别器，它们分别属于两个不同的域。其核心思想是通过两个循环一致性损失来学习两个域之间的映射。

① 正向映射（forward mapping）：一个生成器将域 A 中的图像转换成域 B 中的图像。

② 反向映射（backward mapping）：另一个生成器将域 B 中的图像再转换回域 A 中的图像。

③ 循环一致性：通过两个生成器的组合，可以确保输入第一个生成器生成的图像能够被第二个生成器转换回原始域，形成一个循环一致性的闭环。

（2）结构与训练过程。

① 生成器：两个生成器分别负责两个域之间的映射，它们通常采用卷积神经网络（CNN）架构。这些生成器不仅要实现转换，还要确保循环一致性。

② 判别器：两个判别器分别判别生成器生成的图像是否真实。它们帮助生成器产生更逼真的图像，并通过对抗训练来提高生成器的性能。

③ 循环一致性损失：通过最小化生成图像与原始图像之间的差异，以及经过两次映射后的图像与原始图像之间的差异来强化循环一致性。通常采用像素级别的差异损失函数（如 L1 损失）来实现循环一致性。

（3）应用与优势。

① 图像风格迁移：例如将马的图像转换成斑马的图像，狮子的图像转换成虎的图像等。

② 无监督学习：不需要成对的数据，仅需要两个域的图像。

③ 循环一致性保证：保证了转换的双向性，生成图像之间能够互相转换，并且保持语义一致。

CycleGAN 作为一种无监督学习的生成模型，在图像转换领域取得了许多成功的应用，并且为非配对数据的跨域转换提供了一个有效的解决方案。

11.4 迁移学习

迁移学习是一种机器学习方法，它通过将已经学习过的知识或模型应用于新的任务或领域，从而加速新任务的学习过程。在深度学习中，由于神经网络的复杂性和数据量的要求,迁移学习成为一种非常关键的技术。它可以帮助人们利用已有的知识和模型,快速地适应新的任务和领域,提高模型的性能和泛化能力。迁移学习的基本原理是将源领域的知识和模型迁移到目标领域,以加速目标领域的学习。源领域可以是与目标领域相关的领域,也可以是与目标领域完全不同的领域。迁移学习的核心思想是寻找一个通用的特征表示,使得源领域和目标领域的知识和模型可以共享这个特征表示。

1. 迁移学习的分类与基本过程

根据源领域与目标领域的关系,迁移学习可以分为以下三类。一个是监督学习:源领域和目标领域的数据都有标签,通过比较源领域和目标领域的标签来迁移知识。另一个是无监督学习:源领域的数据没有标签,只有目标领域的数据有标签,通过源领域的数据来预测目标领域的数据。最后一个是自监督学习:源领域的数据有标签,但是目标领域的数据没有标签,通过源领域的数据来预测目标领域的数据。

迁移学习的基本过程可以分为以下 5 个步骤。

(1)源领域数据的收集和表示:需要收集源领域的数据,并选择一种合适的表示方法来描述数据。这种表示方法可以是特征向量、概率分布或其他形式。

(2)源领域模型的学习:使用源领域的数据来训练一个模型,该模型能够捕捉到源领域中的知识或规律。这个模型可以是任何类型的机器学习模型,如分类器、回归模型、生成模型等。

(3)知识迁移:在训练好源领域的模型之后,可以将其应用到目标领域中。这个过程可以包括对目标领域的数据进行预处理、特征提取、模型适配等。通过将源领域模型的知识迁移到目标领域中,可以利用已经学习到的知识来加速目标领域的学习。

(4)目标领域模型的学习:在知识迁移之后,可以使用目标领域的数据来训练一个模型。这个模型可以利用源领域模型的知识,以及目标领域中的新数据来学习目标和任务的相关性。在这个步骤中,可以采用与源领域相似的模型类型和训练方法,或者尝试不同的模型和训练策略来优化目标领域的学习效果。

(5)评估和调整:最后,需要对迁移学习的效果进行评估和调整。评估可以包括使用测试集来测量模型的准确率、精度、召回率等指标。还可以使用交叉验证、网格搜索等技术来优化模型的超参量。如果发现迁移学习的效果不理想,可以调整源领域和目标领域的相似性、选择不同的模型类型或训练方法等来进行改进。

2. 迁移学习的实现方法

迁移学习的实现方法有很多种,其中最常见的包括以下 4 种。

(1)领域适应(domain adaptation):寻找源领域和目标领域之间的相似性或相关性,使源领域的知识能够迁移到目标领域中。领域适应的方法可以是基于特征的方法、基于模型的方法或基于元学习的方法等。

(2)知识蒸馏(knowledge distillation):将一个大模型(source model)的知识迁移到一个小模型(target model)中。在大模型上训练一个软标签(soft label)生成器,使其能够生成目标领域的软标签,然后将这些软标签用于训练目标模型。

(3)增量学习(incremental learning):在一个已经训练好的模型的基础上,逐步添加新的数据并重新训练模型。增量学习的目的是使模型能够适应新的数据分布,同时保留以前学习到的知识。

（4）元学习（meta-learning）：在源领域的数据上训练一个元学习器，使其能够快速适应新的任务和领域。元学习器可以是一个分类器、回归模型或其他类型的模型，它需要在极短时间内适应新的任务和领域。

迁移学习可以应用于许多领域，如自然语言处理、计算机视觉、语音识别等。下面以自然语言处理中的文本分类为例，介绍迁移学习的应用场景：假设有一个已经训练好的文本分类模型，能够将英文文本分类为"新闻""邮件""评论"等类别。现在需要将这个模型应用于中文文本分类。由于英文和中文的语言结构和表达方式有很大的不同，直接将英文模型应用于中文文本分类可能会得到较差的结果。这时可以使用迁移学习的方法，将英文模型中的参数迁移到中文模型中，从而加速中文文本分类的学习过程。具体来说，可以使用预训练的英文模型作为特征提取器，将英文文本转换为特征向量，然后利用这些特征向量来训练中文分类器。这种方法可以有效地提高中文文本分类的准确率和泛化能力。

3. 迁移学习的应用

在深度学习中，迁移学习主要应用于以下两个方面。一个是模型迁移：将已经训练好的模型迁移到新的任务或领域中。这种方法可以有效地加速新任务的学习过程，提高模型的性能和泛化能力。例如，在计算机视觉中，可以将预训练的图像分类模型作为特征提取器，将图像转换为特征向量，然后利用这些特征向量来训练目标检测或物体识别的模型。这种方法可以有效地提高目标检测或物体识别的准确率和泛化能力。另一个是数据迁移：将已经标注的数据迁移到新的任务或领域中。这种方法可以有效地解决标注数据不足的问题，提高模型的性能和泛化能力。例如，在自然语言处理中，可以将已经标注的英文文本数据迁移到中文文本分类任务中，从而加速中文文本分类的学习过程和提高模型的性能和泛化能力。

虽然迁移学习已经取得了很大的进展和应用，但是它仍然面临着一些挑战，未来发展的方向有以下 3 个方面。

（1）跨域迁移学习：在现实生活中，源领域和目标领域的数据往往存在很大的差异，导致迁移学习的效果不佳。因此，如何解决跨域迁移学习的问题成为一个重要的研究方向。目前已经有一些跨域迁移学习的方法被提出，例如，使用自适应的方法来调整源领域和目标领域的分布匹配程度等。未来的研究将进一步探索跨域迁移学习的有效方法和应用场景。

（2）深度神经网络的可解释性：深度神经网络的可解释性一直是迁移学习中一个重要的问题。由于深度神经网络的黑箱性质，无法准确地解释其内部的决策过程和结果的可信度。这使得人们在应用深度神经网络进行迁移学习时存在一定的风险和不信任感。未来的研究将进一步探索深度神经网络的可解释性方法和技术，以提高人们对深度神经网络的信任度和应用范围。

（3）持续学习和增量学习：在现实生活中，数据往往是持续不断地产生的，需要不断地更新模型来适应新的数据。因此，如何实现持续学习和增量学习成为一个重要的研究方向。未来的研究将进一步探索持续学习和增量学习的有效方法和应用场景。

4. 迁移学习的定义

迁移学习是一种机器学习方法，就是把为任务 A 开发的模型作为初始点，重新使用在为任务 B 开发模型的过程中。迁移学习是通过从已学习的相关任务中转移知识来改进学习的新任务，虽然大多数机器学习算法都是为了解决单个任务而设计的，但是促进迁移学习算法的开发是机器学习社区持续关注的话题。迁移学习对人类来说很常见，例如，人们可能会发现学习识别苹果可能有助于识别梨，或者学习弹奏电子琴可能有助于学习钢琴。

迁移学习准确的定义为：给定由特征空间 X 和边缘概率分布 $P(X)$ 组成的源域（source domain）D_s 和学习任务 T_s，和同样由特征空间和边缘概率分布组成的目标域（target domain）D_t 和学习任务 T_t，旨在利用 D_s 和 T_s 中的知识来帮助学习在目标域 D_t 的目标函数 f 的过程。注意 D_s 与 D_t 不相等、T_s 与 T_t 不相等。如图 11.37 所示，可以看出迁移学习和传统机器学习的区别。在传统机器学习的学习过程中，试图单独学习每一个学习任务，即生成多个学习系统；而在迁移学习中，试图将在前几个任务上学到的知识转移到目前的学习任务上，从而将其结合起来。

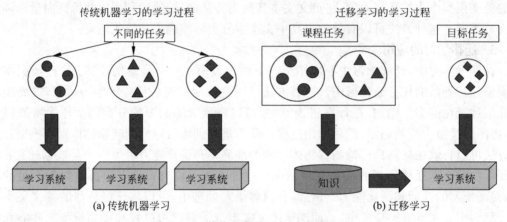

图 11.37　传统机器学习与迁移学习对比

迁移学习在深度学习上的应用有两种策略，但目前这两种策略的命名还没有统一。一种策略是微调（finetuning），其中包括使用基础数据集上的预训练网络以及在目标数据集中训练所有层；另一种是冻结与训练（freeze and train），其中包括冻结除最后一层的所有层（权重不更新）并训练最后一层。当然，迁移学习并不仅仅局限于深度学习，但目前在深度学习上的应用确实很多。

5. 发展历史

最早在机器学习领域引用迁移（transfer）这个词的是 Lorien Pratt，他在 1993 年制定了基于可区分性转移（DBT）算法。但在一段时间内，有关迁移学习研究的名字各不相同，有 learning to learn、knowledge transfer、inductive transfer、multi-task learning 等。1997 年，《机器学习》（*Machine Learning*）杂志发表了一篇专门讨论迁移学习的专题，到 1998 年，迁移学习已经成为比较完整的学习领域，包括多任务学习（multi-task learning），以及对其理论基础的更正式分析。

2005 年，Do 和 Andrew Ng 探讨了在文本分类中应用迁移学习的方法，2007 年 Mihalkova 等学者开发了用于马尔可夫逻辑网络（markov logic networks）的转移学习算法。同年，Niculescu-Mizil 等学者讨论了迁移学习在贝叶斯网络中的应用。2012 年 Lorien Pratt 和 Sebastian Thrun 出版了 *Learning to Learn*，对迁移学习的发展进行了回顾。

在深度学习大行其道的今天，由于神经网络的训练越来越费时，同时其需要的数据集大小也不是在所有情况下都能满足的，因此使用已经训练好的神经网络进行其他任务变得越来越流行,迁移学习也变得越来越重要。2016 年 Andrew Ng 在 NIPS 2016 大会上提出迁移学习是机器学习获得商业上成功的下一个动力。

6. 发展分析

发展瓶颈:目前关于迁移学习的研究方兴未艾,因此与其说是瓶颈,以下提到的 4 点更算是目前迁移学习应用中的难点。其一,如何在现有的训练好的模型中选择合适当前任务的模型;其二,如何确定还需要多少数据来训练模型;其三,预训练应该在什么时候停止;其四,当出现新的数据或更好的算法时,如何更新预训练模型。

未来发展方向:有关神经网络的迁移学习是一个热点,上文提到的 4 个难点,以及强化学习的迁移学习等都有很多相关研究。

习题

1. 预训练的词嵌入模型有哪些?
2. 文本表示有哪两种表示,请分别概述?
3. 请描述什么是多头注意力机制,它有什么优势?
4. 请概述 Transformer 的工作流程。
5. 请简述 BERT 模型的特点。
6. 自动编码器的目标是什么? 分别介绍它的两个主要组件。
7. 分别简要介绍常见自动编码器的类型。
8. 创建损失函数的两个基本原则是什么?
9. 请描述迁移学习的基本原理。
10. 常见的实现迁移学习的方法有哪些?

参考文献

[1] WIENER N. Cybernetics or control and communication in the animal and the machine [M]. Cambridge: MIT Press,2019.

[2] MCCULLOCH W S,PITTS W. A logical calculus of the ideas immanent in nervous activity[J]. The Bulletin of Mathematical Biophysics,1943,5: 115-133.

[3] HOPFIELD J J. Neural networks and physical systems with emergent collective computational abilities[J]. Proceedings of the National Academy of Sciences,1982,79(8): 2554-2558.

[4] HOPFIELD J J. Neurons with graded response have collective computational properties like those of two-state neurons[J]. Proceedings of the National Academy of Sciences,1984,81(10): 3088-3092.

[5] RUMELHART D E,Hinton G E,Williams R J. Learning representations by back-propagating errors [J]. Nature,1986,323(6088): 533-536.

[6] BREIMAN L. Random forests[J]. Machine Learning,2001,45: 5-32.

[7] MACQUEEN J. Some methods for classification and analysis of multivariate observations [C]// Proceedings of the Fifth Berkeley Symposium on Mathematical Statistics and Probability. 1967,1(14): 281-297.

[8] HOTELLING H. Analysis of a complex of statistical variables into principal components[J]. Journal of Educational Psychology,1933,24(6): 417.

[9] AGRAWAL R,SRIKANT R. Fast algorithms for mining association rules[C]//Proc. 20th Int. Conf. Very Large Data Bases,VLDB. 1994,1215: 487-499.

[10] HAN J,PEI J,YIN Y. Mining frequent patterns without candidate generation[J]. ACM Sigmod Record,2000,29(2): 1-12.

[11] SAVASERE A,OMIECINSKI E,NAVATHE S. An effcient algorithm for mining association rules in large databases[C]//Proceedings of the 21st International Conference on Very Large Databases (VLDB). 1995: 432-444.

[12] FISHER R A. The use of multiple measurements in taxonomic problems[J]. Annals of Eugenics, 1936,7(2): 179-188.

[13] ISAACSON E, KELLER H B. Analysis of Numerical Methods [M]. Chicago Courier Corporation,1994.

[14] GUYON I,WESTON J,BARNHILL S,et al. Gene selection for cancer classification using support vector machines[J]. Machine Learning,2002,46: 389-422.

[15] SHANNON C E. A mathematical theory of communication[J]. The Bell System Technical Journal, 1948,27(3): 379-423.

[16] TIBSHIRANI R. Regression shrinkage and selection via the lasso[J]. Journal of the Royal Statistical Society Series B: Statistical Methodology,1996,58(1): 267-288.

[17] ROWEIS S T,SAUL L K. Nonlinear dimensionality reduction by locally linear embedding[J]. Science,2000,290(5500): 2323-2326.

[18] BELKIN M,NIYOGI P. Laplacian eigenmaps for dimensionality reduction and data representation [J]. Neural Computation,2003,15(6): 1373-1396.

[19] VAPNIK V. The nature of statistical learning theory[M]. Springer Science & Business media,2013.

[20] HYVÄRINEN A,OJA E. Independent component analysis: algorithms and applications[J]. Neural Networks,2000,13(4-5): 411-430.

[21] LEE D D,SEUNG H S. Learning the parts of objects by non-negative matrix factorization[J]. Nature,1999,401(6755): 788-791.

[22] DER MAATEN L V,HINTON G E. Visualizing data using t-SNE[J]. Journal of Machine Learning Research,2008,9(11).

[23] SCHÖLKOPF B,SMOLA A,MÜLLER K R. Nonlinear component analysis as a kernel eigenvalue problem[J]. Neural Computation,1998,10(5): 1299-1319.

[24] QUINLAN J R. Induction of decision trees[J]. Machine Learning,1986,1: 81-106.

[25] QUINLAN J R. C4. 5: programs for machine learning[M]. Elsevier,2014.

[26] LOH W Y. Classification and regression trees[J]. Wiley Interdisciplinary Reviews: Data Mining and Knowledge Discovery,2011,1(1): 14-23.

[27] EFROM B. Bootstrap methods: another look at the jackknife[M]//Breakthroughs in statistics: Methodology and distribution. New York,NY: Springer New York,1992: 569-593.

[28] FRIEDMAN J H. Greedy function approximation: a gradient boosting machine[J]. Annals of Statistics,2001: 1189-1232.

[29] CHEN T,GUESTRIN C. Xgboost: A scalable tree boosting system[C]//Proceedings of the 22nd Acmsigkdd International Conference on Knowledge Discovery and Data Mining. 2016: 785-794.

[30] DAVIES D L,BOULDIN D W. A cluster separation measure[J]. IEEE Transactions on Pattern Analysis and Machine Intelligence,1979 (2): 224-227.

[31] DUNN J C. Well-separated clusters and optimal fuzzy partitions[J]. Journal of Cybernetics,1974, 4(1): 95-104.

[32] RDUSSEEUN L,KAUFMAN P. Clustering by means of medoids[C]//Proceedings of the Statistical Data Analysis Based on the L1 Norm Conference,Neuchatel,Switzerland. 1987,31.

[33] HUANG Z. Extensions to the k-means algorithm for clustering large data sets with categorical values [J]. Data Mining and Knowledge Discovery,1998,2(3): 283-304.

[34] ANKERST M,BREUNIG M M,KRIEGEL H P,et al. OPTICS: Ordering points to identify the clustering structure[J]. ACM Sigmod Record,1999,28(2): 49-60.

[35] ESTER M,KRIEGEL H P,SANDER J,et al. A density-based algorithm for discovering clusters in large spatial databases with noise[C]//kdd. 1996,96(34): 226-231.

[36] PARZEN E. On estimation of a probability density function and mode[J]. The Annals of Mathematical Statistics,1962,33(3): 1065-1076.

[37] ZHANG T,RAMAKRISHNAN R,LIVNY M. BIRCH: an efficient data clustering method for very large databases[J]. ACM Sigmod Record,1996,25(2): 103-114.

[38] GUHA S,RASTOGI R,SHIM K. CURE: An efficient clustering algorithm for large databases[J]. ACM Sigmod Record,1998,27(2): 73-84.

[39] JAIN A K,DUBES R C. Algorithms for clustering data[M]. Prentice-Hall,Inc. ,1988.

[40] DUNN J C. A fuzzy relative of the ISODATA process and its use in detecting compact well-separated

clusters[J]. Cybernetics and Systems,1973.

[41] KOHONEN T. Self-organized formation of topologically correct feature maps [J]. Biological Cybernetics,1982,43(1):59-69.

[42] SPARCK-JONES K. A statistical interpretation of term specificity and its application in retrieval[J]. Journal of Documentation,1972,28(1):11-21.

[43] QUINLAN J R. Induction of decision trees[J]. Machine Learning,1986,1:81-106.

[44] PEARSON K X. On the criterion that a given system of deviations from the probable in the case of a correlated system of variables is such that it can be reasonably supposed to have arisen from random sampling[J]. The London,Edinburgh,and Dublin Philosophical Magazine and Journal of Science, 1900,50(302):157-175.

[45] SHANNON C E. Prediction and entropy of printed English[J]. Bell System Technical Journal,1951, 30(1):50-64.

[46] SALTON G,WONG A,YANG C S. A vector space model for automatic indexing [J]. Communications of the ACM,1975,18(11):613-620.

[47] BLEI D M,NG A Y,JORDAN M I. Latent dirichlet allocation[J]. Journal of Machine Learning Research,2003,3(Jan):993-1022.

[48] LAFFERTY J,MCCALLUM A,PEREIRA F C N. Conditional random fields:Probabilistic models for segmenting and labeling sequence data[C]//18th International Conference on Machine Learning, 2001.

[49] DEVLIN J,CHANG M W,LEE K,et al. Bert:Pre-training of deep bidirectional transformers for language understanding[J]. arXiv preprint arXiv:1810.04805,2018.

[50] MIHALCEA R,TARAU P. Textrank:Bringing order into text [C]//Proceedings of the 2004 Conference on Empirical Methods in Natural Language Processing. 2004:404-411.

[51] BRIN S,PAGE L. The anatomy of a large-scale hypertextual web search engine[J]. Computer Networks and ISDN Systems,1998,30(1-7):107-117.

[52] SUTSKEVER I,VINYALS O,LE Q V. Sequence to sequence learning with neural networks[J]. Advances in Neural Information Processing Systems,2014,27.

[53] MCCULLOCH W S,PITTS W. A logical calculus of the ideas immanent in nervous activity[J]. The Bulletin of Mathematical Biophysics,1943,5:115-133.

[54] ELMAN J L. Finding structure in time[J]. Cognitive Science,1990,14(2):179-211.

[55] KOSKO B. Bidirectional associative memories [J]. IEEE Transactions on Systems, Man, and Cybernetics,1988,18(1):49-60.

[56] KOHONEN T. Self-organized formation of topologically correct feature maps [J]. Biological Cybernetics,1982,43(1):59-69.

[57] SHANNON C E. A mathematical theory of communication[J]. The Bell System Technical Journal, 1948,27(3):379-423.

[58] GRAVES A. Generating sequences with recurrent neural networks[J]. arXiv preprint arXiv:1308. 0850,2013.

[59] ZEILER M D. Adadelta:an adaptive learning rate method [J]. arXiv preprint arXiv:1212. 5701,2012.

[60] KINGMA D P,BA J. Adam:A method for stochastic optimization[J]. arXiv preprint arXiv:1412. 6980,2014.

[61] SUTSKEVER I,MARTENS J,DAHL G,et al. On the importance of initialization and momentum in deep learning[C]//International Conference on Machine Learning. PMLR,2013:1139-1147.

[62] DUCHI J,HAZAN E,SINGER Y. Adaptive subgradient methods for online learning and stochastic

optimization[J]. Journal of Machine Learning Research,2011,12(7).

[63] BAYES. An essay towards solving a problem in the doctrine of chances[J]. Biometrika,1958,45(3-4): 296-315.

[64] JAYNES E T. Information theory and statistical mechanics[J]. Physical Review,1957,106(4): 620.

[65] LEHMANN E L,ROMANO J P, CASELLA G. Testing statistical hypotheses[M]. New York: Springer,1986.

[66] BIRNBAUM A. On the foundations of statistical inference[J]. Journal of the American Statistical Association,1962,57(298): 269-306.

[67] PEARL J. Probabilistic reasoning in intelligent systems: networks of plausible inference[M]. San Francisco: Morgan Kaufmann,1988.

[68] SANNER S,ABBASNEJAD E. Symbolic variable elimination for discrete and continuous graphical models[C]//Proceedings of the AAAI Conference on Artificial Intelligence. 2012,26(1): 1954-1960.

[69] GEMAN S,GEMAN D. Stochastic relaxation, gibbs distributions, and the bayesian restoration of images[J]. IEEE Transactions on Pattern Analysis and Machine Intelligence,1984 (6): 721-741.

[70] PEARL J. Reverend Bayes on inference engines: A distributed hierarchical approach [M]// Probabilistic and Causal Inference: The Works of Judea Pearl. 2022: 129-138.

[71] CORTES C,VAPNIK V. Support-vector networks[J]. Machine Learning,1995,20: 273-297.

[72] VAPNIK V. The nature of statistical learning theory[M]. Springer science & business media,2013.

[73] BURGES C J C. A tutorial on support vector machines for pattern recognition[J]. Data Mining and Knowledge Discovery,1998,2(2): 121-167.

[74] PLATT J C. 12 fast training of support vector machines using sequential minimal optimization[J]. Advances in Kernel Methods,1999: 185-208.

[75] BOYD S P,VANDENBERGHE L. Convex optimization[M]. Cambridge University Press,2004.

[76] NOCEDAL J,WRIGHT S T, MIKOSCH T V. Numerical optimization [M]. New York, NY: Springer New York,1999.

[77] TAYLOR J S,CRISTIANINI N. Support vector machines and other kernel-based learning methods [J]. Cambridge University,2000.

[78] SCHÖLKOPF B,SMOLA A J. Learning with kernels: support vector machines, regularization, optimization,and beyond[M]. MIT Press,2002.

[79] SHAWE-TAYLOR J, CRISTIANINI N. Kernel methods for pattern analysis [M]. Cambridge: Cambridge University Press,2004.

[80] SMOLA A J, SCHÖLKOPF B. A tutorial on support vector regression [J]. Statistics and Computing,2004,14: 199-222.

[81] SAIN S R. The nature of statistical learning theory[J]. Technometrics,1996.

[82] SCHÖLKOPF B,SMOLA A, MÜLLER K R. Nonlinear component analysis as a kernel eigenvalue problem[J]. Neural Computation,1998,10(5): 1299-1319.

[83] LI M,ANDERSEN D G, SMOLA A J,et al. Communication efficient distributed machine learning with the parameter server[J]. Advances in Neural Information Processing Systems,2014,27.

[84] LI M,ANDERSEN D G,PARK J W,et al. Scaling distributed machine learning with the parameter server[C]//11th USENIX Symposium on Operating Systems Design and Implementation (OSDI 14). 2014: 583-598.

[85] MCMAHAN B,MOORE E,RAMAGE D,et al. Communication-efficient learning of deep networks from decentralized data[C]//Artificial Intelligence and Statistics. PMLR,2017: 1273-1282.

[86] KONEČNÝ J,MCMAHAN H B, YU F X, et al. Federated learning: Strategies for improving communication efficiency[J]. arXiv Preprint arXiv:1610. 05492,2016.

[87] LI T,SAHU A K,TALWALKAR A,et al. Federated learning：challenges，methods，and future directions[J]. IEEE Signal Processing Magazine,2020,37(3)：50-60.

[88] DEAN J,GHEMAWAT S. MapReduce：simplified data processing on large clusters［J］. Communications of the ACM,2008,51(1)：107-113.

[89] LIN J,DYER C. Data-intensive text processing with MapReduce[M]. Springer Nature,2022.

[90] KAIROUZ P,MCMAHAN H B,Avent B,et al. Advances and open problems in federated learning ［J］. Foundations and Trends® in Machine Learning,2021,14(1,2)：1-210.

[91] ZHANG C,XIE Y,BAI H,et al. A survey on federated learning[J]. Knowledge-Based Systems,2021,216：106775.

[92] DADA E G,BASSI J S,CHIROMA H,et al. Machine learning for email spam filtering：review，approaches and open research problems[J]. Heliyon,2019,5(6).

[93] CHENG K,FAN T,JIN Y,et al. Secureboost：A lossless federated learning framework[J]. IEEE Intelligent Systems,2021,36(6)：87-98.

[94] LECUN Y,BOTTOU L,BENGIO Y,et al. Gradient-based learning applied to document recognition ［J］. Proceedings of the IEEE,1998,86(11)：2278-2324.

[95] KRIZHEVSKY A,SUTSKEVER I,HINTON G E. Imagenet classification with deep convolutional neural networks[J]. Advances in Neural Information Processing Systems,2012,25.

[96] CIREGAN D,MEIER U,SCHMIDHUBER J. Multi-column deep neural networks for image classification[C]//2012 IEEE Conference on Computer Vision and Pattern Recognition. IEEE,2012：3642-3649.

[97] KRIZHEVSKY A,HINTON G. Learning Multiple Layers of Features from Tiny Images[J]. 2009.

[98] ZEILER M D,FERGUS R. Visualizing and understanding convolutional networks［C］//Computer Vision-ECCV 2014：13th European Conference，Zurich，Switzerland，September 6-12，2014，Proceedings,Part I 13. Springer International Publishing,2014：818-833.

[99] SIMONYAN K,ZISSERMAN A. Very deep convolutional networks for large-scale image recognition ［J］. arXiv Preprint arXiv:1409. 1556,2014.

[100] SIMONYAN K,VEDALDI A,ZISSERMAN A. Deep inside convolutional networks：Visualising image classification models and saliency maps[J]. arXiv Preprint arXiv:1312. 6034,2013.

[101] SZEGEDY C,LIU W,JIA Y,et al. Going deeper with convolutions[C]//Proceedings of the IEEE Conference on Computer Vision and Pattern Recognition. 2015：1-9.

[102] HE K,ZHANG X,REN S,et al. Deep residual learning for image recognition[C]//Proceedings of the IEEE Conference on Computer Vision and Pattern Recognition. 2016：770-778.

[103] GRAVES A,MOHAMED A,HINTON G. Speech recognition with deep recurrent neural networks ［C］//2013 IEEE International Conference on Acoustics，Speech and Signal Processing,2013：6645-6649.

[104] MEMORY L S T. Long short-term memory[J]. Neural Computation,2010,9(8)：1735-1780.

[105] GERS F A,SCHMIDHUBER J,CUMMINS F. Learning to forget：Continual prediction with LSTM[J]. Neural Computation,2000,12(10)：2451-2471.

[106] CHUNG J,KASTNER K,DINH L,et al. A recurrent latent variable model for sequential data[J]. Advances in Neural Information Processing Systems,2015,28.

[107] FABIUS O,VAN AMERSFOORT J R. Variational recurrent auto-encoders［J］. arXiv Preprint arXiv:1412. 6581,2014.

[108] GRAVES A,WAYNE G,DANIHELKA I. Neural turing machines[J]. arXiv Preprint arXiv:1410. 5401,2014.

[109] GRAVES A,WAYNE G,REYNOLDS M,et al. Hybrid computing using a neural network with

dynamic external memory[J]. Nature,2016,538(7626): 471-476.

[110] MIKOLOV T,CHEN K,CORRADO G,et al. Efficient estimation of word representations in vector space[J]. arXiv Preprint arXiv:1301. 3781,2013.

[111] PENNINGTON J,SOCHER R, MANNING C D. Glove: Global vectors for word representation [C]//Proceedings of the 2014 Conference on Empirical Methods in Natural Language Processing (EMNLP). 2014: 1532-1543.

[112] BOJANOWSKI P,GRAVE E,JOULIN A,et al. Enriching word vectors with subword information [J]. Transactions of the Association for Computational Linguistics,2017,5: 135-146.

[113] VASWANI A,SHAZEER N,PARMAR N,et al. Attention is all you need[J]. Advances in Neural Information Processing Systems,2017,30.

[114] YANG Z,DAI Z, YANG Y, et al. Xlnet: Generalized autoregressive pretraining for language understanding[J]. Advances in Neural Information Processing Systems,2019,32.

[115] RADFORD A, NARASIMHAN K, SALIMANS T, et al. Improving language understanding by generative pre-training[J]. 2018.

[116] DEVLIN J,CHANG M W,LEE K,et al. Bert: Pre-training of deep bidirectional transformers for language understanding[J]. arXiv Preprint arXiv:1810. 04805,2018.

[117] LIU Y,OTT M,GOYAL N,et al. Roberta: A robustly optimized bert pretraining approach[J]. arXiv Preprint arXiv:1907. 11692,2019.

[118] GOODFELLOW I, POUGET-ABADIE J, MIRZA M, et al. Generative adversarial nets [J]. Advances in Neural Information Processing Systems,2014,27.

[119] RADFORD A, METZ L, CHINTALA S. Unsupervised representation learning with deep convolutional generative adversarial networks[J]. arXiv Preprint arXiv:1511. 06434,2015.

[120] MIRZA M,OSINDERO S. Conditional generative adversarial nets[J]. arXiv Preprint arXiv:1411. 1784,2014.

[121] ZHU J Y,PARK T, ISOLA P,et al. Unpaired image-to-image translation using cycle-consistent adversarial networks[C]//Proceedings of the IEEE International Conference on Computer Vision. 2017: 2223-2232.